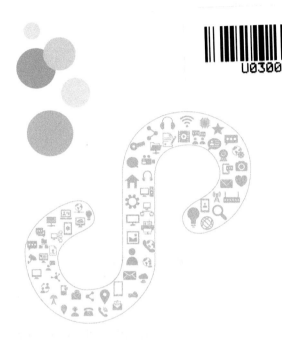

# 微信小程序·云开发

## 快速入门与实践

李东 bbsky ◎编著

人民邮电出版社

北 京

**图书在版编目（CIP）数据**

微信小程序·云开发：快速入门与实践 / 李东
bbsky编著. -- 北京：人民邮电出版社，2022.5
ISBN 978-7-115-58168-6

Ⅰ．①微… Ⅱ．①李… Ⅲ．①移动终端－应用程序－
程序设计 Ⅳ．①TN929.53

中国版本图书馆CIP数据核字(2021)第257549号

## 内 容 提 要

　　本书系统讲解小程序全栈项目开发所需的前后端技术。全书共分为3个部分，第一部分以实操的方式全面介绍小程序页面开发、事件处理、API调用、云函数、云数据库等基础概念，第二部分以相册、博客、问卷小程序为例介绍如何规划、开发一个完整的小程序项目，第三部分提出云函数、云数据库、云调用的开发指引及性能优化建议。

　　本书将详细的操作步骤、完整的代码、复杂的技术概念以及科学的学习方法紧密结合，充分做到让读者从零基础起步，不需要具备其他前置编程技术背景知识就能掌握小程序云开发方法，从而开发出完整的全栈项目，非常适合零基础技术爱好者、前端开发初学者阅读。

◆ 编　　著　李　东 bbsky

　　责任编辑　杨海玲

　　责任印制　王　郁　胡　南

◆ 人民邮电出版社出版发行　　北京市丰台区成寿寺路 11 号

　　邮编　100164　　电子邮件　315@ptpress.com.cn

　　网址　https://www.ptpress.com.cn

　　北京科印技术咨询服务有限公司数码印刷分部印刷

◆ 开本：800×1000　1/16

　　印张：24.75　　　　　　　　　　2022 年 5 月第 1 版

　　字数：535 千字　　　　　　　　2025 年 3 月北京第 10 次印刷

定价：99.80 元

读者服务热线：(010)81055410　印装质量热线：(010)81055316
反盗版热线：(010)81055315

# 前言

自 2017 年微信推出小程序以来，小程序凭借其出色的用户体验和强大的流量支撑迅速覆盖了人们日常生活的方方面面，这也让小程序开发成为一个非常有市场发展潜力的技术分支。2018 年，微信团队联合腾讯云推出了"小程序·云开发"，这让开发者无须搭建服务器，就能"原生打通"微信的开放能力，实现小程序前端和后端的技术闭环，大大降低开发门槛。为了帮助开发者高效地开发和调试小程序，微信推出了功能强大的微信开发者工具，并提供了十分详细的技术文档，这也让程序员可通过短时间的学习便能独立开发出一个完整的商业级小程序。

用云开发这种无服务（serverless）的解决方案作为后端来开发小程序全栈项目，学习成本、开发成本、维护成本都较传统的开发方式更低。一个完整的全栈项目可以让开发者将自己的想法"落地"，形成创意类技术产品，享受技术创造的乐趣；也可以让中小企业开发出商业项目，从中获取收益。"小程序·云开发"简单且实用，是零基础学习者最为友好的技术方向之一，非常适合用于技术普及。

然而对于一些没有前端开发基础或完全没有接触过编程的"技术小白"来说，"小程序·云开发"仍然存在一定的门槛。现有的学习教程大多是写给有一定基础的技术人员看的，零基础的"小白"可能很难读懂，或者由于操作步骤不够详细经常被"卡住"，最终不得不半途而废。

为了能够让教程足够"平易近人"，让即使是毫无编程基础的初学者也能顺畅阅读并快速掌握小程序开发方法，笔者在线上、线下举办了数十场小程序的学习活动，接受了数千人的意见和反馈。

本书操作步骤详细，语言通俗易懂，力求零基础读者（无须学习其他前置编程技术知识）也能掌握小程序云开发的方法，开发出完整的小程序全栈项目。

## 阅读方法

本书是一本实操性非常强的"小程序·云开发"入门指导图书，因此读者在阅读时一定要按照本书的操作步骤和学习建议，结合云开发的技术文档，在微信开发者工具中动手实践。只有动手实践，才会更容易掌握技术。

本书共分为 3 个部分。

第一部分"小程序快速入门"包含 6 章内容。

- 第 1 章介绍小程序和云开发两者相结合的优势，让读者了解学习小程序云开发的意义，并详细介绍小程序的注册、云开发环境的开通、开发者工具的配置等，让初学者也能掌握如何创建一个小程序云开发项目。

- 第 2 章通过诸多实践案例介绍小程序的配置以及如何使用 WXML、WXSS、WeUI 和数据渲染的方式进行小程序的页面开发。

- 第 3 章介绍在小程序开发过程中会用到的 JavaScript 基础知识，以及如何通过输出日志的方式掌握小程序的 API、事件、生命周期、数据传递等。

- 第 4 章介绍如何通过本地调试和云端测试的方式，掌握云函数的部署、调用与配置等。

- 第 5 章和第 6 章介绍云数据库的普通查询和聚合查询，详细讲解如何在小程序端和云函数端对数据库的集合、记录、字段等进行增删改查的操作，以及聚合查询的聚合阶段和聚合操作符等。

第二部分"云开发项目实践"包含 3 章内容。

- 第 7 章以做出一个管理照片、文件、文档的相册小程序为例，介绍如何从小程序端上传手机相册里的照片、文档等文件到云存储，以及如何使用云数据库对它们进行管理。

- 第 8 章以做出一个类似于直接使用了知乎日报的数据的博客小程序为例，介绍数据、文件如何与远程服务器、云存储、云函数以及云数据库的数据、文件进行对话，实现将 API、数据库里面的数据渲染到博客，并通过阅读、点赞、收藏等功能讲解数据库的设计。

- 第 9 章以问卷小程序为例讲解小程序如何通过问卷里的单选题、多选题、滑动选择题、单行文本题、多行文本题、滚动选择题等，获取用户填写的数据，又是如何渲染和存储这些数据的。

第三部分"云开发进阶"包含 3 章内容。

- 第 10 章深入介绍云函数的 Node.js 模块知识与运行机制，以及文件操作，并以时间处理、Excel 文件处理、HTTP 请求处理和路由等方面的实用的模块为例介绍如何在云函数里使用第三方模块。

- 第 11 章深入介绍云数据库的管理、安全规则、数据库的设计、索引以及数据库性能与优化，带领读者了解云数据库的特点，掌握数据模型应该如何设计。

- 第 12 章深入介绍定时触发器以及云调用的比较实用的拓展功能，如订阅消息、CloudID、客服消息、云支付等。

## 致谢

在此向之前参加过线上学习活动的数千名读者表示由衷的感谢，没有你们经过实战学习之后给出的反馈意见，就不会有这样一本细节满满的技术图书。

感谢腾讯云云开发团队的谢昱、朱展、博群等同事，在本书的编写以及合作过程中给予的指导、鼓励与支持。这样一本耗时一年之久才写成的图书，没有你们对我的支持，是很难完成的。

感谢人民邮电出版社的编辑在审校、排版等诸多方面提供悉心的指导和详细的建议。感谢英子编辑在本书编写过程中提供的帮助。

# 资源与支持

本书由异步社区出品，社区（https://www.epubit.com）为您提供相关资源和后续服务。

## 提交勘误

作者和编辑尽最大努力来确保书中内容的准确性，但难免会存在疏漏。欢迎您将发现的问题反馈给我们，帮助我们提升图书的质量。

当您发现错误时，请登录异步社区，按书名搜索，进入本书页面，点击"提交勘误"，输入勘误信息，点击"提交"按钮即可。本书的作者和编辑会对您提交的勘误信息进行审核，确认并接受您的建议后，您将获赠异步社区的100积分。积分可用于在异步社区兑换优惠券、样书或奖品。

## 扫码关注本书

扫描下方二维码，您将会在异步社区微信服务号中看到本书信息及相关的服务提示。

## 与我们联系

本书责任编辑的电子邮箱是 contact@epubit.com.cn。

如果您对本书有任何疑问或建议，请您发电子邮件给我们，并请在电子邮件标题中注明本书书名，以便我们更高效地做出反馈。

如果您有兴趣出版图书、录制教学视频，或者参与图书技术审校等工作，可以发电子邮件给本书责任编辑（yanghailing@ptpress.com.cn）。

如果您来自学校、培训机构或企业，想批量购买本书或异步社区出版的其他图书，也可以发电子邮件给我们。

如果您在网上发现有针对异步社区出品图书的各种形式的盗版行为，包括对图书全部或部分内容的非授权传播，请您将怀疑有侵权行为的链接通过电子邮件发给我们。您的这一举动是对作者权益的保护，也是我们持续为您提供有价值的内容的动力之源。

## 关于异步社区和异步图书

"异步社区"是人民邮电出版社旗下 IT 专业图书社区，致力于出版精品 IT 图书和相关学习产品，为作译者提供优质出版服务。异步社区创办于 2015 年 8 月，提供大量精品 IT 图书和电子书，以及高品质技术文章和视频课程。更多详情请访问异步社区官网 https://www.epubit.com。

"异步图书"是由异步社区编辑团队策划出版的精品 IT 专业图书的品牌，依托于人民邮电出版社的计算机图书出版积累和专业编辑团队，相关图书在封面上印有异步图书的 LOGO。异步图书的出版领域包括软件开发、大数据、AI、测试、前端和网络技术等。

异步社区

微信服务号

# 目录

## 第一部分　小程序快速入门

# 第二部分 云开发项目实践

# 第三部分　云开发进阶

# 第一部分

# 小程序快速入门

# 第1章

## 云开发快速入门

使用云开发方式开发微信小程序（简称小程序）可以快速、免费地制作出一个功能完整且实用的技术作品，这是大多其他开发方式不具备的优点。而且小程序和云开发有官方提供的详细的中文技术文档以及完备的微信开发者工具的支持，因此，云开发是对零基础学习者非常友好的技术开发方式。

## 1.1　云开发简介

通常开发一个完整的应用（Web、小程序、移动应用等）需要使用数据库、存储、CDN（Content Delivery Network，内容分发服务）、后端函数、静态托管、用户登录等多种服务，而云开发以一种全新的开发方式把这些服务集成到一起，使开发过程更加快速、便捷，而且它成本低廉、功能强大，这将引领未来技术开发的新趋势。

### 1.1.1　云开发是什么

简单地说，云开发是一套综合类服务的技术产品，可以为 Web、小程序、移动应用等开发提供可靠、丰富的一站式后端功能。它还提供多语言 SDK（Software Development Kit，软件开发工具包），可以帮助开发者轻松开发多端应用。

云开发主要集成的服务以及相关说明如下，在后续章节会结合实践更深入地介绍这些概念。

- **云数据库**：一个功能强大的文档数据库（非关系数据库），支持基础读写、聚合搜索、数据库事务、实时推送等功能。
- **云函数**：可以以函数的形式运行后端代码，支持 SDK 的调用或 HTTP 请求；存储在云端，可以根据函数的使用情况自动扩/缩容。
- **云存储**：可以提供稳定、安全、低成本、简单易用的云端存储服务，支持任意数量和形式的非结构化数据存储，如图片、文档、音频、视频、文件等。
- **云调用**：基于云函数使用小程序开放接口以及腾讯云的功能，支持在云函数上调用服务端开放接口，如发送模板消息、获取小程序码等。

## 1.1.2  为什么学习云开发

用云开发这种无服务的解决方案作为后端开发方式来开发整个小程序项目（全栈），学习成本、开发成本、维护成本都较传统的开发方式更低。

### 1. 零基础技术爱好者最推荐的学习方向

如果你是零基础的技术爱好者，想学习一门编程语言用于工作或生活，通常 Python、PHP、JavaScript、C#、Swift、Java 都是不错的选择。而相比这些编程方向，云开发除了更容易上手，还能快速、免费地做出功能完整且实用的全栈型技术作品。

云开发可以开发小程序、网站、数据可视化、爬虫机器人、物联网（IoT）、AI 服务等方面的应用，具有极强的产品开发能力。而且，从零基础到制作出可以展示个人创造力的技术作品通常只需要两周左右的学习时间。相比于其他编程方向，云开发更加有趣、实用、容易让人获得成就感。正是因为这种强大的产品开发能力，云开发成了高校学生毕业设计和编程马拉松（hackathon）的流行技术方案。

本书致力于以更加通俗易懂的语言，将详细的操作步骤、完整的代码、复杂的技术概念以及科学的学习方法紧密结合，更进一步地降低学习门槛，真正做到读者即使不具备任何前置编程知识，也能在学习完本书后用云开发进行小程序项目的全栈开发。

### 2. 微信生态最推荐的开发解决方案

微信覆盖广泛的人群，是个人以及企业扩大自身影响力不可忽视的平台。微信生态包含很多种类的产品，如小程序、微信公众号、朋友圈、企业微信、微信支付、视频号、小游戏等，而云开发则是这些产品最值得推荐的开发解决方案。

微信生态的产品拥有相对统一的账号登录体系，而云开发除了在"打通"微信身份认证体系上做得非常完善，还集成了微信生态下的很多开放服务接口，如客服消息、动态消息、订阅消息、微信支付、内容安全、物流助手等。这让用云开发来开发小程序、微信公众号的消息推送功能、企业微信的机器人、朋友圈分享的公众号里的 HTML5 网页和微信支付功能，变得更加方便。

### 3. 多端开发最推荐的开发方式

云开发提供各类前端应用以及多种编程语言的 SDK，支持小程序、Web、Flutter 等多个平台，能够让开发者轻松地开发多端应用。

云开发可以使用云函数来运行所有终端的后端代码，并且使用各类前端应用的 SDK 在调用数据库、云函数以及云调用的拓展能力等服务时，具有一致的 API，因此使用云开发进行多端开发依然功能强大，而且学习成本很低。

#### 4．中小企业最推荐的技术开发方案

从开发成本来说，使用云开发时无须关心后端服务的搭建与运维，只需要专注业务逻辑代码的编写，开发效率更高。对于中小企业来说，云开发可以快速验证产品的可行性，非常适合需要快速更新迭代的项目。

从使用成本来说，云开发支持弹性扩/缩容，可以从容应对突发流量，即使是每天几十万人次的访问量也能应对，而在项目开发、测试与发布的初期又可以把使用成本降到最低，甚至为零。云开发在资源使用上，是按量计费的，相比于传统服务器，云开发的付费粒度更细。

那么，就从这里开始您的微信小程序开发之旅吧！

## 『 1.2　项目的创建与配置 』

要进行小程序云开发，首先要注册小程序，开通云开发服务，然后下载开发者工具和翻阅小程序开发与云开发的技术文档。除此之外，在创建云开发项目时，还需要注意一些配置的细节。

### 1.2.1　注册小程序

小程序的注册非常简单，搜索"微信公众平台"官方网站，打开小程序注册页面，如图 1-1 所示。然后按照要求填入个人信息，验证邮箱和手机号，扫描二维码绑定微信号，几分钟即可完成。

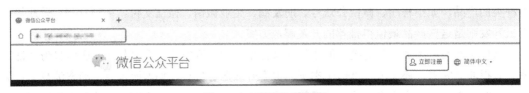

图 1-1　小程序注册官网

> **提示**　注册小程序时不能使用注册过微信公众号、微信开放平台的电子邮箱，需要使用其他的电子邮箱。小程序和微信公众号的登录页是同一个页面，它们会根据你使用的不同电子邮箱跳转。

注册成功后，就可以登录小程序的后台管理页面了。如果不小心关掉了后台管理页面，也可以单击小程序后台管理登录页进行登录。进入小程序的后台管理页面后，单击左侧菜单的"开发"进入设置页，再单击"开发设置"，在开发者 ID 里保存 AppID（小程序 ID），在后续的操作中会使用。

> **提示**　AppID 不是之前注册的邮箱和用户名，需要到后台管理页面查看。

## 1.2.2　开发者工具与云开发文档

学习一门编程语言，通常都要通过开发者工具来实践以及经常翻阅官方技术文档，学习小程序的开发也不例外。

### 1．开发者工具的下载与安装

大家可以根据自己的电脑操作系统来下载相应的版本，一般选择"稳定版 Stable Build"的开发者工具。但是如果你想尝试小程序或者云开发发布的新功能，可下载"预发布版 RC Build"和"开发版 Nightly Build"，如图 1-2 所示。

图 1-2　下载开发者工具

由于小程序和云开发在不断地新增功能，而它们的很多更新信息与开发者工具都有非常紧密的联系，因此要确保自己的开发者工具是最新版本。

可以在开发者工具的顶部看到当前开发者工具的版本号，如图 1-3 所示。注意，版本号里包含着更新日期信息，例如 1.05.2105272，其中 21 表示 2021 年，0527 表示开发者工具是 5 月 27 日发布的版本。如果版本太低请注意及时更新。

图 1-3　开发者工具版本号

### 2．云开发文档

官方技术文档非常全面和详细，所以大家不妨先花几分钟了解官方文档的大致结构，在学习本书的内容时再从中翻阅具体的知识细节。本书会引导大家循序渐进地学习文档里的技术知识。

　　小程序和云开发的功能更新得非常频繁，技术文档也会同步到最新版本。所以无论你是初学者还是"高手"，技术文档都是技术开发的基础与落脚点。图 1-4 展示的是"微信云开发"的官方技术文档页面。

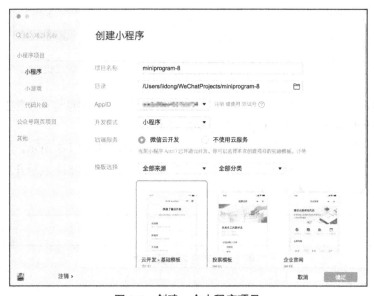

图 1-4　官方技术文档页面

## 1.2.3　创建云开发模板小程序

　　下载安装小程序开发者工具之后，可使用手机微信扫描二维码登录开发者工具，然后使用开发者工具创建一个小程序项目，如图 1-5 所示。

图 1-5　创建一个小程序项目

依次填写以下信息。

● 项目名称：根据自己的需要任意填写。

- 目录：先在电脑上创建一个空文件夹，然后选择它。
- AppID：就是 1.2.1 节中所说的 AppID，也可以在下拉列表中选择 AppID，注意这里不能使用测试号。
- 开发模式：选择"小程序"（默认选项）。
- 后端服务：选择"微信云开发"。
- 模板选择：选择"云开发-基础模板"。

**提示** 用微信开发者工具不仅可以开发小程序，还可以进行微信公众号网页、小游戏等的开发。"后端服务"既可以选择"微信云开发"，也可以选择"不使用云服务"。初学者可以先从"不使用云服务"学起，建议两种形式都创建一下。

单击"新建"按钮就能在开发者工具的"模拟器"里看到云开发 QuickStart 小程序，并且在编辑器里看到这个小程序的源代码，如图 1-6 所示。

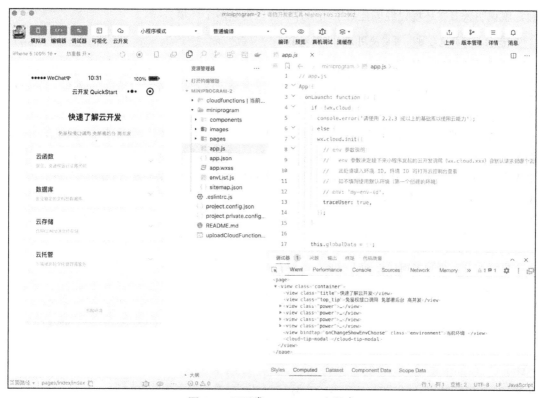

图 1-6 云开发 QuickStart 小程序

接下来，单击开发者工具的工具栏里的"预览"图标，会弹出一个二维码，使用手机微信扫描这个二维码就能在手机微信里看到这个小程序。但是，如果你没有使用微信登录开发者工具，或者你的微信 ID 不是该小程序的开发者 ID，就无法预览。

接下来在手机微信（或模拟器）里进行操作，把小程序的每个按键都按一遍，你会发现很多地方都显示"调用失败"。这非常正常，接下来会介绍如何通过一系列的操作让小程序不报错。

## 1.2.4　云开发项目初始化

尽管在创建项目时，已经选择了"微信云开发"，不过还需要开通"云开发"的服务以及让 1.2.3 节创建的云开发 QuickStart 小程序与云开发服务关联起来，这就是云开发项目的初始化。

### 1. 开通云开发服务

单击微信开发者工具的"云开发"图标（在"调试器"图标的右边），在弹出的对话框里单击"开通"，同意协议后，会弹出创建环境的对话框。这时需要输入环境名称和环境 ID，以及当前云开发的基础环境配额（基础配额免费，而且足够使用）。如果能直接打开云开发控制台，就说明云开发环境已经创建好了（云开发可以创建多个环境）。

> **提示**　"环境名称"可以使用 xly，"环境 ID"可自动生成。

按照对话框提示的要求填写信息后，单击"创建"，初始化环境，环境初始化成功后会自动弹出云开发控制台，这样云开发服务就开通了。大家可以花两分钟左右的时间熟悉一下云开发控制台的界面。

> **提示**　如果在小程序开发者工具中看不到"云开发"图标或者开通不了、打不开云开发服务，说明没有填入相应的 AppID（如填的 AppID 是测试号，或者填的是其他人的小程序的 AppID），或者没有登录微信开发者工具。如果上述问题都解决了，开发者工具还是存在问题，可以单击"清理缓存"→"全部清除"，重启开发者工具，再登录与填写 AppID。

### 2. 找到云开发的环境 ID

单击云开发控制台窗口里的"设置"图标，找到"当前环境"和"环境 ID"，如图 1-7 所示。

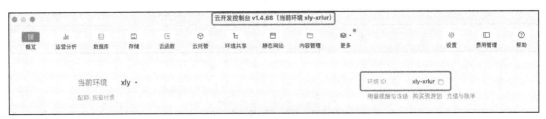

图 1-7　云开发控制台的环境 ID

> **提示**　用户在开通云开发服务之后就创建了一个云开发环境，微信小程序最多可拥有两个环境。每个环境都对应一整套独立的云开发资源，包括数据库、云存储、云函数、静态托管等。每个环境是相互独立的，且都有一个唯一的环境 ID（环境名称不唯一）。

注意环境名称与环境 ID 的区别，尤其是环境 ID 在填写时要注意格式，建议在后面的填写中使用复制、粘贴的方式。单击"当前环境"右侧的下拉按钮可以切换云开发环境。

### 3. 指定开发者工具的云开发环境

当云开发服务开通后，可以在小程序源代码 cloudfunctions 文件夹名称中看到环境名称，如图 1-8 所示。如果在 cloudfunctions 文件夹名称里显示的不是当前环境名称，而是"未指定环境"，可以右击该文件夹，选择"更多设置"，然后单击"设置"图标，选择环境并单击"确定"。

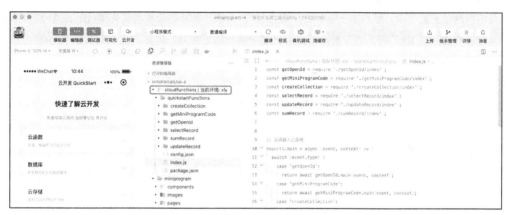

**图 1-8　开发者工具的环境名称**

如果你有多个云开发环境，可以右击 cloudfunctions 文件夹，选择"更多设置"，然后单击"设置"图标来切换开发者工具的云开发环境。

### 4. 指定小程序的云开发环境

在开发者工具中打开源代码文件夹 miniprogram 里的 app.js 文件，找到如下代码：

```
wx.cloud.init({
  // env 参数说明：
  //   env 参数决定接下来小程序发起的云开发调用（wx.cloud.xxx）会默认请求到哪个云开发环境的资源
  //   此处请填入环境 ID，环境 ID 可打开云开发控制台查看
  //   如不填则使用默认环境（第一个创建的环境）
  // env: 'my-env-id',
  traceUser: true,
})
```

在 env: 'my-env-id' 处将 my-env-id 改成你的环境 ID。注意，填入的应是环境 ID 而不是环境名称，结果如下：

```
wx.cloud.init({
  env: 'xly-xrlur',
  traceUser: true,
})
```

> **提示**　云开发可以创建多个环境，如微信小程序可以创建两个免费的云开发环境，一个用于测试，另一个用于正式发布。如果没有在小程序端指定云开发环境，app.js 默认为创建的第一个云开发环境。可以通过修改 env 参数切换小程序端调用的云开发环境。

云开发能力全局只需要初始化一次即可，将这里的 traceUser 属性设置为 true，会将用户访问记录到用户管理中，在云开发控制台的"运营分析"→"用户访问"里可以看到访问记录。

> **提示**　这里有 3 处提及环境 ID，分别是 app.js 文件、开发者工具和云开发控制台。不同的环境 ID 对应着不同的云开发环境，就相当于不同的"服务器"。如果小程序端没有指定环境 ID 或者小程序端和云开发控制台的环境 ID 不同，在开发时可能会出现一些奇怪的问题，例如，找不到数据库集合，上传了云函数在后台却看不到。

### 5. 基础库版本与开发者工具设置

除了开发者工具的版本，小程序以及云开发的能力还非常依赖基础库版本，如果开发者工具的基础库版本过低，很多 API 就会报错。基础库的版本和 iOS、Android、Windows 和 macOS 等微信客户端是有对应关系的，高版本的基础库无法兼容低版本的微信客户端，可以在开发者工具中看到不同的基础库用户终端的占比情况。

单击开发者工具右上角的"详情"，如图 1-9 所示。在"本地设置"中除了可以设置基础库，还可以进行其他设置。

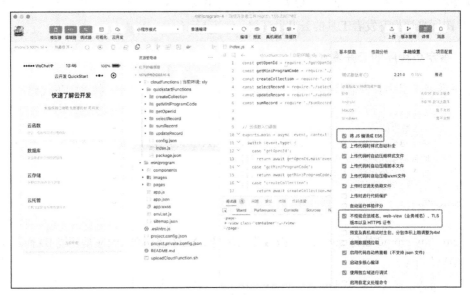

图 1-9　开发者工具设置

如果是为了体验功能，基础库当然是版本越高越好，更高版本的基础库意味着更多的功能支持以及更少的 bug。可以阅读基础库的更新日志来了解基础库新增了哪些功能，做了哪些改动。不过在实际开发时，要考虑用户终端的占比情况。

增强编译可以增强 ES6 转 ES5 的能力，小程序端能支持大部分 ES6 等一些 JavaScript 的语法，如较常用的 async/await。

建议在学习时，勾选"不校验合法域名、web-view（业务域名）、TLS 版本以及 HTTPS 证书"，让小程序支持调试外部链接。

> **提示** 基础库的版本是进行小程序云开发时不容忽视的一个问题。因为基础库在不断地更新版本，而之前开发项目的基础库的版本可能大大落后于现在使用最多的基础库版本，所以，在使用新的开发者工具进行调试时，可能会出现一些报错信息，或者由于没有更新基础库版本，有些新功能无法使用（这个问题一定要注意）。

## 1.2.5 两个可视化控制台

在开发的过程中，经常会用到可视化控制台，即小程序云开发控制台和腾讯云云开发网页控制台。其中的功能如云函数的日志与配置、数据库里集合的创建与权限设置等，都是需要熟悉的。

### 1. 小程序云开发控制台

开通云开发服务之后，就可以打开微信开发者工具自带的小程序云开发控制台了。能否打开云开发控制台，也是检验你在 1.2.3 节创建云开发小程序时是否出现问题的一个方式。通过云开发控制台可以可视化管理云开发的资源，如图 1-10 所示。

图 1-10 云开发控制台界面

云开发控制台有运营分析、数据库、存储、云函数、云托管、环境共享、静态网站、内容管理、设置、费用管理等模块。

下面这几个模块是进行云开发时经常用到的模块，所以需要在开发前对这些模块有基本的了解。

● **运营分析**：可以查看资源使用的统计信息，查看小程序的用户访问记录以及云开发资源的总体使用情况。

- **数据库**：管理数据库集合、记录、权限设置、索引设置以及高级操作的脚本。
- **存储**：管理云存储空间的文件、权限设置等。
- **云函数**：管理云函数、查看调用日志、进行云函数的云端测试等。

### 2. 腾讯云云开发网页控制台

在使用腾讯云云开发网页控制台来管理云开发资源时，需要注意两点：一是需要选择"其他登录方式"里的"小程序公众号"（如图 1-11 所示），然后使用手机微信扫二维码，在微信上选择你要登录的小程序；二是在进入腾讯云云开发网页控制台之后选择"云开发 CloudBase"。

图 1-11　登录腾讯云云开发网页控制台

相比于微信开发者工具的云开发控制台，云开发网页控制台拥有更多的功能，如图 1-12 所示，相关内容在后续章节中会有更多介绍。

图 1-12　腾讯云云开发网页控制台界面

# 1.3　云函数的配置与部署

云开发的云函数是一项无服务器计算服务，以函数的形式运行后端代码来响应事件以及调用其他服务。云函数支持多种编程语言，其中常用的是 JavaScript，它的运行环境是 Node.js。在本节中会讲解云函数开发环境的配置以及如何部署云函数到云端（服务端）。

## 1.3.1　云函数的开发环境

云函数既可以在本地运行，也可以上传到服务端运行。为了方便云函数的本地调试，建议下载安装 Node.js。

### 1. 下载安装 Node.js

Node.js 是在服务端运行 JavaScript 的运行环境，云开发所使用的服务端环境就是 Node.js。npm 是 Node 包管理器，通过 npm 可以非常方便地安装云开发所需要的依赖包。

> **提示**　npm 是前端开发必不可少的包（模块）管理器，它的主要功能是管理包（package），包括安装、卸载、更新、查看、搜索、发布等操作。其他编程语言也有类似的包管理器，如 Python 的 pip、PHP 的 Composer、Java 的 Maven 等。可以把包管理器看成 Windows 系统的软件管理中心或手机的应用中心，只是它们用的是可视化界面，而包管理器用的是命令行。

如图 1-13 所示，读者可以根据自己的计算机的操作系统下载相应的 Node.js 安装包并安装（安装时不要修改安装目录，直接安装即可）。

图 1-13　Node.js 的下载

打开计算机终端（Windows 系统中为命令提示符窗口，macOS 系统中为 Terminal），然后逐行输入下面的命令并按 Enter 键执行。

```
node --version
npm --version
```

如果能正常显示版本号，表示 Node.js 环境已经安装成功。

> **提示**　学编程要仔细，一个字母、一个单词、一个标点符号都不能出错。输入上面的命令时，node、npm 的后面均有一个空格，以及两个短横线 "–"。

### 2. 安装淘宝镜像 cnpm

使用 npm 下载包的速度可能会比较慢，可以安装淘宝镜像来加速。在确定 Node.js 环境安装成功了的情况下，macOS 系统继续在终端执行以下命令（Windows 系统中不加 sudo）：

```
sudo npm install -g cnpm --registry=https://registry.npm.taobao.org
```

这时候需要输入计算机密码（password），输入密码时是不显示内容的，输入之后按 Enter 键执行。安装完成之后，可以在终端确认 cnpm 是否安装成功：

```
cnpm --version
```

如果显示的结果类似 cnpm@6.1.1，就表示 cnpm 安装成功了。后续章节在安装包的时候仍然会使用 npm install 命令，如果下载时速度比较慢，可以使用 cnpm install。

## 1.3.2　部署并上传云函数

要想在本地调试云函数，就需要使用在本地部署的云函数的依赖包，而要想在服务端执行云函数，就需要将云函数上传到云端。

### 1. 云函数的根目录与云函数目录

cloudfunctions 文件夹图标里有朵小云，表示这就是云函数根目录。展开 cloudfunctions，可以看到里面有 functions 等文件夹，这些就是云函数目录。而 miniprogram 文件夹则放置的是小程序的页面文件。

cloudfunctions 里放的是云函数，miniprogram 里放的是小程序的页面，这并不是一成不变的。若想修改这些文件夹的名称，可通过修改项目配置文件 project.config.json 里的如下配置项：

```
"miniprogramRoot": "miniprogram/",
"cloudfunctionRoot": "cloudfunctions/",
```

> **提示**　建议放置小程序页面的文件夹以及放置云函数的文件夹处于平级关系，且都在项目的根目录下，以便于管理。

### 2．云函数部署与上传

右击其中的一个云函数目录，如 quickstartFunctions，在弹出的快捷菜单中选择"在外部终端窗口中打开"，打开后在终端中输入以下命令并按 Enter 键执行。

```
npm install
```

**提示**　如果显示"npm 不是内部或外部命令"，需要关闭微信开发者工具启动的终端，重新打开一个终端窗口，并在里面执行 cd /D。通过终端进入云函数目录（如 cd /D C:\download\tcb-project\cloudfunctions\quickstartFunctions 进入 quickstartFunctions 的云函数目录）后，再执行 npm install 命令。

这时候需要下载云函数的依赖模块，下载完成后，再右击 quickstartFunctions 云函数目录，在弹出的快捷菜单中单击"创建并部署：所有文件"，这时会把本地的云函数上传到云端，上传成功后在 quickstartFunctions 云函数目录的图标会有一朵小云。

在开发者工具的工具栏上单击"云开发"图标，打开云开发控制台，再单击"云函数"图标，就能在"云函数列表"里看到上传好的 quickstartFunctions 云函数了。

还可以通过终端调用安装完成的工具可执行文件，完成登录、预览、上传、自动化测试等操作。要使用终端，注意首先需要在开发者工具的设置→安全设置中开启服务端口，在 QuickStart 小程序的根目录下有一个 uploadCloudFunction.sh 文件（Windows 系统中是.bat 文件），这就是脚本文件。

## 1.3.3　npm 包管理器与依赖

基本上每个云函数都会依赖 wx-server-sdk 包，而要让云函数有更加丰富的功能，就需要引入很多第三方包，可以使用 package.json 来管理当前云函数的依赖包以及相应的版本。

### 1．云函数包管理

为什么要在云函数目录执行 npm install 命令，而不是其他地方？这是因为 npm install 命令可用于下载云函数目录下的配置文件 package.json 里的 dependencies，它表示的是当前云函数需要依赖的模块。也就是说，package.json 在哪里，就在哪里执行 npm install 命令，不然就无法下载云函数需要依赖的模块。

执行 npm install 命令下载的依赖模块会放在 node_modules 文件夹里，可以在执行了 npm install 命令之后，在电脑里打开 node_modules 文件夹并查看其中下载了哪些模块。

以 wx-server-sdk 为例，为什么 package.json 里依赖的是一个模块 wx-server-sdk，但是 node_modules 文件夹里却下载了那么多模块呢？这是因为 wx-server-sdk 也依赖 4 个包，分别是 @cloudbase/node-sdk、tcb-admin-node、protobufjs、tslib，而这 4 个包又会依赖其他包，于是就有了很多模块。

> **提示**　node_modules 文件夹这么大（几十 MB 到几百 MB 都有可能），会不会影响小程序的大小？答案是不会，小程序的大小只与 miniprogram 文件夹有关。当云函数都部署上传到服务器之后，把整个 cloudfunctions 文件夹删掉都没有关系。相同的依赖（例如都依赖 wx-server-sdk）一旦部署到云函数之后，可以选择不上传 node_modules。

### 2. wx-server-sdk 的版本

打开任意一个云函数，如 login 目录下的配置文件 package.json，可以看到其包含如下代码：

```
{
  "dependencies": {
    "wx-server-sdk": "~2.4.0"
  }
}
```

这里的~2.4.0 是 wx-server-sdk 依赖的版本，一般建议大家使用最新的版本号（以生产环境稳定兼容的版本为准）。使用 npm install 命令安装 wx-server-sdk 会默认安装最新版本：

```
npm install --save wx-server-sdk
```

## 1.3.4　体验 QuickStart 小程序

在 1.2.3 节中，已经创建了一个云开发 QuickStart 小程序项目，这个项目是云开发默认的模板小程序。通过这个小程序可以体验云开发的一些功能，如云存储、云函数、数据库等。

### 1. 上传图片到云存储

使用模拟器或手机微信单击云开发 QuickStart 小程序的"云存储"中的"上传文件"按钮，选择一张图片并打开，如果在文件上传页面已显示上传成功、文件的路径以及图片的缩略图，说明图片已经上传到了云开发服务器。

单击云开发控制台的"存储"图标，就可以进入"存储管理"页面查看刚才上传的图片，单击该图片名称可以查看这张图片的信息，如文件大小、文件格式、上传者 Open ID、存储位置、下载地址、File ID 等，如图 1-14 所示。复制下载地址，就能用其在浏览器查看这张图片了。

> **提示**　值得注意的是，因为 QuickStart 小程序将通过"上传图片"这个按钮上传的所有图片都命名为 my-photo.png，所以上传同一格式的图片就会被覆盖掉。也就是说，无论上传多少张相同格式的图片，只会在后台里看到最后上传的那张图片。7.4.1 节会教大家怎么修改代码，让图片不会被覆盖。

### 2. 安全便捷的 File ID

每一个上传到云存储的文件都有一个全网唯一的 File ID（也就是云文件 ID，以 cloud://开头），File ID 只能用于小程序内部。将 File ID 传入 SDK 就可以对文件进行下载、删除、获取文件信息等操作，非常方便。

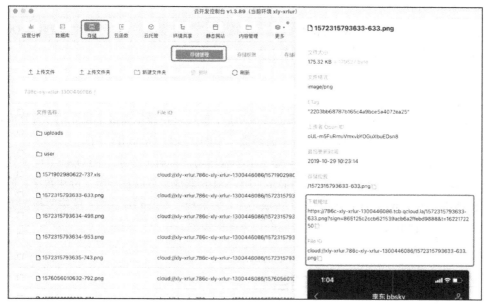

图 1-14　云存储管理控制台

部分小程序组件（如 image、video、cover-image 等）和接口，支持直接传入云文件的 File ID，当然也只有部分组件的部分属性支持，把 File ID 粘贴到浏览器是打不开的。

例如，在 index 页面的 index.wxml 文件的第一行添加以下代码，在 image 组件的 src 属性里输入云存储图片的 File ID，图片也是可以显示出来的：

```
<image src="你的图片的 File ID"></image>
```

### 3．HTTPS 链接与 CDN 加速

如果想在浏览器中直接下载云存储里的文件，或将云存储作为图床（指图片链接可直接访问的网络空间），可以使用文件的下载地址或使用 File ID 获取私有权限文件的 HTTPS 临时链接（这个在后续章节会详细介绍），也就是可以把图片的 HTTPS 链接（如下载地址）复制粘贴到浏览器，或者放到其他网页，图片是可以显示的。

云存储无须进行繁杂的配置，HTTPS 链接默认支持 CDN 加速，并提供免费的 CDN 域名。CDN 会将云存储的内容分发至最接近用户的节点，直接由服务节点快速响应，可以有效降低用户访问延迟。

### 4．云存储与 Open ID

在云开发控制台的存储里，可以看到每张图片的详细信息中都有上传者 Open ID，无论是

使用开发者工具在模拟器的小程序里上传还是使用开发者工具的"预览"功能在手机微信的小程序里上传，只要使用的是同一个微信账号，这个上传者 Open ID 都是一致的，云存储会自动记录上传者的 Open ID。

> **提示**　如果不经过小程序端，直接使用云开发控制台的存储管理界面上传文件，文件是没有 Open ID 的，这是小程序端与管理端（控制台、云函数）的区别。

### 5. 获取用户的 Open ID

当把云函数 quickstartFunctions 部署上传成功后，就可以在模拟器或手机微信（需要重新单击"预览"图标并扫描二维码）里单击"云函数"中的"获取 Open ID"了。

Open ID 是小程序用户的唯一标识，每一个小程序用户都有一个唯一的 Open ID。单击"获取 Open ID"，如果在获取 Open ID 页面显示"用户 id 获取成功"以及一串字母和数字，那么就表示 quickstartFunctions 云函数部署并上传成功了。如果获取 Open ID 失败，就需要根据提示提前安装云函数运行所需的依赖模块，才能进行下面的步骤。

## 1.4　开始一个云开发项目

在 1.2.3 节中介绍了如何使用开发者工具创建云开发 QuickStart 小程序。可以在创建小程序项目时选择"不使用云服务"，直接创建一个简单的小程序项目，也可以到 GitHub 或者其他网站上找一些开源项目导入，或者使用自己之前在其他后端开发过的小程序项目，那么，这些项目是如何经过改造，成为一个云开发项目的呢？

### 1.4.1　开始一个云开发项目的准备

在开始一个云开发项目之前，需要做好一系列的准备工作，不然会出现问题。这些准备工作在 1.2 节中已经做了介绍，这里回顾一下，不明白的地方可以再回去阅读一下。

- 是否已经注册成功了一个小程序，并获取了这个小程序的 AppID？
- 是否下载了最新版的微信开发者工具？如何判断开发者工具的版本是否落后？
- 是否开通了云开发环境，并获取了该环境的环境 ID？是否可以打开云开发控制台？
- cloudfunctions 文件夹名称显示的是不是环境名称？如果是"未指定环境"，可以右击该文件夹，选择"更多设置"，然后单击"设置"图标，选择环境并确定。
- 是否已经在小程序的 app.js 的生命周期函数 onLaunch() 里使用 wx.cloud.init() 来初始化云开发环境？
- 如何判断小程序项目基础库的版本？是否设置到了最新版本？
- 是否了解应该怎样设置开发者工具的"本地设置"？

● 是否安装了 Node.js 环境？如何判断它安装成功？如何下载云函数的依赖？

无论是新项目还是老项目，抑或是导入项目的云开发，都需要先解决以上这些问题。

## 1.4.2 云开发 QuickStart 小程序改造

1.2.3 节中的云开发 QuickStart 小程序中有很多多余的页面以及样式信息，所以需要把 miniprogram 文件夹中的 pages、images、components、style 文件夹里的文件/文件夹都清空，只保留这 4 个空文件夹。

然后把 app.wxss 里的样式代码都删掉，再将 app.json 的 pages 配置项里的页面配置清空（只修改 pages 配置项里面的内容）。例如，将 app.json 的 pages 配置项设置如下，开发者工具会重新建立一个 index 页面。

```
"pages": [
  "pages/index/index"
],
```

这样操作后 QuickStart 小程序项目就是一个全新的项目。

## 1.4.3 让传统小程序项目支持云开发

如果小程序项目之前没有使用云开发，或者小程序项目是在选择"不使用云服务"时创建的，都可以通过以下改造方法使其支持云开发。这个改造的过程并不会影响你原有的小程序的使用，无论是网络请求、页面逻辑还是数据传递，当然更不会影响你原有的后端服务。

首先在小程序的根目录下新建两个文件夹：一个是 cloudfunctions，用于存放本地的云函数以及云函数的依赖包；另一个是 miniprogram 文件夹，用于存放除 project.config.json 以外的其他文件，如 pages、utils、images、app.js、app.json 等文件。文件结构路径如下所示：

```
project // 小程序项目
├── cloudfunctions //云函数根目录
├── miniprogram //小程序文件存放的目录
└── project.config.json
```

然后在 project.config.json 第二行前面添加 miniprogramRoot 配置。

```
"cloudfunctionRoot": "cloudfunctions/",
"miniprogramRoot":"miniprogram/",
```

使用云开发，可以让你更方便地使用云存储来存储用户产生的各类文件。使用云函数以及云调用提供的一些后端功能，既可以只使用云开发来开发后端，也可以在自建服务器提供后端服务的情况下，让云开发作为后端功能的一个补充。云开发在用户登录鉴权方面也比自建服务器的登录系统要方便得多。

### 1.4.4　云函数的同步

当新建并配置了云函数根目录 cloudfunctions 文件夹之后，云函数根目录里并没有云函数，需要右击云函数根目录 cloudfunctions 文件夹，选择"同步云函数列表"，把所有云端的云函数列表都列举出来。修改云函数里面的内容，可以右击其中的一个云函数目录选择"下载"。

也就是说云函数是部署在云端的，删掉本地的云函数不会影响云端的云函数，经过以上一些配置可以很轻松地将云函数下载到本地。

# 第2章

## 小程序页面开发

本章会在不使用云开发的前提下，一步一步地开发一个"静态的小程序"。静态小程序可以用于文字、列表、图片、音/视频、地图等信息的展示，没有十分复杂的交互效果。开发者在学完本章后，借助 WeUI 和 WXSS 等对页面的美化，就可以自定义开发并发布一个简单的小程序了。

## 2.1　页面结构与配置

为了方便学习，建议读者重新创建一个项目，在创建项目时，选择"不使用云服务"，这样目录结构会更加简单。当然也可以按照 1.4.2 节的介绍，对开发者工具默认创建的 QuickStart 项目中的文件做适当的删减。

### 2.1.1　文件结构和页面组成

在学习以下知识时，大家只需要结合开发者工具的编辑器，依次展开文件夹，用编辑器查看文件的源代码，大致浏览一下即可。这就是实践学习的方法（和看书、看视频的学习方法不同），千万不要死记硬背，用多了自然就记住了。

#### 1．小程序的文件结构

在开发者工具的编辑器里可以看到小程序源文件的根目录下有 app.json、app.wxss 和 app.js，这些是小程序必不可少的 3 个主体文件。下面大致介绍一下小程序文件结构（只需要大致了解就可以了，不能完全理解也没有关系）。

- app.json：存放小程序的公共设置，包括对小程序进行全局配置的信息，以及决定页面文件的路径、窗口表现、设置多标签等的信息。
- app.wxss：存放小程序的公共样式表，包括配置整个小程序的文字的字体、颜色、背景、图片的大小等样式信息。
- app.js：存放小程序的逻辑信息。
- pages 文件夹：存放小程序的所有页面，展开 pages 文件夹就可以看到 index 和 logs 两个存放页面的文件夹。

**小任务**　在结合开发者工具实践来了解上面的知识之后，你明白了哪个文件夹是小程序的根目录吗？

### 2．小程序的页面组成

在每一个页面文件夹里都有 4 个文件名相同但扩展名不同的文件。

- json 文件：和 app.json 作用基本相同，只是 app.json 存放的是整个小程序的配置，而页面的 json 文件只存放单个页面的配置（因为有时候全局配置就够用了，所以页面配置有时候是空的）。
- wxml 文件：小程序的页面结构文件，文字、图片、音乐、视频、地图、轮播等组件都会放在这里。
- wxss 文件：小程序的页面样式文件，和 app.wxss 的作用一样都存放页面样式，只不过页面的 wxss 文件是存放单个页面的样式。
- js 文件：存放小程序页面的逻辑信息。

## 2.1.2　小程序的全局配置

app.json 可以对整个小程序进行全局配置，配置的方法可以参考技术文档。

**提示**　请打开小程序技术文档里关于全局配置的介绍，花一些时间快速浏览一下，后续章节会为大家介绍如何结合技术文档来实践学习。

### 1．JSON 语法

在对小程序进行配置之前，可以使用开发者工具打开 app.json 文件，对照着下面的 JSON 语法进行理解。

- 花括号{}标注对象，app.json 中哪些地方用到了花括号，花括号里面的内容就是对象。
- 方括号[]标注数组，可以看到方括号里有"pages/index/index"（小程序页面路径）等，这些页面路径就存放在数组里，数组里的值都是平级的。
- 各个数据之间由英文逗号隔开，注意数据包括对象、数组、属性与值。可以结合 app.json 仔细比对英文逗号出现的位置，平级数据的最后一条数据后不用加英文逗号，也就是只有数据之间才有英文逗号。
- 字段名称（也就是属性名）与值之间用英文冒号隔开，字段名称在前，字段的值在后。
- 字段名称用双引号标注。

**提示**　其中所有的标点符号都需要在英文状态下，也就是半角字符，不然程序会报错。很多之前没有接触过编程的学习者经常会犯这样的错误，一定要多注意！当编程要输入标点符号时，一定要先确认输入法是全角状态还是半角状态。如果输入法是全角状态，一定要切换为半角状态。后文不再强调。

### 2. 设置小程序窗口表现

使用开发者工具打开 app.json 文件，可以看到下列代码里有一个字段名 window（如前面所说，字段名要用双引号""标注），它的值是一个对象（如前面所说，花括号里的就是对象）。对象可以是一组数据的集合。

```
"window": {
  "backgroundTextStyle": "light",
  "navigationBarBackgroundColor": "#fff",
  "navigationBarTitleText": "WeChat",
  "navigationBarTextStyle": "black"
},
```

这些数据是 window 的配置项，可用于设置小程序的状态栏、导航条、标题、窗口背景色等。

> **小任务**　打开小程序全局配置文件 app.json 查看 backgroundTextStyle、navigationBarBackgroundColor、navigationBarTitleText、navigationBarTextStyle 的配置描述（大致了解即可）。

使用开发者工具的编辑器将以上属性的值按如下代码进行修改。

```
"window": {
  "backgroundTextStyle": "dark",
  "navigationBarBackgroundColor": "#1772cb",
  "navigationBarTitleText": "云开发技术训练营",
  "navigationBarTextStyle": "white"
},
```

> **提示**　修改完成之后记得保存代码，若文件修改后没有保存，在标签页会显示一个绿点。可以使用快捷键 Ctrl+S 来保存（macOS 系统中为 Command+S）。

然后单击开发者工具的"编译"图标，就能看到更新之后的效果，也可以单击"预览"，使用手机微信扫描生成的二维码查看效果。

> **小任务**　navigationBarBackgroundColor 值是#1772cb，这是十六进制颜色值，它是一个非常基础而且用途范围极广的计算机概念。大家可以利用搜索引擎了解一下：（1）如何使用电脑版微信、QQ 的截图工具取色（取色颜色会有一点偏差）；（2）RGB 颜色与十六进制颜色如何转换。

## 2.1.3　新建小程序页面

新建页面的方法有两种：第一种是使用开发者工具在 pages 文件夹下新建；第二种是通过 app.json 的 pages 配置项来新建。我们先来看第二种方法。

### 1. 通过 app.json 新建页面

pages 配置项用于设置页面的路径，也就是在小程序里新建的每一个页面都需要填写在这里。使用开发者工具打开 app.json 文件，在 pages 配置项里新建一个 home 页面（页面名称可以是任意英文名），代码如下：

```
"pages/home/home",
"pages/index/index",
"pages/logs/logs"
```

**提示**　写的时候可以回顾一下 JSON 语法，每个页面后都记得要用逗号隔开，如果文件代码写错了，开发者工具会报错。

保存之后，在模拟器中就能看到新建的首页，它会显示如下内容：

pages/home/home.wxml

再看一下小程序的文件夹结构，是不是在 pages 文件夹下面多了一个 home 文件夹，而且 home 文件夹还自动新建了 4 个页面文件？

删掉 pages 文件夹下的 index 和 logs 文件夹，然后把 app.json 的 pages 配置项修改如下：

```
"pages": [
  "pages/home/home",
  "pages/list/list",
  "pages/partner/partner",
  "pages/more/more"
],
```

也就是删掉 index 和 logs 页面配置项的同时，又新增了 3 个页面（list、partner 和 more），这 3 个页面名称可以根据需要来命名。

**小任务**　这些新建的页面文件都存放在电脑的什么位置呢？在开发者工具中右击 home 文件夹或者 home.wxml，选择"在资源管理器中显示"就可以看到该文件在电脑的文件夹里的位置了。

### 2. 新建小程序的首页

在 pages 配置项的技术文档里有"数组的第一项代表小程序的初始页面"这样一句话，是什么意思呢？

使用开发者工具打开 app.json，把之前建好的 pages/list/list 剪切粘贴到 pages/home/home 的前面，也就是把 list 页面放到了数组的第一项，再到模拟器里看一下小程序的变化。原来 pages 配置项里的第一项就是小程序的首页。

**小任务**　现在来学习新建页面的第一种方法，使用开发者工具在 pages 文件夹下新建页面。首先选中 pages 文件夹，右击选择"新建文件夹"，然后输入文件夹名字为 post。接下来选中 post 文件夹，选择"新建 page"，名字也为 post，新建完成之后观察 pages 配置项的变化。

## 2.1.4　了解配置项的书写方式

2.1.2 节和 2.1.3 节介绍了 window 配置项、pages 配置项，在技术文档的小程序全局配置中可了解到，window、pages 都是全局配置项的属性，除此之外，全局配置项的属性还有 tabBar、networkTimeout、usingComponents、permission 等，大家可以在技术文档里了解每个属性的含义及功能。

下面就简单介绍一下配置项的书写语法，大家可以结合以下代码来理解 app.json 的写法，避免配置错误。

```
{
  "pages": [
    "pages/home/home",
    "pages/list/list",
    "pages/partner/partner",
    "pages/more/more"
  ],
  "window": {
    "navigationBarTitleText": "云开发技术训练营"
  },
  "tabBar": {
    "color": "#7A7E83",
    "selectedColor": "#13227a",
    "backgroundColor": "#ffffff",
    "list": [{
        "pagePath": "pages/home/home",
        "text": "首页"
      },
      {
        "pagePath": "pages/list/list",
        "text": "活动"
      },
      {
        "pagePath": "pages/partner/partner",
        "text": "伙伴"
      },
      {
        "pagePath": "pages/more/more",
        "text": "更多"
      }]
  },
  "networkTimeout": {
    "request":10000,
    "downloadFile":10000
  },
  "debug": true,
  "navigateToMiniProgramAppIdList": [
    "wxe5f52902cf4de896"
  ]
}
```

从上述代码中配置项的书写语法可以看出以下几点。

- 每个配置项（如 pages、window）都用双引号标注，花括号内是配置项的属性与值。
- 每个配置项之间用逗号隔开，最后一项没有逗号。配置项之间是平级关系，注意不要把 tabBar 配置项写到 window 配置项里面了。
- 配置项里面的数组或对象的最后一项也没有逗号。
- 书写时注意缩进，此外，花括号、方括号都是成对书写，嵌套时也不能有遗漏。

## 2.1.5　配置 tabBar 配置项

在很多 App 的底部都有带有小图标的切换标签（tab），例如，手机微信底部就有"微信""通讯录""发现"和"我" 4 个标签，其中的小图标就是 icon，整个就是 tabBar。小程序也可以显示这样的内容，需要在 app.json 里配置 tabBar 配置项。

### 1. icon 下载

可在官方技术文档里了解到 icon 大小限制为 40 KB，尺寸建议为 81px×81px（稍大一点儿是可以的）。不懂设计 icon 的读者可以到矢量图标库下载（注意下载的是.png 格式）。图 2-1 所示是 iconfont 官方网站的首页。

图 2-1　iconfont 官方网站的首页

大家可以注意到手机微信的 tabBar 的每一个 icon 其实有两种状态，即选中时的状态和没有选中时的状态，它们的颜色是不一样的。在 iconfont 里大家除了可以选择图标，还可以选择不同的颜色来下载。例如，要让 tabBar 有 4 个 tab，就需要下载 4 个两种配色的 icon，共 8 张图片。

使用开发者工具在第 1 章创建的小程序的根目录下新建一个 image 文件夹,把命名好的 icon 都放在里面，这时文件夹结构如下:

```
小程序的根目录
├── image
│   ├── icon-tab1.png
│   ├── icon-tab1-active.png
├── pages
├── utils
├── app.js
├── app.json
├── app.wxss
├── project.config.json
├── sitemap.json
```

建议选择 4 个风格一致的 icon，并且与小程序的整体界面颜色和风格保持一致，这样切换起来不会突兀，不然 tabBar 就可能不好看。icon 的名称最好也一致，例如 home 对应的 icon 可以命名为 home.icon 和 home-active.icon。

> **提示** 图片、页面、文件、文件夹的名称都要使用英文，名称里面的标点符号也必须是英文字符。

### 2. tabBar 配置项

通过 tabBar 配置项，可以设置 tabBar 的默认字体颜色、选中后的字体颜色、背景色等。

通过技术文档，先大致了解 color、selectedColor、backgroundColor 等的含义，然后使用开发者工具打开 app.json，在 window 配置项后面新建一个 tabBar 配置项，代码如下:

```json
"tabBar": {
  "color": "#7A7E83",
  "selectedColor": "#13227a",
  "backgroundColor": "#ffffff",
  "list": [
    {
      "pagePath": "pages/home/home",
      "iconPath": "image/icon-tab1.png",
      "selectedIconPath": "image/icon-tab1-active.png",
      "text": "首页"
    },
    {
      "pagePath": "pages/list/list",
      "iconPath": "image/icon-tab2.png",
      "selectedIconPath": "image/icon-tab2-active.png",
      "text": "活动"
    },
    {
      "pagePath": "pages/partner/partner",
      "iconPath": "image/icon-tab3.png",
      "selectedIconPath": "image/icon-tab3-active.png",
```

```
      "text": "伙伴"
    },
    {
      "pagePath": "pages/more/more",
      "iconPath": "image/icon-tab4.png",
      "selectedIconPath": "image/icon-tab4-active.png",
      "text": "更多"
    }
  ]
}
```

上述代码中有一个比较重要的属性就是 list，它是一个数组，决定了 tabBar 上面的文字、icon 以及跳转链接。

- pagePath 表示在 pages 配置项里创建的页面。
- text 为切换标签上的文字。
- iconPath 和 selectedIconPath 分别表示没有选中时的图片路径和选中时的图片路径。

> **小任务**　你知道如何制作一个底部没有 tabBar 的小程序吗？要让 tabBar 没有 icon，应该如何配置？给 tabBar 添加一个 position 属性（值为 top）小程序的界面会有什么变化？再给小程序新增几个页面（不添加到 tabBar 上），应该如何在模拟器中看到新增的页面？

## 2.1.6　小程序的页面配置

使用微信开发者工具打开一个页面的 json 文件，如 home 的 home.json，在 json 文件里面新增一些配置信息，具体如下：

```
{
  "usingComponents": {},
  "navigationBarBackgroundColor": "#ce5a4c",
  "navigationBarTextStyle": "white",
  "navigationBarTitleText": "小程序页面",
  "backgroundColor": "#eeeeee",
  "backgroundTextStyle": "light"
}
```

配置的属性与值的含义可以结合实际的效果以及技术文档来了解。

> **小任务**　对比一下小程序的页面配置前和配置后有哪些变动，你是否对技术文档里"页面中配置项在当前页面会覆盖 app.json 的 window 中相同的配置项"有了一定的认识？

## 2.2　WXML 与 WXSS

WXML（WeiXin Markup Language）是小程序框架设计的标签语言，结合基础组件、事件系统，可以构建出小程序页面的结构。WXSS（WeiXin Style Sheets）是小程序的样式语言，用于描述 WXML 代码的组件样式。

## 2.2.1　编辑 wxml 文件

在开发者工具里打开之前修改的模板小程序 home 文件夹下的 home.wxml，里面有如下代码：

```
<!--pages/home/home.wxml-->
<text>pages/home/home.wxml</text>
```

其中，第一行是一句注释，也就是一句说明，不会显示在小程序的前端；第二行就是一个组件。

接下来会广泛用到小程序的组件。例如，在上述代码的下面添加以下代码，再来观察效果：

```
<view>
    <view>
        <view>WXML 模板</view>
        <view>从事过网页编程工作的人知道，网页编程采用的是 HTML+CSS+JavaScript 这样的组合。
其中 HTML 用来描述当前这个页面的结构，CSS 用来描述页面的样子，JavaScript 通常用来处理这个页面和用
户的交互。</view>
    </view>
</view>
```

可以结合上述代码，来了解组件的基本写法。

- 组件和标签类似，它们都是成对出现的，如果前面有开始标签，后面就要有一个闭合标签，闭合标签前面有一个 "/"。
- view 组件是可以嵌套的。
- 为了让代码更整齐，写代码的时候要缩进（虽然不缩进也不会有影响）。

了解组件基本写法后可以把页面写得更加复杂。

```
<view>
    <view>
        <view>
            <view>技术学习说明</view>
            <view>技术和以往所接触的一些知识有很大的不同，例如，英语非常强调词汇量，需要你多
说多背；数学需要你记住公式，反复练习。在教学的方式上也有很大的不同，以前都是有专门的老师手把手教你，
而且有同学交流。那要学好技术，应该依循什么样的学习方法呢？
            </view>
        </view>
        <view>
            <view>
                <view>查阅文档而非死记知识点</view>
                <view>在高中一学期一门课通常只有一本教材，老师会反复讲解知识点，强化你的记忆；
而技术中一个很小的分支，内容就有几千页甚至更多，死记知识点显然不合适。学习技术要像查词典一样来查阅技
```

术文档，只需要掌握基本的语法和用法，在编程的时候随时查阅即可，就像你不需要背诵上万的单词也能知道它的含义和用法一样，所以技术文档是学习技术最为重要的参考资料。

```
            </view>
        </view>
        <view>
            <view>实战而非不动手的看书</view>
            <view>技术是最强调结果的技能，看了再多书，如果不知道技术成品是怎么写出来的，
```
都是枉然。很多朋友有"收集癖"，下载了很多电子资源，收藏了很多高赞的技术文章，但是却没有动手去消化、去理解，把时间和精力都浪费了。不动手在开发者工具里去写代码、不动手配置开发环境、缺乏实战的经验，这些都是阻碍学好技术的坏习惯。
```
            </view>
        </view>
        </view>
    </view>
</view>
```

## 2.2.2 WXSS 选择器

大家是不是已经发现现在写的小程序对应的页面不太美观？这就需要对小程序页面进行美化。但是页面的代码里面组件这么多，要是不对每个组件进行区分，就很难对每个组件进行美化了。

### 1. id 与 class 选择器

先了解一下选择器的概念。顾名思义，选择器就是用于选择的。例如，学校有 1000 个人，可以给每个人一个学号，这个学号是唯一的，可以称这个学号为 id，用于精准地选择。有的时候还需要对一群人进行分类选择，例如，一个班级或者所有男生，其中的班级或性别，可以称为 class（类），用于分类选择。

### 2. 给组件增加属性

2.2.1 节代码中的 view 组件实在太多了，为了区分它们，可以给它们增加一些属性，这样就可以用选择器选择它们了。

```
<view id="wxmlinfo">
    <view class="content">
        <view class="title">WXML 模板</view>
        <view class="desc">从事过网页编程工作的人知道，网页编程采用的是 HTML + CSS
+JavaScript 这样的组合。其中 HTML 用来描述当前这个页面的结构，CSS 用来描述页面的样子，JavaScript
通常用来处理这个页面和用户的交互。
        </view>
    </view>
</view>
```

给组件添加属性在外观上并不会有变化。

```
<view id="studyweapp">
    <view class="content">
        <view class="header">
            <view class="title">技术学习说明</view>
            <view class="desc">技术和以往所接触的一些知识有很大的不同，例如，英语非常强调
词汇量，需要你多说多背；数学需要你记住公式，反复练习。在教学的方式上也有很大的不同，以前都是有专门的
老师手把手教你，而且有同学交流。那要学好技术，应该依循什么样的学习方法呢？
            </view>
        </view>
        <view class="lists">
            <view class="item">
                <view class="item-title">查阅文档而非死记知识点</view>
                <view class="item-desc">在高中一学期一门课通常只有一本教材，老师会反
复讲解知识点，强化你的记忆；而技术中一个很小的分支，内容就有几千页甚至更多，死记知识点显然不合适。学
习技术要像查词典一样来查阅技术文档，只需要掌握基本的语法和用法，在编程的时候随时查阅即可，就像你不需
要背诵上万的单词也能知道它的含义和用法一样，所以技术文档是学习技术最为重要的参考资料。
                </view>
            </view>
            <view class="item">
                <view class="item-title">实战而非不动手的看书</view>
                <view class="item-desc">技术是最强调结果的技能，看了再多书，如果不知道技
术成品是怎么写出来的，都是枉然。很多朋友有"收集癖"，下载了很多电子资源，收藏了很多高赞的技术文章，
但是却没有动手去消化、去理解，把时间和精力都浪费了。不动手在开发者工具里去写代码、不动手配置开发环境、
缺乏实战的经验，这些都是阻碍学好技术的坏习惯。
                </view>
            </view>
        </view>
    </view>
</view>
```

> **提示** 大家在学习的过程中，既要随时在开发者工具中的模拟器上查看效果，也要经常用手机微信扫描"预览"所生成的二维码来查看效果。千万不要只看教程，一定要自己动手实践。

## 2.2.3 CSS 参考手册

给 wxml 文件的组件增加了 class 属性之后，就可以在 wxss 文件里给指定的某个组件或某类组件进行美化了，美化时需要编辑 home.wxss 文件。WXSS 美化的知识和 CSS 是类似的，小程序的技术文档里面没有，大家可以看一下 W3Shool 或菜鸟教程提供的 CSS 参考手册。CSS 文件的作用是美化组件。

这里大家只需要了解 CSS 的字体属性、文本属性、背景属性、边框属性、盒模型等。

> **提示** CSS 涉及的知识点非常多，现在大家只需要知道有这些概念即可，学技术千万不要在没有看到实际效果的情况下死记概念。概念没有记住一点关系都没有，因为大家可以随时查文档。接下来将用实际的例子让大家看到效果，大家想深入学习的时候可以回头再看相关文档。

## 2.2.4　字体属性与文本属性

例如，class 为 title 的组件里面的文字是标题，如果需要对标题的字体进行加大、加粗以及居中处理，就可以在 home.wxss 文件里添加以下代码，然后看看有什么效果。

```
.title{
  font-size:20px;
  font-weight:600;
  text-align: center;
  }
```

通过.title 选择器，选择到了 class 为 title 的组件，这样就可以精准地对它进行美化，并且对它进行美化的代码不会用在其他组件上。

class 为 item-title 的组件里面的文字是一个列表的标题，希望它和其他文字的样式有所不同：它的字体比 title 的字体小一些；比其他文字更粗，但是比 title 更细；字体颜色可以设置为彩色。

```
.item-title{
  font-size:18px;
  font-weight:500;
  color: #c60;
}
```

若希望描述类的文字颜色浅一点，在 home.wxss 文件中继续添加代码。

```
.desc,.item-desc{
  color: #333;
}
```

除了标题（class 为 title 和 item-title 的组件）都给它们加了字体大小，为所有的文字大小、行间距进行统一的设定。

```
#wxmlinfo,#studyweapp{
  font-size:16px;
  font-family: -apple-system-font,Helvetica Neue,Helvetica,sans-serif;
  line-height:1.6;
}
```

常用的美化文本的 CSS 属性如表 2-1 所示，大家可通过技术文档更深入地学习。

表 2-1　美化文本的 CSS 属性

| CSS 属性 | 属性 | 说明 |
|---|---|---|
| 字体属性 | font-family | 设置文本的字体 |
| | font-size | 设置文本的字体尺寸 |
| | font-weight | 设置字体的粗细 |
| 文本属性 | color | 设置文本的颜色 |
| | line-height | 设置行高 |
| | text-align | 设置文本的水平对齐方式 |

## 2.2.5　盒模型

大家有没有发现段落之间的距离、文字之间的距离，以及文字与边框之间的距离都比较小？这时候就需要用到盒模型了。盒模型就像一个长方形的盒子，它有长度、高度，也有边框，以及内边距与外边距。

长度、高度、边框比较好理解，而内边距和外边距是什么意思呢？内边距表示长方形的边框与长方形里面的内容之间的距离，有上内边距、右内边距、下内边距、左内边距这 4 个内边距，分别用 padding-top、padding-right、padding-bottom、padding-left 表示。注意是上、右、下、左（顺时针方向）。

外边距表示长方形的边框与长方形外面的内容之间的距离，同样也有上外边距 margin-top、右外边距 margin-right、下外边距 margin-bottom、左外边距 margin-left 这 4 个外边距。同样也是按上、右、下、左这样的顺时针方向的。

例如，给 id 为 wxmlinfo 和 studyweapp 的组件设置内边距，让文字与边框之间有一定的距离：

```
#wxmlinfo,#studyweapp{
  padding-top:20px;
  padding-right:15px;
  padding-bottom:20px;
  padding-left:15px;
}
```

**提示**　上述代码中的内边距属性可以简写，关于 padding 的简写规则，大家可以阅读技术文档中的 CSS padding 属性。例如，上面的 4 条声明可以简写成 padding:20px 15px。

class 为 title 的 view 组件是标题，希望它和下面的文字距离大一点，可以添加以下代码。

```
.title,.item-title{
  margin-bottom:0.9em;
  }
```

代码中的 em 是相对于当前字体尺寸而言的单位，如果当前字体大小为 16px，那么 1em 表示 16px；如果当前字体大小为 18px，那么 1em 表示 18px。

为了让 class 为 item-title 的组件（列表的标题）更加突出，可以给它左边加一个边框：

```
.item-title{
  border-left:3px solid #c60;
  padding-left:15px;
}
```

至此，我们便对小程序中文本的样式做了调整。

为了便于大家查阅，我们把盒模型的 3 类属性整合在了一起，如表 2-2 所示。

表 2-2 盒模型的常见 CSS 属性

| CSS 属性 | 属性 | 说明 |
|---|---|---|
| 内边距属性 | padding | 在一个声明中设置所有内边距属性 |
| | padding-top | 设置元素的上内边距 |
| | padding-right | 设置元素的右内边距 |
| | padding-bottom | 设置元素的下内边距 |
| | padding-left | 设置元素的左内边距 |
| 外边距属性 | margin | 在一个声明中设置所有外边距属性 |
| | margin-top | 设置元素的上外边距 |
| | margin-right | 设置元素的右外边距 |
| | margin-bottom | 设置元素的下外边距 |
| | margin-left | 设置元素的左外边距 |
| 边框属性 | border | 在一个声明中设置所有的边框属性，如 border:1px solid #ccc |
| | border-top | 在一个声明中设置所有的上边框属性 |
| | border-right | 在一个声明中设置所有的右边框属性 |
| | border-bottom | 在一个声明中设置所有的下边框属性 |
| | border-left | 在一个声明中设置所有的左边框属性 |
| | border-width | 设置 4 条边框的宽度 |
| | border-style | 设置 4 条边框的样式 |
| | border-color | 设置 4 条边框的颜色 |
| | border-radius | 简写属性，设置所有 4 个 border-*-radius 属性 |
| | box-shadow | 给方框添加一个或多个阴影 |

更多的设计样式，大家可以根据技术文档，在开发者工具里通过实践学习。

## 〖 2.3　链接和图片 〗

2.2 节中的操作让小程序有了文字，但小程序的内容形式还不够丰富，还没有链接、图片等元素，这些元素在小程序里也都是通过组件来实现的。

### 2.3.1　navigator 组件

小程序是通过 navigator 组件来给页面添加链接的。有些页面在打开小程序的时候就可以看得到，还有些则需要通过单击链接进行页面切换才可以看得到，这样打开的页面可以称为二级页面。

#### 1．二级页面

为了让二级页面与 tabBar 的页面有更加清晰的结构关系，可以在 tabBar 对应的页面文件夹下面新建要跳转的页面。例如，第一个 tabBar 是 home（首页），凡是 home 会跳转的二级页面，都放在 home 文件夹里。

同样在 pages 配置项里新建一个页面 imgshow（名称可以自定义），pages 配置项的内容如下：

```
"pages/home/home",
"pages/home/imgshow/imgshow",
"pages/list/list",
"pages/partner/partner",
"pages/more/more"
```

然后在 home 页面的 home.wxml 添加以下代码：

```
<view class="index-link">
    <navigator url="./../home/imgshow/imgshow" class="item-link">让小程序显示图片
</navigator>
    </view>
```

> **提示**　在上面的代码中，把 navigator 组件嵌套在 view 组件里，当然不嵌套也是可以的。要写非常复杂的页面，就会经常用到这种嵌套。

url 是页面跳转链接，大家注意这个路径的写法，也可以写成以下代码：

```
/pages/home/imgshow/imgshow
```

这两种形式的路径都指向 imgshow 页面。

因为 navigator 组件没有添加样式，所以看不出它是一个可以单击的链接，在 home.wxss 里给它添加样式。

```
.item-link{
  margin:20px;
  padding:10px 15px;
  background-color: #4ea6ec;
  color: #fff;
  border-radius:4px;
}
```

**小任务**　为什么页面的路径有两个 imgshow？例如，把路径写成/pages/home/imglist 对应的是什么页面？在 pages 配置项添加代码看看效果。

### 2．相对路径与绝对路径

注意，之前使用的路径基本都是相对路径，相对路径使用"/"作为目录的分隔符。

- ./代表当前目录，<img src="./img/icon.jpg" />等同于<img src="img/icon.jpg" />。
- ../代表上一级目录。
- /代表当前根目录，是相对目录，如<img src="/img/icon.jpg" />。

**小任务**　你知道当前根目录是什么吗？你明白为什么/pages/home/imgshow/imgshow 和./../home/imgshow/imgshow 这两个写法都指向同一个页面吗？

要管理好图片资源、链接（页面）资源、音频资源、视频资源、WXSS 样式资源等内部与外部资源，就要掌握好路径方面的知识。之后也会经常运用这方面的知识。

那什么是绝对路径呢？网络链接就是绝对路径，例如：

https://hackwork.oss-cn-shanghai.aliyuncs.com/lesson/weapp/4/weapp.jpg

还有类似 C:\Windows\System32 这样从盘符开始的路径也是绝对路径。通常相对路径用得会比较多一些。

## 2.3.2　image 组件

一般而言，好看的网页怎么可能少得了图片呢？小程序中添加图片可利用 image 组件。

首先把要显示的图片放到小程序的 image 文件夹里，然后在 imgshow 页面下的 imgshow.wxml 中添加以下代码：

```
<view id="imgsection">
  <view class="title">小程序显示图片</view>
  <view class="imglist">
    <image class="imgicon" src="/image/icon-tab1.png"></image>
  </view>
</view>
```

**提示**　图片的链接是之前 tab 图标的链接，也就是这张图片来源于小程序的本地文件夹。可能你的图片命名会有所不同，可根据实际情况修改。

这样图片就会在小程序里显示出来了。

> **提示** 如果不对图片的样式（如高度和宽度）进行处理，图片显示就会变形。这是因为 image 组件会给图片增加默认的宽度和高度，宽度为 320px，高度为 240px。

仅将图片显示出来是不够的，很多情况下还对图片显示出来的大小有要求，或者对它的外边距有要求。利用之前介绍的知识，可以给 image 组件也添加一些 CSS 样式。例如，在 imgshow.wxss 里面添加以下代码：

```
.imglist{
  text-align: center;
}
.imglist .imgicon{
  width:200px;
  height:200px;
  margin:20px;
}
```

## 2.3.3 云存储

可以把图片放在小程序的本地文件夹里，也可以把图片放在服务器上。那如何让一张图片以链接的方式被其他人看到呢？这时候就需要有一个专门的存储图片的服务器（图床）。

先在开发者工具里单击"云开发"图标，打开云开发控制台，然后单击菜单栏的"存储"图标，进入存储管理页。在这里可以新建文件夹以及上传各种格式的文件到云存储。在上传一张图片之后，获取到该图片的下载地址，就可以分享到其他平台或用于小程序了。例如，在 imgshow.wxml 测试一下（将代码中的 src 地址替换为云存储的地址）：

```
<view class="imglist">
  <image class="imgitem" src="https://hackwork.oss-cn-shanghai.aliyuncs.com/
lesson/weapp/4/weapp.jpg"></image>
</view>
```

> **小任务** 除了云开发自带的云存储，推荐的云存储还有腾讯云云存储、七牛云对象存储、阿里云对象存储 OSS 等。云存储除了可以上传图片，还可以上传其他文件格式，试试看。

## 2.3.4 尺寸单位

2.3.3 节中的网络图片是变形的，为了让图片不变形，就需要给图片添加 WXSS 样式。这里有一个问题，如果图片的宽度为 1684px，高度为 998px，而手机屏幕却没有这么高的像素，想让图片在手机里完整显示且不变形该怎么处理呢？方法之一是使用尺寸单位 rpx。

小程序规定屏幕的宽度为 750rpx，可以把图片等比缩小。例如，给图片添加样式：

```
.imglist .imgitem{
  width:700rpx;
```

```
    height:415rpx;
    margin:20rpx;
}
```

有了 rpx 这个尺寸单位，就可以确定一个元素在小程序里的精准位置和精准大小，不过用这个尺寸单位处理图片经常需要换算，也挺麻烦的，可以看一下 2.3.5 节中的处理方法。

## 2.3.5 图片的裁剪

由于图片可能尺寸不一，或者由于 iPhone、Android 手机屏幕的尺寸大小不一以及对图片显示的要求不一，为了让图片显示正常，小程序需要对图片进行一些裁剪。

小程序是通过 mode 属性来对图片进行裁剪的，大家可以去阅读一下 image 组件中关于 mode 属性的说明。

如果想正常显示 2.3.3 节中的图片，该怎么处理呢？按照技术文档所述，可以先给 image 组件添加一个 widthFix 模式：宽度不变，高度自动变化，保持原图宽高比不变。

```
<view class="imglist">
  <image class="imgitem" mode="widthFix" src="https://hackwork.oss-cn-shanghai.
aliyuncs.com/lesson/weapp/4/weapp.jpg"></image>
</view>
```

然后给图片添加 WXSS 样式：

```
.imglist .imgitem{
  width:100%;
}
```

也就是说，设置图片的宽度为百分比样式，而高度则自动变化，保持原图宽高比不变。

> **提示** 设置百分比是网页、移动端等用来布局以及定义大小的非常重要的方法，大家可以多学多练多分析。

有时还会有这样的需求，图片需全屏显示，但是设计师只给图片预留了高度很小的空间，这时就必须对图片进行一定的裁剪了，可以先在 imgshow.wxml 里添加以下代码：

```
<view class="imglist">
  <image class="imgfull" mode="center" src="https://tcb-1251009918.cos.ap-guang
zhou.myqcloud.com/background.png"></image>
</view>
```

然后在 imgshow.wxss 里面添加一些样式：

```
.imglist .imgfull{
  width:100%;
  height:100px;
}
```

大家可以在开发者工具或通过扫描开发者工具预览生成的二维码在手机微信上体验一下，

并把 mode="center" 中的 center 换成其他模式来观察不同的模式对图片裁剪的影响。

> **提示** 图片的处理是一个非常重要的知识点，需要多多实践，但是原理和核心知识点都在 wxss 文件和小程序 image 组件里，大家可以根据实际需求应用所学知识。

## 2.3.6 背景属性

背景属性也是 CSS 方面的知识，调整背景属性用于给组件添加一些颜色背景或者图片背景。当想用一张图片作为组件的背景时，会涉及背景图片的位置与裁剪，这和小程序 image 组件的裁剪有一些相通之处，因此接下来将介绍 CSS 的背景属性。

表 2-3 是经常使用的 CSS 背景属性及其说明。和之前强调的一样，技术文档是用来查阅和深入学习的，大家可以先用背景属性试试一些效果。

表 2-3 CSS 背景属性及其说明

| CSS 属性 | 属性 | 说明 |
| --- | --- | --- |
| 背景属性 | background | 在一个声明中设置所有的背景属性 |
| | background-color | 设置元素的背景颜色 |
| | background-image | 设置元素的背景图片 |
| | background-size | 设置背景图片的尺寸 |
| | background-repeat | 设置是否及如何重复背景图片 |

例如，可以在之前写好的 home 页面中给 id 为 wxmlinfo 的 view 组件添加背景颜色以及给 id 为 studyweapp 的 view 组件添加一张背景图片：

```
#wxmlinfo{
background-color: #dae7d9;
}
#studyweapp{
   background-image: url(https://hackwork.oss-cn-shanghai.aliyuncs.com/lesson/
weapp/4/bg.png);
   background-size: cover;
   background-repeat: no-repeat;
}
```

> **提示** 写在 wxss 文件里的图片只能来自服务器或者图床，不能放在小程序的文件结构里，这是小程序的规定。

## 2.3.7 图片的边框美化

经常在一些 App 里看到很多图片有圆角或者阴影，这是怎么实现的呢？这些效果是通过 CSS 的边框属性来实现的。

大家可以在小程序的 image 文件夹添加一张深色背景的图片（如果小程序的背景是深色的，图片背景是白色也是可以的）。给之前添加的 image 组件加一个圆角和阴影样式，在 imgshow.wxss 中添加以下代码：

```
.imglist .imgitem{
  border-radius:8px;
  box-shadow:5px 8px 30px rgba(53,178,225,0.26);
}
```

图片有了圆角和阴影就有了一些现代感。

> **提示**　这里用到了 RGBA 颜色值。RGBA 中 R 表示红色、G 表示绿色、B 表示蓝色，R、G、B 的值取值范围是 0~255，A 是 Alpha 透明度，取值为 0~1，值越接近 0，颜色越透明。

回顾一下边框属性 border-radius 和 box-shadow，大家可以查看技术文档的说明。

除了圆角，经常会有把图片形状处理成圆形的需求，下面来看一下具体的例子。首先在 wxml 文件里添加以下代码，用于添加一张 logo.jpg 图片：

```
<view class="imglist">
  <image class="circle" mode="widthFix" src="https://hackwork.oss-cn-shanghai.
aliyuncs.com/lesson/weapp/4/logo.jpg"></image>
</view>
```

然后在与之对应的 wxss 文件里添加相应的 CSS 样式：

```
.imglist .circle{
  width:200px;
  height:200px;
  border-radius:100%;
}
```

也就是在设置了图片宽和高之后，再设置 border-radius 为 100%，即可将图片形状处理成圆形。

## 2.3.8　组件嵌套

2.3.1 节介绍了在 navigator 组件里添加一段文字，可以实现单击文字链接进行跳转。navigator 组件还可以嵌套 view 组件，例如，单击某块的内容会进行跳转。和 view 组件一样，navigator 组件也是可以嵌套的。

例如，在 home.wxml 里添加以下代码，在这个例子里 view 组件里有 navigator 组件，而 navigator 组件里又包含了 view 和 image 组件：

```
<view class="event-list">
  <navigator url="/pages/home/imgshow/imgshow" class="event-link">
    <view class="event-img">
      <image mode="widthFix" src="https://hackwork.oss-cn-shanghai.aliyuncs.com
/lesson/weapp/4/weapp.jpg"></image>
```

```
        </view>
        <view class="event-content">
          <view class="event-title">零基础学会小程序开发</view>
          <view class="event-desc">通过两天集中的学习，你能循序渐进地开发出一些具有实际应用场
景的小程序。  </view>
          <view class="event-box">
            <view class="event-address">深圳南山</view>
            <view class="event-time">2018 年 9 月 22 日-23 日</view>
          </view>
        </view>
      </navigator>
    </view>
```

**在 home.wxss 里添加以下样式：**

```css
.event-list{
  background-color: #fafbfc;
  padding:20px 0;
  }
.event-link{
  margin:10px;
  border-radius:5px;
  background-color: #fff;
  box-shadow:5rpx 8rpx 10rpx rgba(53,178,225,0.26);
  overflow: hidden;
}
.event-img image{
  width:100%;
  }
.event-content{
  padding:25rpx;
  }
.event-title{
  line-height:1.7em;
  }
.event-desc{
  font-size:14px;
  color: #666;
  line-height:1.5em;
  font-weight:200;
  }
.event-box{
  margin-top:15px;
  overflow: hidden;
  }
.event-address,.event-time{
  float: left;
  color: #cecece;
  font-size:12px;
  padding-right:15px;
  }
```

# 2.4　WeUI

WeUI 是一套小程序的 UI 框架，所谓 UI 框架就是一套界面设计方案。有了组件，就可以用它们"拼接"出一个内容丰富的小程序，而有了一个 UI 框架，就能让小程序变得更加美观。

## 2.4.1　体验 WeUI 小程序

WeUI 是微信官方设计团队设计的一套同微信原生视觉体验一致的基础样式库。在手机微信里搜索 WeUI 小程序或者扫描 WeUI 小程序码即可在手机微信里体验。

还可以下载 WeUI 小程序的源代码（可用搜索引擎搜索"小程序 weui github"，如图 2-2 所示，然后去 GitHub 上下载），在开发者工具里查看它具体是怎么设计的。

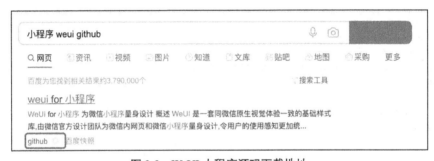

图 2-2　WeUI 小程序源码下载地址

下载并解压压缩包之后可以看到 weui-wxss-master 文件夹，单击开发者工具的工具栏里的"项目"菜单选择"导入项目"，之后就可以在开发者工具中查看 WeUI 的源代码了。在"创建小程序"页面可进行如下设置。

- 项目名称：可以自己命名，如"体验 WeUI"。
- 目录：选择 weui-wxss-master 下 dist 文件夹，如图 2-3 所示。
- 选择 AppID。

**小任务**　为什么选择的是 weui-wxss-master 下的 dist 文件夹，而不是 weui-wxss-master？你还记得什么是小程序的根目录吗？

结合 WeUI 在开发者工具模拟器的实际体验以及 WeUI 的源代码，找到 WeUI 基础组件里的 article、flex、grid、panel，表单组件里的 button、list，以及与之对应的 pages 文件夹下的页面文件，并查看这些页面文件的 wxml、wxss 代码，了解它们是如何实现的。

**小任务**　单击开发者工具栏里的"预览"，用手机微信扫描二维码，看看预览效果与官方的 WeUI 小程序有什么不同？

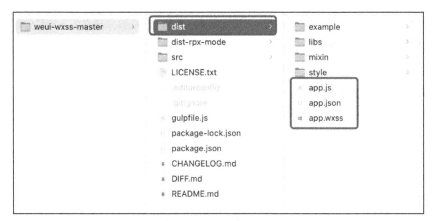

图 2-3　WeUI 源代码

WeUI 的界面虽然非常简单，但是其背后却包含着非常多的设计理念。可以通过阅读微信小程序设计指南，来加深对 UI 设计的理解。

## 2.4.2　WeUI 的使用

在 2.4.1 节中已经下载了 WeUI 的源代码，其实 WeUI 的核心文件是 weui.wxss，那么如何在小程序里使用 WeUI 的样式呢？

首先在小程序（注意是 2.1 节创建好的模板小程序）的根目录下新建一个 style 文件夹，然后把 weui 小程序 dist/style 目录下的 weui.wxss 文件粘贴到 style 文件夹里。

```
├── pages
├── image
├── style
│   ├── weui.wxss
├── app.js
├── app.json
├── app.wxss
```

使用开发者工具打开 app.wxss 文件，在第二行添加以下代码：

```
@import 'style/weui.wxss';
```

这样 WeUI 的 CSS 样式就被引入小程序了，那么该如何使用 WeUI 已经写好的样式呢？

## 2.4.3　Flex 布局

在 2.2 节和 2.3 节中已经学习了如何给 wxml 文件添加文字、链接、图片等元素相关组件，如果希望这些元素和组件的排版更加结构化，不再是单纯的上下关系、左右关系，以及左右上下嵌套的关系，就需要了解布局方面的知识了。

> **提示**　布局也是一种样式，也属于 CSS 方面的知识，所以大家应该知道在哪里给组件添加布局样式了。没错，就是在 wxss 文件里。

小程序的布局采用的是 Flex 布局。Flex 是 Flexible Box 的缩写，意为"弹性（布局）"，可以为盒状模型提供最大的灵活性。

可以在 home.wxml 添加以下代码：

```
<view class="flex-box">
  <view class='list-item'>Python</view>
  <view class='list-item'>小程序</view>
  <view class='list-item'>网站建设</view>
</view>
```

为了让 list-item 中的文字更加明显，可对它们进行边框、背景颜色、高度以及居中等调整，在 home.wxss 文件写入以下样式代码：

```
.list-item{
  background-color: #82c2f7;
  height:100px;
  text-align: center;
  border:1px solid #bdd2f8;
}
```

### 1．让组件变成左右关系

在模拟器中可以看到这 3 个 list-item 的 view 组件是上下关系，如果要改成左右关系，那该怎么做呢？可以在 home.wxss 文件中写入以下样式：

```
.flex-box{
  display: flex;
}
```

给外层（也可以叫作父级）的 view 组件添加 display:flex 之后，这 3 个组件就成了左右结构的布局了。

### 2．让组件的宽度均分

若希望这 3 个 list-item 的 view 组件三等分，该如何处理呢？只需要给 list-item 添加一个 flex:1 的样式：

```
.list-item{
  flex:1;
}
```

那怎么处理二等分、四等分、五等分呢？只需要适当增减相应 list-item 组件即可，有多少个 list-item 就是几等分，如四等分：

```
<view class="flex-box">
  <view class='list-item'>Python</view>
```

```
  <view class='list-item'>小程序</view>
  <view class='list-item'>网站建设</view>
  <view class='list-item'>HTML5</view>
</view>
```

flex 是弹性布局，flex:1 样式是一个相对概念，这里的相对是指任意两个 list-item 的宽度之比都为 1。

### 3. 让组件内的内容垂直居中

在模拟器中可以看到 list-item 组件里的内容都不是垂直居中的，若希望组件里的内容垂直居中该如何处理呢？需要给 list-item 的组件添加以下样式：

```
.list-item{
  display: flex;
  align-items: center;/*垂直居中*/
  justify-content: center;/*水平居中*/
  }
```

为什么给 list-item 添加了一个 display:flex 的样式呢？和前面一样，display:flex 是要给父级标签添加的样式。要让 list-item 里面的内容实现 Flex，就需要给 list-item 组件添加 display:flex 样式。

> **提示** flex 还可以表示更加复杂的布局结构，由于小程序 UI 设计不会过于复杂，因此就不做更多的介绍了。

## 2.4.4 全局样式与局部样式

全局样式与局部样式的概念大家需要了解一下，在 app.wxss 技术文档里是这样描述的："定义在 app.wxss 中的样式为全局样式，作用于每一个页面。在 page 的 wxss 文件中定义的样式为局部样式，只作用在对应的页面，并会覆盖 app.wxss 中相同的选择器。"

也就是说，在 app.wxss 中引入了 weui.wxss，新建的所有的二级页面都会自动拥有 WeUI 的样式。

## 2.4.5 Flex 样式参考

在 WeUI 小程序里的基础组件里也有 Flex，它的目的就是把内容进行 $N$ 等分。可以在模拟器里看到有一等分（100%）、二等分、三等分、四等分，其实现的原理和 2.4.3 节中讲的一样。

大家可以找到 WeUI 文件结构下 example 文件夹里的 flex 文件夹，打开并阅读一下 flex.wxml 的代码。例如，阅读二等分的代码：

```
<view class="weui-flex">
    <view class="weui-flex__item"><view class="placeholder">weui</view></view>
    <view class="weui-flex__item"><view class="placeholder">weui</view></view>
</view>
```

直接把这段代码复制粘贴到 home.wxml 里，可以发现即使没有给 weui-flex 和 weui-flex__item 添加样式，但是它们已经有了 Flex 布局，这是因为在 2.4.2 节把 weui.wxss 引入了 app.wxss 文件中，关于 Flex 布局的 weui.wxss 代码都已经写好了，是不是简便了许多？

> **提示**　也就是说，引入 WeUI 框架是因为它把很多 CSS 样式写好了，省去了一些麻烦，要使用它只需要把组件的选择器（如 class、id）和 WeUI 框架的选择器保持一致即可。

## 2.4.6　使用 WeUI 美化文章排版

2.2 节和 2.3 节中在修改 home.wxml 文章内容排版的时候，不同的标题要设置不同的大小、间距，文章正文也要设置内外边距，图片也要设置样式。虽然这些样式都可以自己写，但是看起来可能会显得不够美观。由于开发的是微信小程序，如果小程序中文章的外观和微信的设计风格一致，看起来就会舒服很多。

WeUI 框架的设计风格符合小程序设计指南，所以它的一些样式标准值得参考。

> **提示**　引入 WeUI 框架不仅可以少写一些 CSS 样式，还可以使小程序设计更加符合规范。但是如果你觉得它不好看，也可以不引入它，自己写 CSS 样式。WeUI 框架只是一个方便的辅助工具，所使用的也是之前介绍的 CSS 的知识，在大家熟悉 CSS 之后，也可以脱离 WeUI 框架自由发挥。

如何使用 WeUI 框架美化文章排版呢？可以先体验 WeUI 小程序基础组件下的 article，然后打开 WeUI 小程序文件结构下的 example 的 article 文件夹下的 article.wxml，参考这段代码并改成以下代码：

```
<view class="page__bd">
    <view class="weui-article">
        <view class="weui-article__h1">HackWork 技术工坊</view>
        <view class="weui-article__section">
            <view class="weui-article__p">HackWork 技术工坊是技术普及的活动，致力于以有
趣的形式让参与者学到有用的技术。任务式实战、系统指导以及社区学习能有效提高技术小白学习技术的效率以及
热情。
            </view>
            <view class="weui-article__section">
                <view class="weui-article__h3">任务式实战</view>
                <view class="weui-article__p">
                    每节课都会有非常明确的学习任务，会引导你循序渐进地通过实战来掌握各个知识
点。只有动手做过的技术才属于自己。
                </view>
                <view class="weui-article__p">
                    <image class="weui-article__img" src="https://hackweek.oss-
cn-shanghai.aliyuncs.com/hw18/hackwork/weapp/img1.jpg" mode="aspectFit" style="height:
```

```
180px" />
                            </view>
                            <view class="weui-article__h3">系统指导</view>
                            <view class="weui-article__p">
                                针对所有学习问题都会耐心解答，会提供详细的学习文档，对大家的学习进行系统
指导。
                            </view>
                            <view class="weui-article__p">
                                <image class="weui-article__img" src="https://hackweek.oss-
cn-shanghai.aliyuncs.com/hw18/hackwork/weapp/img2.jpg" mode="aspectFit" style="height:
180px" />
                            </view>
                            <view class="weui-article__h3">社区学习</view>
                            <view class="weui-article__p">
                                参与活动即加入了的技术社区，会长期提供教学指导，不必担心学不会，也不用担
心没有一起学习的伙伴。
                            </view>
                        </view>
                    </view>
                </view>
            </view>
```

## 2.4.7　WeUI 框架的核心与延伸

使用 WeUI 框架的关键在于使用它写好的样式的选择器，结构与形式不完全受限制。例如，2.4.6 节中的 class 为 weui-article 的 view 组件的样式在之前引入的 weui.wxss 中就已经写好了，样式为：

```
.weui-article{
  padding:20px 15px;
  font-size:15px
}
```

所以只需要给 view 组件添加 weui-article 的 class，view 组件就有了 WeUI 框架写好的样式了。weui-article__h3 与 weui-articlep 也是如此。

如果想给 weui-article__h3 这个小标题换一个颜色，该怎么处理呢？通常不推荐直接修改 weui.wxss（除非你希望所有的小标题颜色都被替换）。可以先给要替换颜色的 view 组件增加一个 class 属性，再添加样式即可。例如，把"社区学习"的代码改成：

```
<view class="weui-article__h3 hw__h3">社区学习</view>
```

然后在 home.wxss 文件里添加以下代码：

```
.hw__h3{
  color:#1772cb;
}
```

一个 view 组件可以有多个 class 属性，这样就可以非常方便地定向给某个组件添加一个特

定的样式了。

## 2.4.8　排版样式的更改

可能 2.4.6 节中文章的样式有的人不喜欢，想换一个其他的排版样式。修改排版样式的关键在于 wxss 代码，也就是修改 CSS 样式。

想让图文结构是上下结构，则可以先删掉 WeUI 框架所特有的一些选择器，也就是删掉一些 class，如 weui-media-boxhd_in-appmsg、weui-media-boxthumb 等，然后添加一些选择器，也就是加入一些自己命名的 id 和 class。

```
<view class="page__bd" id="news-list">
    <view class="weui-panel__bd">
        <navigator url="" class="news-item" hover-class="weui-cell_active">
            <view class="news-img">
                <image mode="widthFix" class="" src="https://img.36krcdn.com/
20190810/v2_1565404308155_img_000" />
            </view>
            <view class="news-desc">
                <view class="weui-media-box__title">小程序可以在 PC 端微信打开了</view>
                <view class="weui-media-box__desc">微信开始测试「PC 端支持打开小程序」
的新能力，用户终于不用在电脑上收到小程序时望手机兴叹。</view>
                <view class="weui-media-box__info">
                    <view class="weui-media-box__info__meta">深圳</view>
                    <view class="weui-media-box__info__meta weui-media-box__
info__meta_extra">8 月 9 日</view>
                </view>
            </view>
        </navigator>
    </view>
</view>
```

最后在 home.wxss 里添加想要的 CSS 样式：

```
#news-list .news-item{
  margin:15rpx;
  padding:15rpx;
  border-bottom:1rpx solid #ccc
  }
#news-list .news-img image{
  width:100%;
  }
#news-list .news-desc{
  width:100%;
  }
```

更多关于 WeUI 框架的使用，可以阅读小程序官方技术文档的扩展能力中关于 WeUI 组件库的说明，如图 2-4 所示，建议大家在学完本书前 3 章之后再对这部分内容进行深入学习。

图 2-4　官方技术文档扩展能力

**提示**　电脑端网页、移动端网页等也有非常丰富的 UI 框架，它们和小程序的 WeUI 框架的核心与原理都是一样的。由于 WeUI 框架可以极大地提升页面的开发速度，所以它应用非常广泛。

## 2.5　数据绑定

数据绑定就是把 wxml 文件中的一些动态数据分离出来，放到对应的 js 文件的 Page 对象的 data 里。

**提示**　关于数据绑定这个概念，其实很多学过网页开发的朋友也会容易困惑。大家不必执着于这个深奥的概念，而是先动手操作一下，了解数据绑定可实现什么效果。在动手操作后，你会领会到前端开发里非常了不得的技术知识。

### 2.5.1　把数据分离出来

可以在小程序的 wxml 页面文件里写一段代码，例如，可以在 home.wxml 里添加以下代码：

```
<view>张明，您已登录，欢迎</view>
```

这样的场景可能经常遇到，不同的人使用同一款 App 或者 H5（微信生态里的 WebApp）的时候，页面会根据不同的登录用户显示不同的用户信息。

可以先把 wxml 的代码修改成这样：

```
<view>{{username}}，您已登录，欢迎</view>
```

然后在 home.js 的 data 里添加（注意是在 data 的对象里添加）以下代码：

```
data: {
  username:"张明",
},
```

在模拟器中可看到修改后呈现的结果和之前一样，可以把 data 里面的"张明"修改成任何一个人的名字，前端的页面显示也会相应有所改变。可以通过函数的方式根据不同的用户修改

username 的值，这样不同的用户登录时页面就会显示相应的用户名。

> **提示**　大家回顾一下 JSON 语法，上述代码中的 username 是字段名称，也就是变量，冒号后面是值。在 wxml 文件里，只需要用两对花括号{{}}把变量名标注，就能把 data 里面的变量渲染出来。不同的数据之间用逗号隔开。注意，一个 Page 对象里只能有一个 data 对象。

## 2.5.2　数据类型

通过 2.5.1 节中的案例了解到 wxml 文件中的动态数据均来自对应 Page 对象的 data。data 是小程序的页面第一次渲染使用的初始数据。小程序的页面加载时，data 将会以 JSON 字符串的形式由逻辑层传至渲染层，因此 data 中的数据必须是可以转成 JSON 的类型：String（字符串）、Number（数值）、Boolean（布尔）、Object（对象）、Array（数组）。

- String：用于存储和处理文本，可以结合 Excel 单元格格式里的文本格式来理解。
- Number：它很好理解，例如 233 这个数，它的数字格式和文本格式是有很大不同的，熟悉 Excel 的读者一定不会感到陌生。
- Boolean：其值为 true 和 false，虽然只有两个值，但是它代表着两种选择、两种不同的条件或两种不同的结果。
- Object：再回顾一下，对象用花括号标注，在花括号中，对象的属性以名称和值对的形式 name : value 来定义，属性之间用逗号分隔。
- Array：再回顾一下，数组用方括号标注，类似于列表。

> **提示**　数据类型在编程语言里是一个非常重要的概念，大家可以先只知道它是什么。就像把不同的人按照不同性别、地域、职业划分一样，数据类型被用来对不同类型的数据进行分类，也就是说，为了区分不同的数据才有了不同的数据类型。

## 2.5.3　组件属性的渲染

通过数据绑定，还可以把 style、class、id 等属性分离出来，用来控制组件的样式等。

使用开发者工具在 home.wxml 里添加以下内容：

```
<navigator id="item-{{id}}" class="{{itemclass}}" url="{{itemurl}}" >
  <image style="width: {{imagewidth}}" mode="{{imagemode}}" src="{{imagesrc}}">
</image>
  </navigator>
```

需要按照 JSON 语法，先把 data 里面的内容添加到 home.js 的 data 里面：

```
data: {
  id:233,
  itemurl:"/pages/home/imgshow/imgshow",
  itemclass:"event-item",
```

```
imagesrc:
"https://hackwork.oss-cn-shanghai.aliyuncs.com/lesson/weapp/4/weapp.jpg",
imagemode:"widthFix",
imagewidth:"100%",
},
```

然后在模拟器里查看显示结果，显示结果和之前不采用数据绑定时没有什么区别，但是使用数据绑定的好处是为以后添加大量数据以及进行代码更新打下了基础。

## 2.5.4　数值与字符串

在 2.5.2 节中介绍过，数字格式与文本格式在 Excel 里是不同的，在小程序（使用的是 JavaScript）里数值类型和字符串类型也是不同的。来实践了解一下，先在 home.wxml 里添加以下代码：

```
<view>两个数字 Number 相加：{{love1+forever1}}</view>
<view>两个字符串 String 相加：{{love2+forever2}}</view>
```

然后把下面的 data 里的数据添加到 home.js 里面：

```
data: {
  love1:520,
  love2:"520",
  forever1:1314,
  forever2:"1314",
}
```

在上述代码中使用双引号标注的数据是字符串类型，而没有使用双引号标注的数据是数值类型。

可以看到数值类型的数字相加和四则运算的加法规则是一致的，而字符串与字符串的相加等同于拼接。加号在 JavaScript 里既可以扮演四则运算符的角色，也可以进行拼接，这取决于它前后数据的格式。

> **小任务**　数值类型的 520 和字符串类型的 520，它们在页面上的显示结果虽然是一样的，但是字符串类型的数字可以拼接，而数值类型的数字，则方便以后进行数字大小的比较。请问出生年份应该使用数值类型，还是字符串类型？身份证号码呢？

## 2.5.5　渲染数组里的单条数据

2.1 节中已经接触过数组，例如，pages 配置项就是小程序里所有页面的一个列表。数组是值的有序集合，数组中每个值叫作一个元素，而每个元素在数组中的位置，以数字表示，称为索引。索引是从 0 开始的非负整数。

在 home.wxml 里添加以下代码：

```
<view>互联网快讯</view>
<view>{{newstitle[0]}}</view>
```

然后把下面的 data 里的数据添加到 home.js 里面：

```
data: {
  newstitle:[
    "瑞幸咖啡：有望在三季度达到门店运营的盈亏平衡点",
    "腾讯：广告高库存量还是会持续到下一年",
    "上汽集团：云计算数据中心落户郑州，总投资 20 亿元",
    "京东：月收入超 2 万元快递小哥数量同比增长 163%",
    "腾讯：《和平精英》日活跃用户已超五千万",
  ],
}
```

数组里的第 1 条数据就显示出来了，也就是说{{array[0]}}对应着数组 array 的第一项，0 表示第一个索引，也就是可以使用"数组名+[ ]+索引"来访问数组里的某一条数据。

**小任务**　已经知道使用 newstitle[0]可显示第 1 条新闻标题，那么怎么显示第 5 条新闻标题？还记得 pages 配置项的第一项就是小程序的初始页面吗？你现在知道它是怎么做到的了吗？

## 2.5.6　渲染对象类型的数据

对象（Object）是 JavaScript 语言的核心概念，也是最重要的数据类型。对象是一个包含相关数据和方法的集合（通常由一些变量和函数组成，分别称为对象里面的属性和方法）。

有的时候一个对象有多个属性，以电影为例，有电影名称、国家、发行时间、票价、评价等多个属性，该如何把这些属性呈现在页面上呢？

在 home.wxml 文件里添加以下代码：

```
<image mode="widthFix" src="{{movie.img}}" style="width:300rpx"></image>
<view>电影名：{{movie.name}}</view>
<view>英文名：{{movie.englishname}}</view>
<view>国家：{{movie.country}}</view>
<view>发行年份：{{movie.year}}</view>
<view>简述：{{movie.desc}}</view>
```

在与之对应的 home.js 的 data 里添加以下数据：

```
data: {
  movie: {
    name: "肖申克的救赎",
    englishname:"The Shawshank Redemption",
    country:"美国",
    year:1994,
    img: "https://tcb-1251009918.cos.ap-guangzhou.myqcloud.com/douban/Shawshank_
Redemption_ver2.jpeg",
    desc: "有的人的羽翼是如此光辉，即使世界上最黑暗的牢狱，也无法长久地将他围困！"
  },
},
```

　　这样，data 对象的数据就被渲染出来了。也就是在两对花括号{{}}里，输入"对象名（如 movie）+点+属性名"即可，这就是对象的点表示法。

## 2.5.7　数据嵌套

　　对象是可以嵌套的，也就是一个对象可以作为另外一个对象的值。除了对象里嵌套对象，数组里也可以嵌套对象，对象里也可以嵌套数组。把现实生活中的事物转化成错综复杂的数据，是非常重要的数据思维。

　　例如，2.5.6 节中只列出了豆瓣排名第一的电影，那要列出前五的电影呢，它们就是一个列表。每一部电影的工作人员有导演、编剧、演员等，而每一部电影的演员名单又是一个列表。每个演员又有复杂的属性，如姓名、出生年月、所获奖项（列表）等。简单的数据可以直接写在 data 里面，而如此复杂的数据就要用到数据库了。

　　例如，把下面的 data 里的数据添加到 home.js 里：

```
movies:[
  {
    name: "肖申克的救赎",
    englishname: "The Shawshank Redemption",
    country: "美国",
    year:1994,
    img: "https://tcb-1251009918.cos.ap-guangzhou.myqcloud.com/douban/Shawshank
_Redemption_ver2.jpeg",
    desc: "有的人的羽翼是如此光辉，即使世界上最黑暗的牢狱，也无法长久地将他围困！",
    actor:[
      {
        name:"蒂姆·罗宾斯",
        role:"安迪·杜佛兰"
      },
      {
        name:"摩根·弗里曼",
        role:"艾利斯·波伊德·瑞德"
      },
    ]
  },
  {
    name: "霸王别姬",
    englishname: "Farewell My Concubine",
    country: "中国",
    year:1993,
    img: "https://tcb-1251009918.cos.ap-guangzhou.myqcloud.com/douban/
p2561716440.webp",
    desc: "风华绝代",
    actor: [
      {
        name: "张国荣",
```

```
        role: "程蝶衣"
      },
      {
        name: "张丰毅",
        role: "段小楼"
      },
    ]
  },
],
```

应该如何把豆瓣电影排名第二的《霸王别姬》的主演之一张国荣的名字渲染到页面呢？{{movies[1]}}表示的是电影列表里的第二部电影，{{movies[1].actor[0]}}表示的是第二部电影里的排名第一的主演，则{{movies[1].actor[0].name}}表示的是第二部电影里排名第一的主演的名字。

在 home.wxml 里添加以下代码，看一下页面中最重要的主演名显示的是不是张国荣。

```
<view>豆瓣电影排名第二.最重要的主演名：</view>
<view>{{movies[1].actor[0].name}}</view>
```

那如何把第 2 部电影里的所有数据都渲染出来呢？

```
<image mode="widthFix" src="{{movies[1].img}}" style="width:300rpx"></image>
<view>电影名：{{movies[1].name}}</view>
<view>英文名：{{movies[1].englishname}}</view>
<view>发行地：{{movies[1].country}}</view>
<view>发行年份：{{movies[1].year}}</view>
<view>简述：{{movies[1].desc}}</view>
```

**小任务**　在 home.wxml 添加以下代码是什么结果？为什么不能添加以下代码？

```
<view>{{movies}}</view>
<view>{{movies[1]}}</view>
<view>{{movies[1].actor}}</view>
```

**提示**　以上只是输出了数组里的单条数据，或者对象嵌套的数据里的单条数据。商品列表、电影列表、新闻列表等应该如何渲染到页面呢？2.6 节和 2.7 节将会分别介绍列表渲染和条件渲染。

## 2.6　列表渲染

2.5 节中介绍了如何渲染数组类型和对象类型的数据，但是当时只是输出了数组里或对象的数组里的某一条数据，如果是要输出整个列表呢？这时候就需要用到列表渲染了。

### 2.6.1　渲染数组里的所有数据

相同的结构是列表渲染的前提，在实际的开发场景里，商品、新闻、股票、收藏、书架列表等通常都会有成千上万条的数据，它们有一个共同的特征，就是数据的结构相同，这也是可以批量化渲染的前提。还是以 2.5.5 节中互联网快讯的数据为例，它们的结构就非常单一。

```
data: {
  newstitle:[
    "瑞幸咖啡：有望在三季度达到门店运营的盈亏平衡点",
    "腾讯：广告高库存量还是会持续到下一年",
    "上汽集团：云计算数据中心落户郑州，总投资 20 亿元",
    "京东：月收入超 2 万元快递小哥数量同比增长 163%",
    "腾讯：《和平精英》日活跃用户已超五千万",
  ],
}
```

应该如何把整个列表都渲染出来呢？这里涉及 JavaScript 数组遍历的知识，JavaScript 数组遍历的方法非常多，小程序数组的渲染也有很多方法，所以大家看技术文档的时候会有点儿困惑。

```
<view wx:for="{{newstitle}}" wx:key="*this">
  {{item}}
</view>
```

上述代码中的 wx:for="{{newstitle}}"代表在数组 newstitle 里进行循环，*this 代表在 for 循环中的 item，而{{item}}的 item 是默认的。也可以使用如下方法：

```
<view wx:for-items="{{newstitle}}" wx:for-item="title" wx:key="*this">
  {{title}}
</view>
```

> **提示** 数组当前项的索引变量名默认为 index，数组当前项的变量名默认为 item。使用 wx:for-index 可以指定数组当前索引的变量名，使用 wx:for-item 可以指定数组当前元素的变量名。

## 2.6.2 电影列表页面

首先把多部电影的数据写在 data 里面，相当于一个数组类型的数据里面包含着多个对象类型的数据。data 里可以包含上百部（注意数量过多会影响页面的性能）电影的数据，而这些电影数据渲染时会共用一个 wxml 页面。

```
movies: [{
  name: "肖申克的救赎",
  img:"https://tcb-1251009918.cos.ap-guangzhou.myqcloud.com/douban/Shawshank_
Redemption_ver2.jpeg",
  desc:"有的人的羽翼是如此光辉，即使世界上最黑暗的牢狱，也无法长久地将他围困！"},
  {
  name: "霸王别姬",
  img: "https://tcb-1251009918.cos.ap-guangzhou.myqcloud.com/douban/p2561716440.
webp",
  desc: "风华绝代。"
  },
  {
```

```
        name: "阿甘正传",
        img: "https://tcb-1251009918.cos.ap-guangzhou.myqcloud.com/douban/p2372307693
.webp",
        desc: "一部美国近现代史。"
    },
  ],
```

然后把 2.5 节中的代码改一下，添加一条 wx:for 语句，把列表里的数据循环渲染出来：

```
<view class="page__bd">
    <view class="weui-panel weui-panel_access">
        <view class="weui-panel__bd" wx:for="{{movies}}" wx:for-item="movies"
wx:key="*item">
            <navigator url="" class="weui-media-box weui-media-box_appmsg"
hover-class="weui-cell_active">
                <view class="weui-media-box__hd weui-media-box__hd_in-appmsg">
                    <image class="weui-media-box__thumb" mode="widthFix" src=
"{{movies.img}}" style="height:auto"></image>
                </view>
                <view class="weui-media-box__bd weui-media-box__bd_in-appmsg">
                    <view class="weui-media-box__title">{{movies.name}}</view>
                    <view class="weui-media-box__desc">{{movies.desc}}</view>
                </view>
            </navigator>
        </view>
    </view>
</view>
```

上述代码用到了 wx:for-item，给了它一个值 movies，也可以是其他值，如 dianying，而
{{movies.img}}、{{movies.name}}、{{movies.desc}} 也相应地替换为 {{dianying.img}}、
{{dianying.name}}、{{dianying.desc}}。

我们发现电影列表里面的图片是变形的，为什么呢？回顾 image 组件，查看一下 image 组
件文档，从技术文档里找答案。

根据技术文档，如果不调整图片的模式 mode，图片的模式 mode 默认为 scaleToFill，也就
是不保持纵横比缩放图片，使图片的宽高完全拉伸至填满 image 元素。

如果希望图片保持宽度不变，高度自动变化，保持原图宽高比不变，就需要用到 widthFix
模式了，给 image 组件添加 widthFix 模式。

```
<image class="weui-media-box__thumb" mode="widthFix" src="{{movies.img}}">
```

添加完 widthFix 模式之后，发现虽然图片比例显示正常了，但是 image 组件出现了溢出的
现象，这是因为 WeUI 给 class 为 weui-media-box__hd_in-appmsg 的组件定义了一个 height:60px
的 CSS 样式，也就是限制了高度，那可以在 home.wxss 里添加：

```
.weui-media-box__hd_in-appmsg{
  height: auto;
}
```

这样就可以覆盖 WeUI 框架中 height:60px 配置了。

**提示** CSS 的覆盖原理是按照优先级来的，越是写在 CSS 文件后面的样式优先级越高，会把前面的覆盖；在小程序里页面里的 wxss 的优先级比 app.wxss 的优先级更高，所以也可以覆盖。

单击电影列表是没有链接的，大家可以回顾 2.3 节的知识点，给每部电影添加链接，在 pages 配置项里为每个页面的路径都添加链接。

## 2.6.3 grid 样式参考

大家经常会在 App 里看到一些分类都是以九宫格的样式来布局的。先在 WeUI 小程序里找到基础组件下的 grid，看一下 grid 呈现的样式。然后参考 WeUI 小程序文件结构里 example 文件夹下 grid 页面文件 grid.wxml 里的代码，在 home.wxml 里添加以下代码：

```
<view class="page__bd">
    <view class="weui-grids">
        <block wx:for="{{grids}}" wx:for-item="grid" wx:key="*this">
            <navigator url="" class="weui-grid" hover-class="weui-grid_active">
                <image class="weui-grid__icon" src="{{grid.imgurl}}" />
                <view class="weui-grid__label">{{grid.title}}</view>
            </navigator>
        </block>
    </view>
</view>
```

**提示** 在 WeUI 的源代码里有一个标签，这个标签主要是说明里面包含的是一个多节点的结构块，换成组件也没有太大影响。

然后在 home.js 里添加 data 数据，也就是将以下代码复制到 data 对象里：

```
grids:[
    { imgurl:"https://hackweek.oss-cn-shanghai.aliyuncs.com/hw18/hackwork/weapp/
icon1.png",
        title:"招聘"
    },
    {
        imgurl: "https://hackweek.oss-cn-shanghai.aliyuncs.com/hw18/hackwork/weapp/
icon2.png",
        title: "房产"
    },
    {
        imgurl: "https://hackweek.oss-cn-shanghai.aliyuncs.com/hw18/hackwork/weapp/
icon3.png",
        title: "二手车新车"
    },
    {
        imgurl: "https://hackweek.oss-cn-shanghai.aliyuncs.com/hw18/hackwork/weapp/
icon4.png",
```

```
          title: "二手"
        },
        {
          imgurl: "https://hackweek.oss-cn-shanghai.aliyuncs.com/hw18/hackwork/weapp/
icon5.png",
          title: "招商加盟"
        },
        {
          imgurl: "https://hackweek.oss-cn-shanghai.aliyuncs.com/hw18/hackwork/weapp/
icon6.png",
          title: "兼职"
        },
        {
          imgurl: "https://hackweek.oss-cn-shanghai.aliyuncs.com/hw18/hackwork/weapp/
icon7.png",
          title: "本地"
        },
        {
          imgurl: "https://hackweek.oss-cn-shanghai.aliyuncs.com/hw18/hackwork/weapp/
icon8.png",
          title: "家政"
        },
        {
          imgurl: "https://hackweek.oss-cn-shanghai.aliyuncs.com/hw18/hackwork/weapp/
icon9.png",
          title: "金币夺宝"
        },
        {
          imgurl: "https://hackweek.oss-cn-shanghai.aliyuncs.com/hw18/hackwork/weapp/
icon10.png",
          title: "送现金"
        },
    ]
```

大家就可以看到一个很多 App 界面都有的九宫格样式了。现在的九宫格是 1 行 3 列，如何让九宫格变成 1 行 5 列呢？首先要知道为什么这个九宫格是 1 行 3 列的样式，因为在 weui.wxss 里给 weui-grid 定义了 width:33.33333333%的样式，所以可以在 home.wxss 里添加一个新样式来覆盖原有的样式：

```
.weui-grid{
  width:20%;
}
```

## 2.6.4　list 样式参考

大家可以先在开发者工具的模拟器里观察一下 WeUI 小程序表单中 list 的样式，以及找到 list 样式所对应的 wxml 文件（在开发者工具的文件目录的 example/list 目录下）。可以参考一下 wxml 文件里的代码，并在 home.wxml 里添加以下代码：

```
<view class="weui-cells weui-cells_after-title">
    <block wx:for="{{listicons}}" wx:for-item="listicons">
        <navigator url="" class="weui-cell weui-cell_access" hover-class="weui-
cell_active">
            <view class="weui-cell__hd">
                <image src="{{listicons.icon}}" style="margin-right:5px;vertical-
align: middle;width:20px; height:20px;"></image>
            </view>
            <view class="weui-cell__bd">{{listicons.title}}</view>
            <view class="weui-cell__ft weui-cell__ft_in-access">{{listicons.desc}}
</view>
        </navigator>
    </block>
</view>
```

先在 home.js 的 data 对象里添加以下数据：

```
listicons:[{
    icon:"https://hackweek.oss-cn-shanghai.aliyuncs.com/hw18/hackwork/weapp/
listicons1.png",
    title:"我的文件",
    desc:""
},
{
    icon:"https://hackweek.oss-cn-shanghai.aliyuncs.com/hw18/hackwork/weapp/
listicons2.png",
    title:"我的收藏",
    desc:"收藏列表"
},
{
    icon:"https://hackweek.oss-cn-shanghai.aliyuncs.com/hw18/hackwork/weapp/
listicons3.png",
    title:"我的邮件",
    desc:""
}],
```

再来查看效果，数据中第 1 项和第 3 项的 desc 为空字符串，不会影响列表的展示。

# 2.7 条件渲染

在 2.5.1 节中已经介绍 wxml 文件中的动态数据来自于对应页面 Page 对象里的 data，data 里面的数字、字符串、数组、对象都可以被渲染到 wxml 页面。接下来会把 data 里面的数据作为条件来控制页面的渲染，而渲染的结果就在于判断结果的布尔值（Boolean）是 true 还是 false。

## 2.7.1 渲染的运算与逻辑判断

小程序页面渲染时也能进行一些简单的数值运算和逻辑判断，而在渲染时进行逻辑判断能起到流程控制的作用。

### 1. 渲染的数值运算

在 2.5.4 节中已经介绍过渲染的数值运算，这里再强调一下。使用开发者工具新建一个小程序页面（如 condition），然后在 condition.wxml 里添加以下代码，页面有两个变量 male 和 female，注意它们相加的方式：

```
<view>班级学生总数为：{{male+female}}</view>
<!-- 下面两个的计算结果和上面是一样的 -->
<view>班级学生总数为：{{22+9}}</view>
<view>班级学生总数为：{{male+9}}</view>
```

然后在 condition.js 文件的 Page 的 data 对象里给 male 和 female 添加值，可以任意填写数值类型的值，例如：

```
data:{
  male:22,
  female:9,
}
```

数值运算除加（+）以外，还支持减（-）、乘（*）、除（/）、求余（%）。这里需要注意一下，上面的写法与下面的写法的结果有什么不同：

```
<view>班级学生总数为：{{male}}+{{female}}</view>
```

{{male+female}} 显示的是学生总数为 31，{{male}}+{{female}} 则显示为字符串的拼接 22+9，在把动态数据作为渲染条件来进行运算的时候，注意都要写在{{}}内，不然就成了字符串的拼接了。

### 2. 逻辑判断控制代码块渲染

可以使用 wx:if=""来判断是否需要渲染该代码块，例如，可以在 condition.wxml 里添加以下代码：

```
<view wx:if="{{female > 5}}"> 如果女生人数多于 5 人就显示</view>
<view wx:if="{{female > 10}}"> 如果女生人数多于 10 人就显示</view>
```

若性别为 female 的人数为 9，那么可以看到第一个代码块渲染了，而第二个代码块却没有渲染（注意是整个代码块都没有渲染）。

### 3. 比较运算符

上面的案例里的"＞"就是一个比较运算符，WXML 渲染支持一些 JavaScript 表达式语法，算术运算符和比较运算符就是 JavaScript 在渲染里的应用，在第 3 章会具体介绍 JavaScript 的知识。因为这些运算符类似于中小学的数学知识，所以相信大家能够很容易理解。比较运算符如表 2-4 所示。

表 2-4　比较运算符

| 比较运算符 | 描述 | 比较运算符 | 描述 |
| --- | --- | --- | --- |
| ＞ | 大于 | ＜ | 小于 |
| ＞= | 大于或等于 | <= | 小于或等于 |
| == | 等于 | === | 值相等并且类型相同 |
| !== | 值不相等或类型不相同 | != | 不相等 |

比较运算符返回的结果是布尔值，wx:if="{{female > 5}}"和 wx:if="{{female > 10}}"的本质是判断花括号里面的条件的布尔值是 true 还是 false，如果是 true 就渲染，是 false 就不渲染。例如：

```
<view wx:if="{{female < 10}}"> 女生的人数为 9，小于 10 结果为 true</view>
<view wx:if="{{female >= 9}}"> 女生的人数为 9，大于等于 9 结果为 true</view>
<view wx:if="{{female !== 5}}"> 女生的人数为 9，不等于 5 结果为 true</view>
```

比较运算符==和===是有区别的，==不比较值的类型，而===比较类型和值。例如，在 condition.wxml 里添加以下代码：

```
<view wx:if="{{female == 9}}">数字 9 与字符串 9 是不同的，但是等于不考虑类型</view>
<view wx:if="{{female === 9}}">数字 9 与字符串 9 是不同的，但是全等考虑类型</view>
```

发现上述代码都是可以显示的，但是把 condition.js 里的 data 按如下内容修改，也就是修改 female 的类型，上面的全等条件分支就不显示了：

```
female:'9',
```

**小任务**　思考并实践一下，{{female == 9}}和{{female === 9}}、{{female}} == 9 和{{female}} === 9 有什么区别，结果有什么不同。

### 4. 判断多个组件标签

因为 wx:if 是一个控制属性，所以需要将它添加到一个组件标签上，例如前面的 view 组件。如果要一次性判断多个组件标签，可以使用一个<block/>标签将多个组件"包装"起来，并在其中使用 wx:if 控制属性。

```
<block wx:if="{{show}}">
```

```
<view> 内容一 </view>
<view> 内容二</view>
</block>
```

&lt;block/&gt;并不是一个组件，它仅仅是一个包装元素，不会在页面中做任何渲染，只会接收控制属性。

> **提示**　wxml 文件里的代码是固定的，而 js 文件里的 data 数据是动态的，后面会讲到如何根据不同的用户、不同的场景、不同的操作来修改 data 里的数据。由于 data 里的数据是动态的，条件渲染能通过上面的方式控制 wxml 页面的代码块的渲染，因此能实现根据不同的情况在小程序端显示不同的渲染结果。

## 2.7.2　布尔运算的渲染

布尔运算是进行条件判断的基础，因此我们除了要掌握 true 和 false 的渲染，还需要了解逻辑运算符对布尔值的影响。

### 1．简单的布尔运算

可以直接在 Page 的对象里指定参数的值为布尔型，下面看一个案例。在 condition.wxml 里添加以下代码：

```
<view wx:if="{{show}}">通过 data 里面的布尔值来控制是否显示</view>
```

再在 condition.js 文件的 Page 的 data 对象里添加 show 的布尔值，可以设置 show 的值为 true 或者 false，再看 condition 页面的代码块的渲染情况：

```
data:{
  show:true
}
```

其实，将 show 的值设置为非 0 的数字、非空字符串、非空数组等的时候，view 组件还是会显示，这是因为 if 的条件的核心在于判断值的布尔真假值：

```
show:1,//数字不是 0，因为 1==true
show:'yes',//字符串非空，因为'yes'==true
show:["ok"],//非空数组，因为["ok"]==true
```

### 2．逻辑运算符

前面的案例只涉及一个条件的判断，还可以根据多个条件来动态渲染。多条件判断有两种情况：一种是逻辑运算符，另一种是 else。

逻辑运算符有||（逻辑或，满足其中一个条件即可）、&&（逻辑与，满足所有条件才行）、!（逻辑非，与条件相反）。逻辑运算符通常用于布尔运算测试真假值，常用于条件、循环等语句。

```
    <view wx:if="{{ female>10 || male>10 }}">女生 9 人, female>10 为 false, 男生 22 人,
male>10 为 true, 逻辑或满足其中一个条件即可, 所以这个组件会显示</view>
    <view wx:if="{{ female>10 && male>10 }}">逻辑与必须满足所有条件, 所以这个组件不显示
</view>
    <view wx:if="{{ !female }}">女生数为 9 人, 数字非 0 所以是 true, 与 true 相反条件即为 false,
所以这个组件不显示</view>
```

前面已经讲过, 操作数为非 0 的数字、非空字符串、非空数组等时, 它们对应的布尔值为 true, 也就是说, 不同的数据类型也有相应的布尔值等价形式。什么值的运算结果为 true, 不仅取决于它的数据类型, 还取决于它的值。例如, 数据类型为数值时, 操作数为 0, 对应的布尔值为 false, 而操作数为 1, 布尔值为 true; 数据类型为字符串时, 空字符串对应的布尔值是 false, 其余情况都为 true。当对这些概念比较模糊时, 可以打开微信开发者工具的调试器的控制台 (Console), 将代码输入控制台来判断:

```
!0              // 返回 true
!true           // 返回 false
!false          // 返回 true
!''             // 返回 true
!'yes'          // 返回 false
!["ok"]         // 返回 false
!{}             // 返回 false
```

如果你觉得这些理论知识特别复杂, 甚至难以理解, 不要死记硬背, 在控制台里运行一下代码就能得到结果。

可以使用双重非运算符显式地将任意值强制转换为其对应的布尔值, 以下结果同样也可以由控制台输出得到:

```
!!true          // 返回 true
!!{}            // 返回 true
!!false         // 返回 false
!!""            // 返回 false
```

布尔运算有什么用呢? 它可以用来判断数据是不是为空。例如, 可以用来判断用户是否登录, 用户在数据库里是否留有信息, 查询是否有结果, 图片、链接等资源是否存在, 等等。

## 2.7.3 hidden 的用法

hidden 可以控制组件的显示和隐藏, 通过单击组件触发事件来修改组件的 hidden 值, 可以实现隐藏与显示的切换, 如菜单的折叠/显示功能。

### 1. hidden 属性的用法

组件都有公共属性, 其中公共属性 hidden 可以控制微信小程序中的组件是否显示。hidden 为 false 则显示组件, hidden 为 true 则隐藏组件。需要注意的是组件在隐藏时仍然会渲染, 只是不显示。在 condition.wxml 里添加以下代码:

```
<view wx:if="{{false}}">组件不显示不渲染</view>
<view hidden="{{true}}">组件不显示</view>
<view hidden>组件不显示</view>
<view hidden="{{false}}">组件显示</view>
```

从图 2-5 可以看到 wx:if="{{false}}" 不会渲染组件，而 hidden="{{true}}" 或 hidden 会渲染组件，只是在小程序端不显示。

图 2-5　wx:if 的 false 与 hidden 的比较

### 2. wx:if 与 hidden

因为 wx:if 之中的模板也可能包含数据绑定，所以当 wx:if 的条件值切换时，框架有一个局部渲染的过程，因此它会确保条件块在切换时销毁或重新渲染。

同时 wx:if 也是惰性的，如果初始渲染条件为 false，框架就什么也不做，在条件第一次变成 true 的时候才开始局部渲染。相比之下，hidden 就简单得多，组件始终会被渲染，只需要简单地控制组件的显示与隐藏。

一般来说，wx:if 有更高的切换消耗而 hidden 有更高的初始渲染消耗。因此，如果在需要频繁切换的情景下，用 hidden 更好；如果在运行时条件值不大可能改变，则用 wx:if 较好。

## 2.7.4　多条件判断与三元运算符

当条件分支比较多时，可以使用 wx:if、wx:elif（可以用多个）、wx:else 的组合来实现分支的跳转，而三元运算符可以简化代码。

### 1. wx:elif 和 wx:else

可以用 wx:elif 和 wx:else 来添加 else 条件块，用于处理多个不同的条件分支：

```
<view wx:if="{{female > 22}}">理工科班级女生人数居然大于 15 人</view>
<view wx:elif="{{female < 9}}">理工科班级女生人数太少</view>
<view wx:else>男女比例大致协调</view>
```

### 2.　三元运算符

三元运算符是 JavaScript 中仅有的使用 3 个操作数的运算符。一个条件后面会跟一个问号，如果条件为 true，则问号后面的表达式将会执行；如果条件为 false，则冒号后面的表达式将会执行。

```
<view hidden="{{login ? true : false}}">用户登录时不显示，没有登录才显示</view>
```

**提示**　不推荐 wx:if 和 wx:for 一起使用，当它们一起使用时，wx:for 具有比 wx:if 更高的优先级。WXML 还支持一些 JavaScript 的语法，例如 wx:if="Math.random()>0.5"，例如 message 的值为 Hello World，经过 JavaScript 的字符串处理 wx:if="message.split(' ')[0].toLowerCase()=='hello' 条件也为 true，更多 JavaScript 的知识在第 3 章会有介绍。

# 2.8　小程序的组件

在 2.2 节和 2.3 节中已经接触过表示文本的<text>组件、表示图像的<image>组件、表示视图容器的<view>组件、表示链接的<navigator>组件，这些组件大大丰富了小程序的结构布局和元素类型，接下来还会介绍一些组件。

## 2.8.1　组件的属性

在 2.2 节和 2.3 节中已经通过实践的方式接触了一些组件，现在回头理解一些基础的概念——组件的属性。

公共属性是指小程序所有的组件都有的属性，如 id、class、style 等。不同属性的值就是数据，有数据就有数据类型。

大家可以打开技术文档，快速了解一下组件的公共属性有哪些、属性有哪些类型，以及各个类型属性的数据类型和取值说明。不同的组件除了都有公共属性，还有自己的特有属性。查阅技术文档，大家能够理解多少是多少，不要去强行理解和记忆。

**提示**　善于查阅技术文档，是程序员必备的非常重要的能力。就像学英语需要查词典一样。在实际开发中，技术文档和搜索能力是非常重要的。

## 2.8.2　轮播效果

很多 App 和小程序的页面顶部都有图片的轮播效果，小程序有专门的轮播组件 swiper。要详细了解轮播组件 swiper，当然要阅读官方的技术文档。

使用开发者工具在 home.wxml 里添加以下代码：

```
<view class="home-top">
  <view class="home-swiper">
    <swiper indicator-dots="{{indicatorDots}}" autoplay="{{autoplay}}" interval
= "{{interval}}" duration="{{duration}}" indicator-color="{{indicatorColor}}" indicator-
active-color="{{activecolor}}">
        <block wx:for="{{imgUrls}}" wx:key="*this" >
          <swiper-item>
              <image src="{{item}}" style="width:100%;height:200px" class="slide-
image" mode="widthFix"  />
          </swiper-item>
        </block>
      </swiper>
    </view>
</view>
```

然后在 home.js 里的 data 里添加以下数据：

```
imgUrls: [
  'https://images.unsplash.com/photo-1551334787-21e6bd3ab135?w=640',
  'https://images.unsplash.com/photo-1551214012-84f95e060dee?w=640',
  'https://images.unsplash.com/photo-1551446591-142875a901a1?w=640'
],
interval:5000,
duration:1000,
indicatorDots:true,
indicatorColor:"#ffffff",
activecolor:"#2971f6",
autoplay:true,
```

　　要构成一个完整的轮播，除配置相同尺寸规格的图片以外，还要配置轮播时的面板指示点、动画效果、是否自动播放等。轮播组件 swiper 自带很有特色的属性，大家可以自己动手多去配置，结合开发者工具实践的效果，来深入理解技术文档对这些属性以及属性的取值的说明。

## 2.8.3　audio 组件

　　audio 组件是音频组件，在 home.wxml 文件里添加以下代码：

```
<audio src="{{musicinfo.src}}" poster="{{musicinfo.poster}}" name="{{musicinfo.
name}}" author="{{musicinfo.author}}" controls></audio>
```

　　然后在 home.js 的 data 对象里添加以下数据：

```
musicinfo: {
  poster:'http://y.gtimg.cn/music/photo_new/T002R300x300M000003rsKF44GyaSk.
jpg?max_age=2592000',
  name:'此时此刻',
  author:'许巍',
  src:'http://tcb-1251009918.cos.ap-guangzhou.myqcloud.com/post/springtime.mp3',
},
```

其中 musicinfo 对象里的属性与 audio 组件的属性值是一一对应的，这就很有必要参考技术
文档了解清楚各个属性的含义了。

- src：音频的资源地址。
- poster：控件上的音频封面的图片资源地址。
- name：控件上的音频名字。
- author：控件上的作者名字。

需要注意的是，audio 组件以后可能要被抛弃了，这里只是让大家了解一下基础的组件构成。

## 2.8.4　video 组件

video 组件是视频组件，在 home.wxml 文件里添加以下代码：

```
<video id="daxueVideo" src="https://tcb-1251009918.cos.ap-guangzhou.myqcloud.com/
snsdyvideodownload.mp4" autoplay loop muted initial-time="100" controls event-model=
"bubble">
</video>
```

大家可以结合实际效果和技术文档来理解以下属性，把上述代码中的 autoplay 或者某个属
性删掉查看一下具体效果，加深对组件属性的理解。

- autoplay：是否自动播放。
- loop：是否循环播放。
- muted：是否静音播放。
- inital-time：指定视频初始播放位置，单位是 s。
- controls：是否显示默认播放控件。

## 2.8.5　cover 效果

可以把 view、image 组件覆盖在 map 组件或 video 组件之上。例如，希望在视频的左上角
显示视频的标题以及在右上角显示商家的 logo，就可以使用 cover 效果。

```
<video id="daxueVideo" src="https://tcb-1251009918.cos.ap-guangzhou.myqcloud.com/
snsdyvideodownload.mp4" controls event-model="bubble">
    <view class="covertext">腾讯大学：腾讯特色学习交流平台</view>
    <image class="coverimg" src="https://tcb-1251009918.cos.ap-guangzhou.myqcloud.
com/logo.png" ></image>
</video>
```

在 home.wxss 文件里添加以下代码：

```
.covertext{
  width:500rpx;
  color:white;
  font-size:12px;
```

```
    position:absolute;
    top:20rpx;
    left:10rpx;
}
.coverimg{
    width:155rpx;height:39rpx;
    position:absolute;
    right:10rpx;
    top:10rpx;
}
```

# 2.9　优化与部署

通过前面的学习，大家在写代码的过程中可能会遇到很多问题，在不断解决问题的过程中也可以总结一些经验。本节会总结一些开发中的经验以及小程序的优化与部署。

## 2.9.1　开发者工具的使用

微信开发者工具是进行小程序开发最为重要的 IDE（Integrated Development Environment，集成开发环境），熟练使用开发者工具可以大大提升开发的效率。

### 1．缩进与缩进设置

虽然缩进并不会对小程序的代码产生什么影响，但是为了代码的可读性，缩进是必不可少的。缩进除了让整体显得美观，还可以体现逻辑上的层次关系。鼠标指针移到编辑器显示代码行数的地方，可以看到"−"，单击即可对代码进行折叠或展开，这一功能在开发时可以让程序员更容易理清代码的层次、嵌套关系，避免出现少了闭合的情况。

小程序中 wxml、js、json、wxss 等不同的文件类型，开发时在缩进的设置上也会有所不同，这就需要大家自己去阅读其他优秀项目的源代码来领会了，这里也无法一一详述。

缩进有两种形式：一种是使用制表符，另一种是使用空格。建议大家使用制表符，小程序默认 1 个缩进=1 个制表符=2 个空格，通常在前端开发时 1 个制表符=4 个空格，如果不习惯，可以在设置里进行修改。

> **提示**　代码的可读性，是一个优秀的程序员应该去追求的，缩进只是其中很小的一个细节。代码可读性高，既可以提升自己的开发效率，也有利于团队的分享与协作、后期的维护等。

### 2．快捷键

微信开发者工具也有着和其他 IDE 的代码编辑器类似的快捷键，通过使用这些快捷键，可以大大提升编写代码的效率。macOS 系统和 Windows 系统的快捷键有所不同，大家可以自行阅读技术文档来了解。

快捷键可以让编写代码更加方便，每个人使用快捷键的习惯有所不同，但是 Ctrl+C（复制）、Ctrl+V（粘贴）、Ctrl+X（剪切）、Ctrl+Z（撤销）、Ctrl+S（保存）、Ctrl+F（搜索）等这些快捷键是经常使用的，建议掌握。

微信开发者工具里有以下几个值得大家多使用的快捷键。

- **批量注释快捷键**：Windows 系统中是 Ctrl+/，macOS 系统中是 Command+/。
- **代码块的缩进**：Windows 系统中代码块左缩进是 Ctrl+[、代码块右缩进是 Ctrl+]，macOS 系统中分别对应的是⌘+[和⌘+]（使用时选中要缩进的完整的代码块）。
- **格式化代码**：Windows 系统中是 Shift+Alt+F，macOS 系统中是⇧+⌥+F（或者选中所有代码然后右击，在快捷菜单里选中"格式化文档"）。

**提示**　官方快捷键技术文档写得不是很完整，建议大家参考 Visual Studio Code 的快捷键技术文档来对快捷键进行更全面的学习。无论使用 macOS 快捷键还是 Windows 快捷键，目的都是提升开发的效率，一切还是以大家的习惯为主，"不要为了快捷键而快捷键"。

### 3．报错提醒

相信大家在实际的开发中经常会看到开发者工具调试器里的控制台，它会比较有效地指出代码的错误的信息、位置等，是日常开发时非常非常重要的工具，堪称"编程的指路明灯"。大家既要养成查看控制台的习惯，也要善于根据报错信息去搜索相关的解决方法。以后还会介绍它更多的用处，不可不了解。

小程序的代码编辑器也会为开发者提供一些错误信息。如出现红色的波浪号，这时候就要注意了，是不是编写代码时出现字符是中文、漏了标点符号等比较低级的错误。

### 4．WXML 代码查看

开发者工具调试器里除了有控制台，还有"Wxml"标签页（可能被折叠，需要展开），它既可以让开发者了解当前小程序页面的 WXML 和 WXSS 结构构成，还可以用来调试组件的 CSS 样式等。

### 5．自动补全与代码提示

小程序开发者工具提供一些代码自动补全与代码提示的功能，具体情况大家可以看一下官方文档关于自动补全的内容。在平时开发的过程中也可以多留意与摸索。

## 2.9.2　小程序的转发功能

只需要在小程序每个页面的 js 文件下的 Page({ })里面添加以下代码后，小程序就有转发功能了，这个可以通过单击开发者工具的"预览"图标，用手机微信扫描二维码来体验。

```
onShareAppMessage: function (res) {
  if (res.from === 'button') {
    // 来自页面内转发按钮
    console.log(res.target)
  }
  return {
    title: '云开发技术训练营',
    path: "pages/home/home",
    imageUrl:"https://hackwork.oss-cn-shanghai.aliyuncs.com/lesson/weapp/4/weapp.
jpg",
    success: function (res) {
        // 转发成功
    },
    fail: function (res) {
        // 转发失败
    }
  }
},
```

要准确掌握转发的 API，就要先弄清楚 API 有哪些必需属性以及属性的含义。

- title 表示转发的标题，如果不填，默认为当前小程序的名称。
- path 表示当前页面路径，也可以为其他页面的路径，如果路径写错的话会显示"当前页面不存在"。
- imageUrl 表示自定义图片路径，可以是本地文件路径或网络图片路径，支持.png 及.jpg 格式，显示图片的长宽比是 5∶4。如果不填写会从当前页面顶部开始，取高度为屏幕宽度 80%的图像作为转发图片。

### 2.9.3　小程序配置的细节

要制作出专业的小程序，就需要在很多细微的地方做足功夫，在互联网行业里有专门的用户体验（User Experience，UX）设计师，他们所做的工作就是尽可能以用户为中心，提高用户使用产品的体验，这背后有一整套知识体系，大家可以自行拓展了解一下。

#### 1．没有 tabBar 的小程序

有时候不希望小程序底部有 tabBar，那该怎么处理呢？删掉 app.json 的 tabBar 配置项即可。

#### 2．下拉小程序不出现空白

很多小程序在下拉页面的时候，都会出现一片空白，很影响美观，但是如果在 window 配置项里将 navigationBarBackgroundColor 和 backgroundColor 配置相同，下拉页面时小程序就不会有空白了，例如：

```
"window":{
  "backgroundTextStyle":"light",
  "navigationBarBackgroundColor": "#1772cb",
  "navigationBarTitleText": "HackWork 技术工坊",
  "navigationBarTextStyle":"white",
  "backgroundColor": "#1772cb"
},
```

### 3. 让整个页面背景变色

小程序的页面背景的颜色默认为白色，要将整个小程序的页面背景变成其他颜色应该怎么处理呢？可以通过直接设置 page 的样式来设置，在该页面的 wxss 文件里添加以下样式：

```
page{
  background-color: #1772cb;
}
```

> **提示** 小程序除了页面默认的背景色是白色，很多组件的默认背景色也是白色。组件里的文字的默认颜色是黑色，文字也有默认大小。很多组件虽然没有定义 CSS 样式，但是它们却自带一些 CSS 样式。

## 2.9.4 禁止页面下拉

有的页面做得比较短，为了提升用户体验，不希望用户可以下拉页面，因为下拉页面会有种页面松动的感觉，可以在该页面的 json 文件里配置，例如：

```
{
  "window": {
    "disableScroll": true
  }
}
```

> **小任务** 注意，配置的不是 app.json 文件，而是页面的 json 文件。为什么配置的不是 app.json 文件而是页面的 json 文件呢？大家可以思考一下小程序处理的逻辑。

## 2.9.5 自定义顶部导航栏

官方默认的顶部导航栏只能对背景颜色进行更改，如果想要在顶部导航栏添加一些比较酷炫的效果则需要通过自定义顶部导航栏实现。通过将 app.json 中页面配置的 navigationStyle（导航栏样式）配置项的值设置为 custom，即可实现自定义顶部导航栏：

```
"window":{
  "navigationStyle":"custom"
}
```

例如，给小程序的页面配一张好看的背景图片，可以先在 home.wxss 里添加以下样式：

```
page{
   background-image:url(https://tcb-1251009918.cos.ap-guangzhou.myqcloud.com
/background.jpg)
   }
```

然后在手机微信里预览该页面，发现小程序固有的带有页面标题的顶部导航栏就被背景图片取代了。还可以在顶部导航栏原有的位置上设计一些更加酷炫的元素，这些都是可以通过 2.2 节中组件的知识来实现的。

## 2.9.6　模板

有这样一个应用场景，希望小程序所有的页面都有一个相同的底部版权信息，因为如果每个页面都重复写版权信息就会很烦琐。如果可以提前定义好代码片段作为模板，然后在不同的地方调用就会方便很多，这就是模板的作用。

### 1．静态的模板

例如，先使用开发者工具在小程序的 pages 文件夹下新建一个 common 文件夹，在 common 里新建一个 foot.wxml 文件，并在该文件里添加以下代码：

```
<template name="foot">
  <view class="page-foot">
    <view class="index-desc"
style="text-align:center;font-size:12px;bottom:20rpx;position:absolute;bottom:20rpx;
width:100%">云开发技术训练营</view>
  </view>
</template>
```

在要引入的页面（如 home.wxml）的顶部，使用 import 引入 foot 模板：

```
<import src="/pages/common/foot.wxml" />
```

然后在要显示的地方（如 home.wxml 页面代码的底部）调用 foot 模板：

```
<template is="foot" />
```

### 2．动态的模板

例如，想要让页面的每一页都有一个相似的页面样式与结果，但是不同的页面有着不同的标题以及页面描述，用数据绑定就能很好地解决这个问题。不同的页面对应的 js 文件里的 data 对象里有不同的数据，而模板的 WXML 代码都用的是固定的框架。

例如，先使用开发者工具在小程序的 pages 文件夹下新建一个 common 文件夹，在 common 里新建一个 head.wxml 文件，并在该文件里添加以下代码：

```
<template name="head">
  <view class="page-head">
    <view class="page-head-title">{{title}}</view>
```

```
        <view class="page-head-line"></view>
        <view wx:if="{{desc}}" class="page-head-desc">{{desc}}</view>
    </view>
</template>
```

再给每个页面的 js 文件里的 data 对象里添加不同的 title 和 desc 信息，在页面中先引入 head.wxml，然后在指定的位置（如 WXML 代码的前面）调用该模板。

```
<import src="/pages/common/head.wxml" />
<template is="foot" />
```

注意，创建模板时使用的是<template name="模板名" />，而调用模板时使用的是<template is="模板名" />，两者之间对应。

> **提示**　由于 CSS 的定位问题，模板可能会被组件遮住显示不出来，大家可以使用开发者工具的"Wxml"标签页检查一下，判断到底是因为模板没有生效，还是因为被遮住没有显示出来。在调试 WXML 和 WXSS 代码的效果时，要勤用控制台"Wxml"标签页。

## 2.9.7　小程序的客服

开发者在小程序内添加客服消息按钮组件 button 后，用户就可在小程序内唤起客服会话页面，给小程序发消息。而开发者（或绑定的其他运营人员）就可以直接使用微信公众平台网页版客服工具或者移动端小程序（如客服小助手）进行客服消息回复，非常方便。

只需要在 wxml 文件里添加以下代码，即可唤起客服会话页面：

```
<button open-type="contact">联系客服</button>
```

button 的样式大家可以根据 2.2 节中学习的 CSS 知识修改一下。

## 2.9.8　web-view 组件

web-view 组件是承载网页的容器，会自动铺满整个小程序页面，个人类型的小程序暂不支持使用。web-view 组件可以打开关联的公众号的文章，这对很多自媒体用户比较友好，公众号文章的排版可以使用第三方工具制作得非常精美，排版后的文章可以在小程序里打开：

```
<web-view src="https://mp.weixin.qq.com/cgi-bin/wx"></web-view>
```

web-view 组件可以绑定备案好的域名，支持 JSSDK 的接口，因此有的小程序为了节省开发成本，并没有做小程序的原生开发，导致单击链接打开的都是网页，就不在讨论范围之内了。

# ■■ 第 3 章 ■■

# JavaScript 基础

JavaScript 是目前世界上流行的编程语言之一，也是小程序云开发最重要的基础语言。要做出一个功能复杂的小程序，除了需要掌握 JavaScript 的基本语法，还需要了解如何使用 JavaScript 来操作小程序。

## 3.1 JavaScript 入门

可以使用微信开发者工具的控制台来快速学习 JavaScript。打开微信开发者工具，在调试器里可以看到 Console、Sources、Network、Appdata、Wxml 等标签，这些都是调试器的功能模块。而控制台除了可以显示小程序的错误信息，还可以用于输入和调试代码。

> **提示** 不得不再次强调的是，JavaScript 是小程序、云开发等的核心，它所包含的知识内容十分庞大和繁杂，初学者在学习时一定要多使用控制台，先运行代码看到实际的"效果"，再来理解"原理"。

### 3.1.1 数学运算

JavaScript 的算术运算符和常见的数学运算符没有太大区别，+（加）、-（减）、*（乘）、/（除）、**（指数）可以在控制台中逐行输入以下代码并按 Enter 键运行：

```
136+384; //加法
(110/0.5+537-100)*2; //加、减、乘、除
2**5; //指数运算
```

> **提示** //之后为 JavaScript 的注释，可以不用输入，输入也不会有影响。JavaScript 的语句之间用半角状态的分号分隔。

控制台中输入代码的位置如图 3-1 所示。

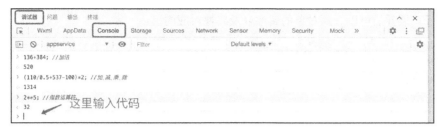

图 3-1　控制台输入代码

## 3.1.2　console.log()输出函数

在控制台输入数学运算可以直接得到结果，这是因为调用了 console.log()函数。可以把 3.1.1 节中的数学运算在控制台里使用 console.log()输出，除了数学运算，console.log()还可以输出字符串，例如：

```
console.log("同学，欢迎开始 JavaScript 的学习~\n JavaScript 是一门非常流行的编程语言，只要
是有浏览器的地方就少不了 JavaScript;\n 网页、小程序、甚至 App、桌面应用等的开发都少不了 JavaScript;
\nJavaScript 玩得溜的人可以称其为前端开发工程师;\n 前端开发工程师是需求量极大的岗位\n");
console.log('%c 欢迎关注小程序的云开发: https://www.zhihu.com/org/teng-xun-yun-kai-
fa-tcb (用云开发可以更快速地学好前端开发)','color: red' );
```

在实际应用中，有一些具有特殊含义的字符（如换行符、制表符、回车符、反斜线）无法直接输入，需要通过转义字符进行表示。JavaScript 中单引号和双引号中的内容都表示字符串。如果字符串中存在双引号，建议最外层用单引号；如果字符串中存在单引号，建议最外层用双引号。如何在控制台给输出的结果设置颜色等，大家可以自行研究。

## 3.1.3　输出数组

可以在控制台使用 console.log()输出数组，输出结果之后，结果的前面会有数字显示数组的长度（length），并且结果可以展开。

```
console.log(["肖申克的救赎","霸王别姬","这个杀手不太冷","阿甘正传","美丽人生"])
```

在展开的结果里，可以看到数组的索引、索引对应的值（如 1:　"霸王别姬"）、该数组的长度，以及数组的方法（在 proto 里可以看到，如 concat、push、shift、slice、toString 等）。

也可以通过索引值输出数组里的某一元素，也就是通过指定数组名以及索引值，来访问某个特定的元素：

```
console.log(["肖申克的救赎","霸王别姬","这个杀手不太冷","阿甘正传","美丽人生"][3])
```

## 3.1.4　输出对象

在控制台里使用 console.log()函数输出一个对象，对象的结果仍然可以通过图 3-1 左侧的下

拉按钮展开，展开后可以看到对象的属性以及属性对应的值：

```
console.log({name: "霸王别姬",img: "https://tcb-1251009918.cos.ap-guangzhou.myqcloud.com/
douban/p2561716440.webp",desc: "风华绝代。"})
```

可以通过点表示法来访问对象的属性并获取该属性对应的值：

```
console.log({name: "霸王别姬",img: " https://tcb-1251009918.cos.ap-guangzhou.myqcloud.com/
douban/p2561716440.webp",desc: "风华绝代。"}.desc)
```

当输出数组的某一项并通过点表示法获取对象某个属性对应的值的时候，有没有觉得输出的内容太长了？这时可以把数组、对象的值赋给一个变量，类似于数学里的 $y=ax+b$，就可以大大简化输出内容了。

### 3.1.5　变量与赋值

JavaScript 可以使用 let 语句声明变量，使用等号（=）给变量赋值。等号左侧为变量名，右侧为给该变量赋的值，变量的值可以是任何数据类型。JavaScript 常见的数据类型有 Number（数值）、String（字符串）、Boolean（布尔值）、Object（对象）、Function（函数）等。

#### 1．将数据赋值给变量

例如，可以在控制台里将 3.1.3 节中的数组和对象赋值给一个变量，然后输出该变量。先来输出数组：

```
let movielist=["肖申克的救赎","霸王别姬","这个杀手不太冷","阿甘正传","美丽人生"]
console.log(movielist)
console.log(movielist[2])
```

再来看一下输出对象的情况：

```
let movie={name: "霸王别姬",img: "https://tcb-1251009918.cos.ap-guangzhou.myqcloud.com/
douban/p2561716440.webp",desc: "风华绝代。"}
console.log(movie)
console.log(movie.name)
```

通过将复杂的数据信息（数组、对象）赋值给一个变量，代码得到了大大的简化，由此可以了解到变量是用于存储数据信息的"容器"。

#### 2．变量名的冲突与变量值的覆盖

例如，在控制台里使用 let 声明一个变量 username，然后输出 username 的值：

```
let username="小明"
console.log(username)
```

但是，如果再次使用 let 声明 username，并给 username 赋值就会报变量名冲突的错误。例如，在控制台里输入以下命令并按 Enter 键执行，看会报什么错？

```
let username="小丸子"
```

也就是说，声明了一个变量名之后，就不能再次声明这个变量名了，但可以给该变量重新赋值。例如：

```
username="小军"
console.log(username)
```

发现给该变量重新赋值之后，变量的值就被覆盖了。所以"let 变量名=值"相当于进行了两步操作，第一步是声明变量名，第二步是给变量赋值。可以通过控制台运行下面的代码来理解：

```
let school   //声明变量
school="清华"    //将字符串"清华"赋值给变量
console.log(school)   //输出变量
school=["清华","北大","上交","复旦","浙大","南大","中科大"]  //给变量赋值新的数据,可以改变
数据类型
console.log(school)   //输出变量
```

通过使用控制台实践输出具体的信息，就会对变量的声明、赋值、覆盖（修改变量的值）有更深的理解。

> **提示**  如果函数没有提供返回值，会返回 undefined。

## 3.1.6  操作数组

数组是有序的列表。下面这个数组中是豆瓣排名前五的电影：

["肖申克的救赎","霸王别姬","这个杀手不太冷","阿甘正传","美丽人生"]

但是，有时候需要操作一下该数组。例如，想增加 5 项数据，变成前十。又如，数据太多，只想要前三等。要对数组进行操作，就要了解操作的方法。3.1.5 节中已经定义了数组 movielist，下面可以直接使用该变量，也可以在控制台再次赋值。

movielist=["肖申克的救赎","霸王别姬","这个杀手不太冷","阿甘正传","美丽人生"]

### 1．指定分隔符——join()方法

join()方法将数组元素拼接为字符串，以指定分隔符分隔，默认用逗号分隔：

```
console.log(movielist.join("、"))
```

### 2．添加数组——push()方法

push()方法向数组的末尾添加一个或多个元素，并返回新数组的长度：

```
console.log(movielist.push("千与千寻","泰坦尼克号","辛德勒的名单","盗梦空间","忠犬八公
的故事"))
```

输出新数组看一下具体包含了哪些值，使用 push 方法在原来的数组元素的后面新增了 5 个值：

```
console.log(movielist)
```

### 3．移除数组最后一个元素——pop()方法

pop()方法从数组末尾移除最后一个元素，并返回移除的元素的值：

```
console.log(movielist.pop())
```

返回的是数组的最后一个元素，再输出 movielist，看看有什么变化：

```
console.log(movielist)
```

通过以上一些实际的案例，大家可了解如何使用控制台输出这种实践方式来体验一些数组具体的操作方法。JavaScript 中数组的操作方法还有很多，大家可以去查阅技术文档。

**提示**　如果说小程序的开发离不开小程序的官方技术文档，那 MDN（Mozilla Developer Network，Mozilla 开发者网络）技术文档则是每一个前端开发工程师都必须经常翻阅的。打开 MDN 数组 Array，在页面的左侧菜单里，可以看到 Array 有着数十种方法，而这些方法，都是 3.1.3 节中输出了数组之后在 proto 里看到的方法。关于数组的 prototype()，学有余力的读者可以去阅读 MDN 技术文档中的 Array.prototype。

**小任务**　通过实践的方式了解一下数组的 concat()、reverse()、shift()、slice()、sort()、splice()、unshift()方法。

## 3.1.7　操作对象

可以用点表示法访问对象的属性，通过给属性赋值就能够添加和修改对象的属性的值。在3.1.5 节的案例中声明过一个对象 movie：

```
movie={name: "霸王别姬",img: "https://tcb-1251009918.cos.ap-guangzhou.myqcloud.com/
douban/p2561716440.webp",desc: "风华绝代。"}
```

### 1．给对象添加属性

例如，给“霸王别姬”增加英文名的属性，可以直接在控制台里输入以下代码：

```
movie.englishname="Farewell My Concubine"
```

然后在控制台输出 movie，看看 movie 是否有了 englishname 的属性：

```
console.log(movie)
```

### 2．删除对象的某个属性

例如，想删除 movie 的 img 属性，可以通过 delete 方法来删除：

```
delete movie.img
```

然后在控制台输出 movie，看看 movie 的 img 属性是否被删除了：

```
console.log(movie)
```

### 3. 更新对象的某个属性

例如，想更新 movie 的 desc 属性，可以通过重新赋值的方式来更新：

```
movie.desc="人生如戏。"
```

然后在控制台输出 movie，看看 movie 的 desc 属性是否有了变化：

```
console.log(movie)
```

## 3.1.8 常量

在 3.1.5 节中变量的值可以通过重新赋值的方式来改变，但是有些数据可能是固定的（写死，不会经常改变），这时候可以使用 const 声明创建一个值的只读引用。const 声明和 let 声明相似。

例如，开发小程序的时候，需要确定小程序的色系、背景颜色等，使用 const 声明创建一个常量后，使用时可直接调用这个常量，这样就不用记过多复杂的参数。以后想修改小程序的样式，直接修改 const 中的内容即可，例如：

```
const defaultStyle = {
  color: '#7A7E83',
  selectedColor: '#3cc51f',
  backgroundColor: '#ffffff',
}
```

## 3.1.9 字符串

我们已经知道字符串是 JavaScript 的数据类型之一，那怎么操作字符串呢？下面就结合 MDN 技术文档进行学习。MDN 技术文档是前端开发十分依赖的技术文档，要像使用词典一样使用它。

首先在 main.js 里添加以下代码，然后运行，在控制台查看效果：

```
let lesson="云开发技术训练营";
let enname="CloudBase Camp"
console.log(lesson.length);          //返回字符串的长度
console.log(lesson[4]);              //返回在指定位置的字符
console.log(lesson.charAt(4));       //返回在指定位置的字符
console.log(lesson.substring(3,6));  //返回从索引 3 开始到 6（不包括 6）的字符
console.log(lesson.substring(4));    //从索引 4 开始到结束的所有字符
console.log(enname.toLowerCase());   //把一个字符串的英文字母全部变为小写
```

```
console.log(enname.toUpperCase());  //把一个字符串的英文字母全部变为大写
console.log(enname.indexOf('oud'));//搜索指定字符串首次出现的位置
console.log(enname.concat(lesson));//连接两个字符串
console.log(lesson.slice(4));       //提取字符串的部分内容,并以新的字符串返回被提取的内容
```

然后打开 MDN 技术文档,在 MDN 技术文档左侧菜单的属性和方法里,找到上述操作字符串用了哪些属性和方法。通过翻阅 MDN 技术文档既可以加深对字符串的每个操作的理解,也可以知道该如何查阅 MDN 技术文档。

> **提示**　字符串对象以及 Math、Date、Array、Object 等对象都有非常多的属性和方法,因此学习的时候不要死记硬背。要学会通过实践来了解这些属性和方法的实际效果,结合实际的代码运行效果以及 MDN 技术文档的解释来理解它们的用法,可以借助思维导图来帮助记忆。

## 3.1.10　Math 对象

Math 是一个内置对象,它具有数学常数和数学函数的属性和方法,但它不是一个函数对象。大家可以先在控制台进行实践,再来理解这句话的含义。

在开发者工具的控制台里输入以下代码,根据运行的结果来理解代码中每个函数的含义:

```
let x=3,y=4,z=5.001,a=-3,b=-4,c=-5;
console.log(Math.abs(b));           //返回 b 的绝对值
console.log(Math.round(z));         //返回 z 四舍五入后的整数
console.log(Math.pow(x,y))          //返回 x 的 y 次幂
console.log(Math.max(x,y,z,a,b,c)); //返回 x、y、z、a、b、c 的最大值
console.log(Math.min(x,y,z,a,b,c)); //返回 x、y、z、a、b、c 的最小值
console.log(Math.sign(a));          //返回 a 是正数还是负数
console.log(Math.hypot(x,y));       //返回所有 x、y 的平方和的平方根
console.log(Math.PI);               //返回圆的周长与直径的比值,约等于 3.1415
```

打开 MDN 技术文档,在左侧菜单看一下 Math 对象的属性是哪些,Math 对象的方法又是哪些?大致感受一下属性和方法的含义是什么。

> **提示**　在其他编程语言中,想获取一个数的绝对值可以直接调用 abs(x)函数即可,而在 JavaScript 中却是 Math.abs(x),这是因为 Math 对象不是函数对象。

## 3.1.11　Date 对象

Date 对象用于处理日期和时间。时间有年、月、日、星期、小时、分钟、秒、毫秒以及时区的概念,因此 Date 对象属性和方法也比较多。

```
let now = new Date();             //返回当日的日期和时间
console.log(now);
console.log(now.getFullYear());   //返回 Date 对象的年份
console.log(now.getMonth());      //返回 Date 对象的月份 (0 ~ 11)
console.log(now.getDate());       //返回 Date 对象是一个月中的第几天 (1 ~ 31)
```

```
console.log(now.getDay());              //返回 Date 对象一周中的第几天 (0 ~ 6)
console.log(now.getHours());            //返回 Date 对象的小时数(0 ~ 23)
console.log(now.getMinutes());          //返回 Date 对象的分钟数(0 ~ 59)
console.log(now.getSeconds());          //返回 Date 对象的秒数 (0 ~ 59)
console.log(now.getMilliseconds());     //返回 Date 对象的毫秒数(0 ~ 999)
console.log(now.getTime());             //返回 1970 年 1 月 1 日至今的毫秒数
```

**提示** 上述内容都是非常重要的基础知识，在以后的应用开发中起着非常重要的作用，大家不要觉得枯燥。虽然不需要马上记住它，但是要明白这些基础的数据对象处理了什么，处理的效果是什么样的。当以后遇到要处理数据的时候，还要记得怎么查阅 MDN 技术文档来"对症下药"。

## 3.2 小程序 API 实战

要使用 JavaScript 来实现小程序的具体的功能，除了要了解如何操作由不同的数据类型构成的实际数据，还需要掌握如何使用 JavaScript 适时地调用小程序封装好的 API。编程语言的逻辑、数据以及 API 是小程序开发最核心的组成部分。

### 3.2.1 全局对象 wx

wx 是小程序的全局对象，用于承载小程序功能相关的 API。小程序开发框架提供了丰富的微信原生 API，可以方便地调用微信提供的功能，如获取用户信息、了解网络状态等。大家可以在微信开发者工具的控制台里了解一下 wx 对象的属性和方法。

```
wx
```

wx 对象的所有属性与方法如图 3-2 所示。

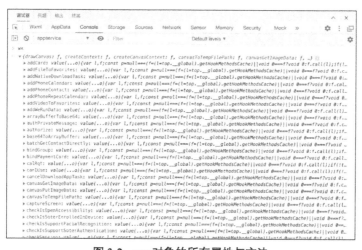

**图 3-2　wx 对象的所有属性与方法**

如果对 wx 对象的某个属性和方法不够了解，可以查阅小程序 API 参考文档。

## 3.2.2　控制台测试小程序 API

开发者工具的控制台除了可以用于运行测试 JavaScript 的代码，还可以用来运行测试小程序以及云开发的 API。接下来会先介绍一些能够实际看得到效果的接口，大家可以直接把代码输入控制台查看效果，而每一个接口的介绍都在小程序 API 参考文档里，建议将实践与文档结合起来学习。

### 1. 了解网络状态

wx.getNetworkType()接口可以用于获取小程序所在的手机当前的网络状态（如 Wi-Fi、3G、4G、5G）。经常会有这样的场景，例如，播放视频、音乐，玩游戏，以及传输尺寸大的图片时，如果网络处于非 Wi-Fi 状态就会有注意流量的提醒。

大家可以切换一下开发者工具的模拟器的网络，然后多次在控制台里运行以下代码查看模拟器显示有什么不同：

```
wx.getNetworkType({
  success(res) {
    console.log(res)
  }
});
```

### 2. 获取设备信息

wx.getSystemInfo()可以用于获取用户使用设备的微信版本、操作系统及版本、屏幕分辨率、设备的型号与品牌、基础库版本等信息。

大家可以留意输出的 res 对象与使用 res 的点表示法访问具体属性有什么区别。接口返回的具体属性的含义则需要查阅技术文档来了解。

```
wx.getSystemInfo({
  success (res) {
    console.log("设备的所有信息",res)
    console.log(res.model)
    console.log(res.pixelRatio)
    console.log(res.windowWidth)
    console.log(res.windowHeight)
    console.log(res.language)
    console.log(res.version)
    console.log(res.platform)
  }
})
```

### 3. 页面链接跳转

除了可以获取用户设备、网络等信息，使用控制台来调用对象的方法也可以用来执行一些动作，例如使用页面跳转接口 wx.navigateTo()跳转到某个页面。2.3.1 节中在 home 页面下创建了一个 imgshow 二级页面，在控制台里运行以下代码：

```
wx.navigateTo({
  url: '/pages/home/imgshow/imgshow'
})
```

还可以在控制台直接调用 wx.navigateBack()返回上一级页面，在控制台里运行以下代码：

```
wx.navigateBack({
  delta:1
})
```

### 4. 显示消息提示框

wx.showToast()接口可以用于显示消息提示，例如，操作成功、操作失败等都需要给用户一个反馈，这时候就需要调用这个接口，在控制台运行以下代码，查看模拟器中小程序的效果：

```
wx.showToast({
  title: '弹出成功',
  icon: 'success',
  duration:1000
})
```

### 5. 动态设置当前页面的标题

wx.setNavigationBarTitle()可以用于动态设置当前页面的标题。当我们打开新闻、商品、文章等不同的链接时，不同的页面会显示不同的标题。这些页面并不会像静态页面一样，而是通过 JavaScript 来动态控制的。小程序可以调用这个接口动态设置：

```
wx.setNavigationBarTitle({
  title: '控制台更新的标题'
})
```

### 6. 打开文件选择器上传文件

调用 wx.chooseImage()打开文件选择器，可以将本地相册的图片上传到小程序端。由于一个接口只做一件事情，因此上传的图片路径需要用其他接口来处理。

```
wx.chooseImage({
  count:1,
  sizeType: ['original', 'compressed'],
  sourceType: ['album', 'camera'],
  success (res) {
    const tempFilePaths = res.tempFilePaths
  }
})
```

### 7．控制台实战云开发 API

在 3.2.1 节中已经介绍过 wx 是小程序的全局对象，在这个对象里的 cloud 属性也是一个对象，cloud 是用于承载云开发在小程序端的相关功能的 API，仍然可以通过控制台了解相关信息。可以在控制台依次输入如下内容，至于其具体的含义后续章节会具体讲解：

```
wx.cloud
wx.cloud.database()
wx.cloud.database().command
wx.cloud.database().command.aggregate
```

小程序的 API 有的用于返回数据（如网络状态、设备信息、用户信息等），有的用于在小程序上出现交互（消息提示框、模态框、操作菜单、标题的设置），还有的需要传入一些参数，等等。本节主要让大家知道控制台的强大之处，以及通过控制台测试的方法对小程序 API 的运行机制有一个初步的了解。

## 3.2.3　API 的可用性判断与权限

小程序的版本更新十分频繁，应用小程序的不同设备间也存在一定的差异，这会导致 API 的用法不同进而影响小程序在不同设备间的兼容性，因此需要了解 API 的可用性。而也有一些小程序权限需要用户授权之后才能使用，不做权限的判断很容易让程序代码出错。

### 1．API 的可用性

可以使用 wx.canIUse()来判断小程序的 API、回调、参数、组件等是否在当前版本可用。如果不可用就需要采取其他补救措施，例如，让用户更新小程序或更新微信等。

```
wx.canIUse('console.log')
wx.canIUse('CameraContext.onCameraFrame')
wx.canIUse('CameraFrameListener.start')
wx.canIUse('Image.src')

// wx 接口参数、回调或者返回值
wx.canIUse('openBluetoothAdapter')
wx.canIUse('getSystemInfoSync.return.safeArea.left')
wx.canIUse('getSystemInfo.success.screenWidth')
wx.canIUse('showToast.object.image')
wx.canIUse('onCompassChange.callback.direction')
wx.canIUse('request.object.method.GET')

// 组件的属性
wx.canIUse('live-player')
wx.canIUse('text.selectable')
wx.canIUse('button.open-type.contact')
```

### 2. 提前发起权限设置

部分接口需要经过用户授权后才能调用。把这些接口按使用范围分成多个 scope，用户选择对 scope 进行授权。当用户授权给一个 scope 之后，其对应的所有接口都可以直接使用。

使用 wx.authorize()可以提前向用户发起授权请求，调用后会立刻弹窗询问用户是否同意授权小程序使用某项权限。如果用户之前已经授权，则不会弹窗询问，直接返回成功。这些权限有 scope.userInfo（是否允许获取用户信息），scope.record（是否允许录音），scope.writePhotosAlbum（是否允许保存到相册），等等。

```
wx.authorize({
  scope: 'scope.record',
  success () {
    // 用户已经授权小程序使用录音功能，后续调用 wx.startRecord()接口不会弹窗询问
    wx.startRecord()
  }
})
```

本书只是列举了很少的一部分 API，小程序的 API 有数千个之多，用法也都不相同。因此在学习的时候，要善于查询小程序 API 参考文档。API 大都是零散的，小程序 API 参考文档也对它们进行了分类，开发一个实际的小程序时，这些 API 并不会全部用到。

其实 API 本质上是一个个封装好了的函数或对象，除了可以在控制台调用，还可以通过事件机制来触发。3.3 节和 3.6 节会介绍单击事件、页面的生命周期等方法。

## 3.3  单击事件

事件是视图层到逻辑层的通信方式，当单击（tap）、触摸（touch）、长按（longpress）小程序中绑定了事件的组件时，就会触发事件，执行逻辑层中对应的事件处理函数。

> **提示**  小程序框架的视图层是用 WXML 与 WXSS 编写的，由组件来进行展示。逻辑层将数据进行处理后发送给视图层，同时接收视图层的事件反馈。

### 3.3.1  页面滚动

使用开发者工具新建一个名为 tapevent 的页面（直接在 app.json 的 pages 配置项第一行添加一个 tapevent 的页面，因为是第一项，所以可以作为小程序的首页呈现），然后将以下代码加入 tapevent.wxml 文件里：

```
<button type="primary" bindtap="scrollToPosition">滚动到页面指定位置</button>
<view class="pagetop" style="background-color:#333;width:100%;height:400px">
</view>
<button type="primary" bindtap="scrollToTop">滚动到页面顶部（返回顶部）</button>
```

```
<view id="pageblock" style="background-color:#333;width:100%;height:400px">
</view>
```

上述代码的 type="primary" 只是表示引入 WeUI 给 button 添加的样式。而函数名 scrollToPosition 和 scrollToTop 是可以自己定义的，然后在相应的 js 文件里要添加和函数名 scrollToPosition 和 scrollToTop 对应的事件处理函数。

在 tapevent.js 的 Page({})里添加以下代码：

```
scrollToTop() {
  wx.pageScrollTo({
    scrollTop:0,
    duration:300
  })
},

scrollToPosition() {
  wx.pageScrollTo({
    scrollTop:6000,
    duration:300
  })
},
```

当用户单击 button 组件的时候会在该页面对应的 Page 对象中找到相应的事件处理函数。保存上述代码之后编译，看看是不是就有了页面滚动的效果了？这里的原理是 scrollToTop()和 scrollToPosition()这两个函数都调用了同一个小程序的滚动 API——wx.pageScrollTo()，想了解这个 API 的具体参数信息可以查阅官方技术文档。

在官方技术文档中可以看到 wx.pageScrollTo()的作用是将页面滚动到目标位置，支持选择器和滚动距离两种方式定位。

- scrollTop 滚动到页面的目标位置，单位为 px，值为 0 表示滚动到页面顶部，值为 600 表示滚动到距离页面顶部 600 px 的位置。
- duration 是滚动动画的时长，单位为 ms（1 ms=0.001 s）。

那如何滚动到指定的选择器的位置呢？前面已经给 view 分别添加了 id 和 class 属性，只需要将之前的函数的配置信息修改为如下代码（注意，如果是添加而不是修改，函数名会冲突，想要避免冲突可以使用其他的函数名）：

```
scrollToTop() {
  wx.pageScrollTo({
    duration:3000,
    selector:".pagetop"
  })
},

scrollToPosition() {
  wx.pageScrollTo({
    duration:300,
```

```
        selector:"#pageblock"
    })
},
```

不要误以为只有 button 组件才可以使用 bindtap 绑定事件，把 button 组件改成 view 或者 navigator 组件，也一样可以使用 bindtap 来绑定事件。这是因为所有组件都有 bind\* 和 catch\* 的属性，而本节用到的 bindtap 就是 bind\* 的一个类型（bind\* 还有 bind-touchstart 即手指触摸开始事件，bind-touchmove 即手指触摸移动等类型）。也就是说，小程序的所有组件几乎都可以通过 bind\* 绑定事件来触发事件处理函数，达到滚动、跳转等效果。本书使用 button 组件作为案例只是为了便于展示而已。

关于命名规范，JavaScript 的项目名、函数名、变量等都应该遵循简洁、语义化的原则。函数名推荐使用驼峰命名法（Camel-Case）来命名，也就是以小写字母为开头，后续每个单词首字母都大写，长得像骆驼的驼峰似的，如 scrollToTop、pageScrollTo。

## 3.3.2　消息提示框

消息提示框是 App、H5（微信生态里的 WebApp）、小程序经常会使用的一个交互界面。在 tapevent.wxml 里添加以下代码：

```
<button type="primary" bindtap="toastTap">单击弹出消息对话框</button>
```

在 tapevent.js 里添加以下代码：

```
toastTap() {
  wx.showToast({
    title: '购买成功',
    icon: 'success',
    duration:2000
  })
},
```

上述代码中有以下几点注意事项。

- title：必填项，提示框中的内容。
- icon：只有 3 个值，即 success、loading、none。读者可以自行测试这 3 个值的效果。
- duration：提示延迟的时间，默认为 1500 ms（也就是 1.5 s）。

### 3.3.3　模态对话框

要掌握一个 API，可以通过查阅技术文档来深入了解 API 的属性以及属性的含义，并通过代码实践来观察效果，这样学习会事半功倍。

> **提示**　为了让界面显示更加简洁，可以使用快捷键 Ctrl+/（macOS 系统中为 Command+/）将 tapevent.wxml 里的代码注释掉，js 文件里面的函数可以不用注释。

#### 1．单击按钮弹出模态对话框

使用开发者工具继续在 tapevent.wxml 文件里添加代码，这次会调用小程序的模态对话框（模态对话框是可以根据命名规范任意命名的，只需要在 js 文件里添加相应的事件处理函数就可以调用它）：

```
<button type="primary" bindtap="modalTap">显示模态对话框</button>
```

然后在 tapevent.js 里添加以下代码：

```
modalTap() {
  wx.showModal({
    title: '学习声明',
    content: '学习小程序的开发是一件有意思的事情，我决定每天打卡学习',
    showCancel: true,
    confirmText: '确定',
    success(res) {
      if (res.confirm) {
        console.log('用户单击了确定')
      } else if (res.cancel) {
        console.log('用户单击了取消')
      }
    }
  })
},
```

保存代码之后编译，单击"模拟器"按钮，模拟器中会显示一个对话框，这个对话框称为 Modal 模态对话框。

#### 2．千变万化的 API

阅读 API 的技术文档，可以了解该 API 有哪些属性、属性代表的是什么含义、属性是什么类型（这一点非常重要），以及它的默认值是什么、可以有哪些取值。

- title 属性不是必填的，删除 title 的赋值，就不会显示标题了。
- content 属性也不是必填的，表示提示的内容。
- showCancel 默认值为 true，表示默认显示取消按钮，改为 false 就不显示了。

- confirmText 默认值为确定，可以改成其他值试试。

通过给 API 已有的属性赋不同的值，API 所展现的内容就会有很多种变化。具体要怎么赋值，则需要根据实际的小程序开发项目来处理。

> **小任务**　在哪些 App、小程序、H5 中会看到模态对话框？这些模态对话框是在什么情况下出现的，它的作用是什么？你能根据这些模态对话框写一下它们的配置信息吗？

### 3. console.log()日志输出

单击模态对话框上的"取消"和"确定"按钮，观察开发者工具调试器控制台的日志输出信息：当单击"取消"按钮时，会输出"用户单击了取消"；当单击"确定"按钮时，会输出"用户单击了确定"。这些信息是由下面这段代码输出的：

```
success(res) {
  if (res.confirm) {
    console.log('用户单击了确定')
  } else if (res.cancel) {
    console.log('用户单击了取消')
  }
}
```

上述代码怎么理解呢？console.log('用户单击了确定')之前接触过可以理解，res 是什么？res.confirm、res.cancel 又是什么？它们从哪里来的？可以使用 console.log()输出结果观察。在上面这段代码后增加一些输出信息：

```
success(res) {
  console.log(res)
  if (res.confirm) {
    console.log(res)
    console.log("单击确认之后的 res.confirm 是：" + res.confirm)
    console.log("单击确认之后的 res.cancel 是：" + res.cancel)
  } else if (res.cancel) {
    console.log(res)
    console.log('用户单击了取消')
    console.log("单击取消之后的 res.confirm 是：" + res.confirm)
    console.log("单击取消之后的 res.cancel 是：" + res.cancel)
  }
}
```

编译之后单击模态对话框的"取消"和"确定"按钮，看一下输出什么结果。当单击"确定"按钮时，res.confirm 的值为 true，就执行 if 分支里的语句；res.cancel 的值为 true，就执行 else if 分支里的语句。在模态对话框的技术文档 wx.showModal(Object object)中有关于 success 回调函数的说明。

### 3.3.4　手机振动

手机振动 API 分两种：一种是长振动，另一种是短振动。两种 API 写法大致相同，为了效果更明显，以长振动为例，在 tapevent.wxml 里添加以下代码：

```
<button type="primary" bindtap="vibrateLong">长振动</button>
```

然后在 tapevent.js 里添加与之对应的事件处理函数：

```
vibrateLong() {
  wx.vibrateLong({
    success(res) {
      console.log(res)
    },
    fail(err) {
      console.error(err)
    },
    complete() {
      console.log('振动完成')
    }
  })
},
```

保存后编译，单击"预览"，使用手机微信扫描二维码体验一下长振动的效果。

在长振动技术文档里可以看到 API 有 3 个回调函数，即 success()、fail() 和 complete()。单击"模拟器"按钮，就可以看到输出日志。console.error() 用于向控制台的 console 中输出 error 日志。如果不能调用长振动，一般是手机权限的问题。

> **小任务**　参考长振动的代码以及短振动的技术文档，写一个短振动的案例，体会一下两者有什么不同。

### 3.3.5　弹出操作菜单

下面来了解一下弹出操作，在 tapevent.wxml 里添加以下代码：

```
<button type="default" bindtap="actionSheetTap">弹出操作菜单</button>
```

然后在 tapevent.js 里添加与之对应的事件处理函数：

```
actionSheetTap() {
  wx.showActionSheet({
    itemList: ['添加照片', '删除照片', '更新照片', '查询更多'],
    success(e) {
      console.log(e.tapIndex)
    }
  })
},
```

保存之后在模拟器中体验，模拟器会弹出添加照片、删除照片、更新照片、查询更多等选项的操作菜单。单击操作菜单的选项之后是没有反应的，单击之后的操作还需要写事件处理函数才能实现。

当单击操作菜单的不同选项时，会返回不同的数字，这取决于 success()回调函数里的 e.tapIndex 的值。在弹出操作菜单的技术文档里可以了解到，用户单击的按钮索引按从上到下的顺序从 0 开始编号，相当于对应着数组 itemList 的索引，这样就为以后根据不同的菜单选项来执行不同的操作提供了可能。

**小任务** 在 success(e){}回调函数里添加 console.log(e)输出 e 以及 console.log(e.errMsg)输出 e 的 errMsg 对象，看看是什么结果。

## 3.3.6 页面路由

页面路由是一个非常重要的概念，打开新页面、页面返回、页面切换、页面重定向等都是页面路由的不同方式。

**提示** 关于页面路由，大家可以阅读一下页面路由技术文档，页面路由可以简单理解为对页面链接的管理，根据不同的 URL 来显示不同的内容和页面信息。

### 1. navigator 组件与页面路由 API

在 2.3.1 节中已经学习过 navigator 组件，在 navigator 组件的技术文档里，可以看到 open-type 的属性以及有效值。在小程序 API 左侧也可以看到 5 个不同的 API。它们之间的对应关系如表 3-1 所示。

表 3-1 navigator 组件与页面路由 API

| 页面路由 API | navigator open-type 值 | 含义 |
| --- | --- | --- |
| redirectTo() | redirect | 关闭当前页面，跳转到应用内的某个页面，但是不允许跳转到 tabBar 页面 |
| navigateTo() | navigate | 保留当前页面，跳转到应用内的某个页面，但是不允许跳转到 tabBar 页面 |
| navigateBack() | navigateBack | 关闭当前页面，返回上一页面或多级页面 |
| switchTab() | switchTab | 跳转到 tabBar 页面，并关闭其他所有非 tabBar 页面 |
| reLaunch() | reLaunch | 关闭所有页面，打开应用内的某个页面 |

也就是说，navigator 组件可以做到的事情，使用 JavaScript 调用小程序页面路由 API 也可以做到。navigator 组件的内容是静态的，而 JavaScript 可以提供动态的数据。

### 2. 跳转到 Tab 页

可以在 home.wxml 里添加以下代码：

```
<button bindtap="navigateTo">保留页面并跳转</button>
<button bindtap="switchTab">跳转到组件 Tab 页</button>
<button bindtap="redirectTo">关闭当前页面跳转</button>
```

然后在 home.js 文件里添加以下代码：

```
navigateTo() {
  wx.navigateTo({
    url: '/pages/home/imgshow/imgshow'
  })
},
switchTab() {
  wx.switchTab({
    url: "/pages/list/list"
  })
},
redirectTo() {
  wx.redirectTo({
    url: '/pages/home/imgshow/imgshow'
  })
},
```

保存之后在开发者工具单击"模拟器"按钮，就实现了当前页面和 Tab 页的跳转效果。bindtap 是小程序所有组件的公有属性，只要 bindtap 绑定了页面路由切换的事件处理函数，组件是不是 navigator 组件也就不重要了，也就是链接跳转将不再是 navigator 组件的"专利"。

> **提示**　上述代码中的 url，使用的是相对于小程序根目录的绝对路径。app.json 的 pages 配置项前面没有 "/" 是因为 app.json 本来就在根目录，所以可以使用相对路径或代码中的取值。API 中很多字符串 String 类型的参数赋值，使用单引号和双引号都是没有影响的。

### 3．返回上一页

在 home 页面里的 imgshow 文件夹下的 imgshow.wxml（在 2.3.1 节中创建过这个页面，如果没有，再创建一下）里添加以下代码：

```
<button bindtap="navigateBack">返回上一页</button>
```

在 imgshow.js 里添加以下代码：

```
navigateBack() {
  wx.navigateBack({
    delta:1
  })
},
```

单击"保留页面并跳转"按钮以及"返回上一页"按钮，就可以在小程序里通过单击组件实现页面的跳转与页面的返回。如果是使用 wx.redirectTo()跳转到新的页面就无法使用"返回上一页"按钮了。

**提示** 使用 wx.navigateTo()可以保留当前页面并跳转到小程序内的某个页面,使用 wx.navigateBack()可以返回上一页面。对于页面不是特别多的小程序,且页面间经常存在切换时,推荐使用 wx.navigateTo()进行跳转,然后返回,提高加载速度。

## 『 3.4 页面渲染 』

2.5 节中已经介绍了如何把 data 里面的数据渲染到页面,本节会介绍如何通过单击绑定事件处理函数的组件来修改 data 里面的数据,以及如何把事件处理函数获取的数据输出到页面。

### 3.4.1 将变量值渲染到页面

在 3.1.5 节中把对象赋值给一个变量,然后通过控制台将变量值用 console.log()输出,那这些值可不可以渲染到小程序的页面上呢?答案是肯定的。

#### 1.将变量值渲染到页面

使用开发者工具新建一个页面(如 data),然后在 data.js 的 Page({})函数的前面(也就是不在 Page({})函数里面,在 data.js 的第一行)添加以下代码:

```
let lesson = "云开发技术训练营";
let enname = "CloudBase Camp";
let x = 3, y = 4, z = 5.001, a = -3, b = -4, c = -5;
let now = new Date();
```

**提示** 因为上面是 JavaScript 函数的语句,所以用的是分号分隔。不要和之前的属性用逗号分隔弄混了。如果语句换行,换行处的分号可以不用写。

然后在 data 对象里面添加以下数据(注意没有双引号,单双引号里的是字符串):

```
data: {
  charat: lesson.charAt(4),
  concat: enname.concat(lesson),
  uppercase:enname.toUpperCase(),
  abs:Math.abs(b),
  pow: Math.pow(x, y),
  sign:Math.sign(a),
  now:now,
  fullyear:now.getFullYear(),
  date:now.getDate(),
  day: now.getDay(),
  hours: now.getHours(),
  minutes: now.getMinutes(),
  seconds: now.getSeconds(),
  time: now.getTime()
},
```

在 data.wxml 里添加以下代码：

```
<view>"云开发技术训练营"第 5 个字符 {{charat}}</view>
<view>两个字符串连接后的结果：{{concat}}</view>
<view>CloudBase Camp 字母大写：{{uppercase}}</view>
<view>b 的绝对值：{{abs}}</view>
<view>x 的 y 次幂：{{pow}}</view>
<view>返回 a 是正还是负：{{sign}}</view>
<view>now 对象：{{now}}</view>
<view>{{fullyear}}年</view>
<view>{{date}}日</view>
<view>星期{{day}}</view>
<view>{{hours}}时</view>
<view>{{minutes}}分</view>
<view>{{seconds}}秒</view>
<view>1970 年 1 月 1 日至今的毫秒数：{{time}}</view>
```

因为 data 是一个对象，可以通过冒号的方式将变量值赋给 data 里的各个属性，而在 2.5 节，这些数据可以直接渲染到小程序的页面上。

**2．toString()方法**

我们发现{{now}}渲染的结果是一个对象[object Object]，而并没有显示出字符串文本，这时候就需要用到对象的 toString()方法，获取对象的字符串，也就是将 data 里 now 的赋值语句改为如下：

```
now:now.toString(),
```

## 3.4.2　响应的数据绑定

逻辑层 js 文件里的 data 数据，无论是基础的字符串、数组、对象等，还是通过变量赋的值，都可以渲染到页面。不仅如此，只要对逻辑层里的 data 数据进行修改，视图层也会做相应的更新，我们称其为响应的数据绑定，它是通过 Page 对象的 setData()方法来实现的。

使用开发者工具在 data.wxml 里添加以下代码：

```
<view style="background-color:{{bgcolor}};width:400rpx;height:300rpx;"></view>
<button bindtap="redTap">让背景变红</button>
<button bindtap="yellowTap">让背景变黄</button>
```

然后在 data.js 里添加以下数据：

```
bgcolor:"#000000",
```

然后在 data.js 里添加两个 button 组件绑定的事件处理函数 redTap()和 yellowTap()：

```
redTap:function(){
  this.setData({
    bgcolor: "#cd584a"
```

```
    })
  },
  yellowTap:function(){
    this.setData({
      bgcolor: "#f8ce5f"
    })
  },
```

单击 button 组件，view 组件的背景颜色由黑色变成了其他颜色，这是因为单击组件触发了事件处理函数，调用了 Page 对象的 setData()方法修改了 data 里与之对应的属性的值（重复赋值就是修改），bgcolor 由原来的"#000000"，变成了其他数据。

> **小任务**　通过前文的介绍可了解到无论是组件的样式，图片、链接的路径，还是数组、对象里的数据，都是可以进行数据分离并写到 data 里面的。这就意味着，通过单击事件改变 data 里面的数据可以达到很多意想不到的效果，请大家发挥想象力制作一些有意思的案例。

## 3.4.3　响应的布尔操作

有些组件私有属性的数据类型为布尔值，例如，video 组件、swiper 组件是否自动播放、是否轮播，video 组件是否显示播放控件，等等。它们都可以通过 setData()改变布尔变量的值来控制。

来看一个案例，使用开发者工具在 data.wxml 里添加以下代码：

```
<video id="daxueVideo" src="https://tcb-1251009918.cos.ap-guangzhou.myqcloud.com/
snsdgvideodownload.mp4 " autoplay loop muted="{{muted}}" initial-time="100" controls
event-model="bubble">
</video>
<button bindtap="changeMuted">静音和取消静音</button>
```

然后在 data.js 的 data 里添加以下代码：

```
muted: true,
```

然后添加 changeMuted()事件处理函数：

```
changeMuted: function (e) {
  this.setData({
    muted: !this.data.muted
  })
},
```

在开发者工具的模拟器里单击按钮，发现静音和取消静音都是同一个按钮。上述代码中的感叹号是逻辑非的意思，可以理解为 not。

> **提示**　this.setData()和 this.data 都用到了一个关键字 this。this 和中文里的"这个"有类似的指代作用。在方法中，this 指代该方法所属的对象，例如上述代码中的 this.data 就是指 Page()函数对象里的 data 对象。

### 3.4.4 响应的数组操作

结合单击事件以及数组操作的知识，通过下面这个案例，了解如何通过单击按钮新增数组里的数据和删除数组里的数据。

使用开发者工具在 data.wxml 里添加以下代码（注意，视图层中只有一个{{text}}，也就是说，之后会把所有的数据都赋值给 data 里的 text）：

```
<text>{{text}}</text>
<button bindtap="addLine">新增一行</button>
<button bindtap="removeLine">删掉最后一行</button>
```

然后在 data.js 的 Page({})之前声明变量，声明 extraLine 为一个空数组，之后会往这个数组里添加和删除数据：

```
let initData = '只有一行原始数据'
let extraLine = [];
```

然后在对象的 data 里添加一条数据：

```
text: initData,
```

先来看一下没有事件处理函数时，数据渲染的逻辑。首先把 initData 变量值赋给 text，这时渲染的结果只有 initData 里的数据，所以页面显示的是"只有一行原始数据"，而 extraLine 和 text 没有什么关系。

再来往对象里添加 addLine()和 removeLine()事件处理函数：

```
addLine: function (e) {
  extraLine.push('新增的内容')
  this.setData({
    text: initData + '\n' + extraLine.join('\n')
  })
},
removeLine: function (e) {
  if (extraLine.length > 0) {
    extraLine.pop()
    this.setData({
      text: initData + '\n' + extraLine.join('\n')
    })
  }
},
```

**提示** 首先回顾一下 3.1.6 节中的数组操作方法，push()表示往数组的末尾新增数据，而 pop()表示删除数组末尾一行的数据，join()表示数组元素之间的连接符。

在模拟器里单击按钮新增一行，触发绑定的事件处理函数 addLine()，首先会执行 extraLine 数组新增一条数据"新增的内容"，但是这时 extraLine 和 text 还没有关系，这时在 setData()里将 initData 和 extraLine 进行拼接（注意 extraLine 本来是一个数组，但是调用 join()方法后返回的是数组中的元素拼接好的字符串）。单击按钮删除最后一行，会先删除 extraLine 数组里最后一行的数据。

> **小任务**　新增内容过于单一，可以给它后面添加一个随机数，将 extraLine.push('新增的内容')改成 extraLine.push('新增的内容'+Math.random())，再来看看新增数据的效果。关于 Math.random()大家可以自行查阅 MDN 技术文档。大家也可以把拼接数组的连接符由\n 换成其他字符。

## 3.4.5　currentTarget 事件对象

在 2.6 节的案例里，单击电影列表里的某一部电影，要进行页面跳转显示该电影的详情，就需要给该电影创建一个页面。那如果要显示数千部的电影的详情，一一创建电影详情页显然不合适，毕竟所有电影的详情页都是同一个结构。有没有办法让所有电影共用一个详情页，但是根据单击的链接的不同，渲染相应的数据呢？答案是肯定的。要解决这个问题，首先要获取链接组件的单击信息。

> **提示**　当单击组件触发事件时，逻辑层绑定该事件的处理函数会收到一个事件对象。通过 event 对象可以获取事件触发时的一些信息，如时间戳、detail 以及当前组件的一些属性值集合，尤其是事件源组件的 id。

currentTarget 是事件对象的一个属性，表示事件绑定的当前组件。使用开发者工具在 data.wxml 里添加以下代码：

```
<view class="weui-navbar">
  <block wx:for="{{tabs}}" wx:key="index">
    <view id="{{index}}" class="weui-navbar__item {{activeIndex == index ?
'weui-bar__item_on' : ''}}" bindtap="tabClick">
      <view class="weui-navbar__title">{{item}}</view>
    </view>
  </block>
</view>
<view class="weui-tab__panel">
  <view hidden="{{activeIndex != 0}}">北京</view>
  <view hidden="{{activeIndex != 1}}">上海</view>
  <view hidden="{{activeIndex != 2}}">广州</view>
  <view hidden="{{activeIndex != 3}}">深圳</view>
</view>
```

然后在 data.js 的 data 里添加以下数据：

```
tabs: ["北京", "上海", "广州", "深圳"],
activeIndex:0,
```

然后添加事件处理函数 tabClick：

```
tabClick: function (e) {
  console.log(e)
  this.setData({
```

```
        activeIndex: e.currentTarget.id
    });
  },
```

编译之后在模拟器里预览。当单击 tab 时，触发 tabClick 事件处理函数，这时候事件处理函数会收到一个事件对象 e。可以看一下控制台输出的 e 对象的内容，关于 e 对象具体属性的含义可以查看技术文档。

currentTarget 可以使用点表示法获取单击的按钮对应组件的 id，并将其赋值给 activeIndex。所谓 active 就是激活的意思，也就是单击哪个 tab 就激活哪个 tab。

- 当单击的按钮对应组件的 id 为 0，也就是第 1 个 tab 时，activeIndex 的值被事件处理函数修改为 0。
- 判断 activeIndex == index，相同的 tab（也就是激活的 tab）就会有 weui-bar__item_on 这个 class，而这个 class 就显示为绿色。
- !=是不相等运算符，activeIndex != 0 显然不成立，结果为 false，也就是组件 hidden 为 false，显示组件；而 activeIndex != 1、activeIndex != 2、activeIndex != 3 结果都为 true，hidden 生效，组件不显示，于是 tab 的效果就有了。

**提示**　当对字符串、Math 对象、Date 对象、数组、函数对象、事件对象所包含的信息不了解时，把它们输出即可。输出的结果基本都是字符串、列表、对象，而在前面已经介绍如何操作它们。通过实践和输出日志，既有利于调试代码，也可以加强对逻辑的理解。

## 3.5　携带数据与跨页面渲染

函数可以操作（增删改查）数据（包括字符串、数组、对象、布尔值等类型的数据）。组件拥有了属性数据，就可以用来编程，由此可见携带数据的重要性（id、class、style 甚至单击事件都是组件携带的数据，都可以用来编程）。本节将深入探讨组件是如何携带数据的、事件对象数据的作用以及数据如何跨页面渲染。

### 3.5.1　链接携带数据

通过链接携带并传递数据可以用来追踪用户访问的信息（如设备信息、来源、用户身份等），从而实现跨页面的数据传递（如列表页跳转到详情页等）等功能。因此使用链接携带数据并获取、解析这些数据是非常重要的知识点。

#### 1．URL 的特殊字符

在日常生活中，经常可以看到有的链接特别长，如在百度、京东、淘宝等搜索某个关键词的链接，下面是使用百度搜索云开发时的链接：

```
https://www.baidu.com/s?ie=utf-8&f=8&rsv_bp=1&rsv_idx=1&tn=baidu&wd=云开发&rsv_pq
=81ee270400007011&rsv_t=ed834wm24xdJRGRsfv7bxPKX%2FXGlLt6fqh%2BiB9x5g0EUQjyxdCDbTXH
bSFE&rqlang=cn&rsv_enter=1&rsv_dl=tb&rsv_sug3=20&rsv_sug1=19&rsv_sug7=100&rsv_sug2=
0&inputT=5035&rsv_sug4=6227
```

以及之前在视频组件里用到的视频链接：

```
https://tcb-1251009918.cos.ap-guangzhou.myqcloud.com/snsdyvideodownload.mp4
```

这些链接通常包括以下特殊字符，它们都有着基本相同的含义。通过这些特殊字符，链接携带了很多数据信息，其中?、&、=是接下来关注的重点。

- /用于分隔目录和子目录。
- ?用于分隔实际的 URL 和参数。
- &是 URL 中指定的参数间的分隔符。
- =后是 URL 中指定的参数的值。
- #是同一个页面的位置标识符，类似于页面的书签。

### 2. 获取 URL 的数据

使用开发者工具，新建一个 lifecycle 页面，并在 home 页面下新建一个二级页面 detail（即，在 pages 配置项新建一个 pages/home/detail/detail，注意将 lifecycle 设置为首页）。然后在 lifecycle.wxml 里添加以下代码，其中的 url 也通过?、&、=添加了很多数据：

```
<navigator id="detailshow" url="./../home/detail/detail?id=lesson&uid=tcb&key=
tap&ENV=weapp&frompage=lifecycle" class="item-link">单击链接看控制台</navigator>
```

单击链接，发现页面仍然能够跳转到 detail 页面，给 url 所添加的数据并不会改变页面的路径，毕竟页面的路径通常是由/来控制的。

那链接携带的数据的作用是什么呢？大家发现了吗，本来单击的是 lifecycle 里的链接，却跳转到了 detail。如果链接携带的数据一直都在，只要可以在 detail 里获取 lifecycle 里链接的数据，那是不是就实现了数据的跨页面呢？

### 3. 获取 url 参数的生命周期函数 onLoad()

onLoad()是 Page 页面的生命周期函数，在页面加载时触发。一个页面只会调用一次，可以使用 onLoad()函数获取打开当前页面路径中的参数。

使用开发者工具，在 detail.js 的 onLoad()函数里添加 console.log()，将 onLoad()函数的参数输出：

```
onLoad: function (options) {
  console.log(options)
},
```

再次单击 lifecycle 页面的链接，会跳转到 detail 页面，页面加载时会触发生命周期函数

onLoad()，会输出函数里的参数 options，可以查看控制台的输出信息。

```
{id: "lesson", uid: "tcb", key: "tap", ENV: "weapp", frompage: "lifecycle"}
```

相信大家对一个对象（Object）数据类型非常熟悉。可以通过点表示法，获取对象的具体属性，例如 options.id 能获取在 lifecycle 页面里单击的组件的 id。

### 3.5.2  数据跨页面

数据跨页面的传递与获取是一个非常重要的知识点。例如，单击电影列表里任意一部电影，如何跳转到该电影的详情页？

#### 1. 数据跨页面传递

回到 2.6 节的电影列表页面（可以把之前关于电影列表的 wxml 文件和 wxss 文件以及 data 代码复制粘贴到 lifecycle），给 navigator 组件添加一些信息。先找到下面的代码：

```
<navigator url="" class="weui-media-box weui-media-box_appmsg" hover-class="weui-cell_active">
```

将其修改为如下代码，也就是添加 id={{index}}，将每部电影的 id、name、img、desc 等信息写进 url：

```
<navigator url="./../home/detail/detail?id={{index}}&name={{movies.name}}&img={{movies.img}}&desc={{movies.desc}}" class="weui-media-box weui-media-box_appmsg" hover-class="weui-cell_active">
```

在微信开发者工具单击"编译"按钮之后，在 lifecycle 页面单击其中一部电影，发现还是会跳转到 detail 页面，但是控制台输出的信息却不一样。单击某部电影，就会在控制台输出该电影的信息。这时数据不仅实现了跨页面，还实现了"点哪个显示哪个"的功能。

#### 2. 数据跨页面渲染

当然也可以继续使用 setData() 把数据渲染到 detail 页面，为方便仅渲染图片信息，在 detail.wxml 里添加以下代码：

```
<image mode="widthFix" src="{{detail.img}}" style="height:auto"></image>
```

在 detail.js 的 data 里添加一个 detail 对象，detail 对象的 3 个属性用来接收 setData() 的数据，所以可以为空：

```
detail:{
  name:"",
  img:"",
  desc:""
},
```

然后在 onload()生命周期函数里将 options 的值赋给 detail：

```
onLoad: function (options) {
  console.log(options)
  this.setData({
    detail: options,
  })
},
```

这样，在 lifecycle 页面里单击哪部电影，哪部电影的海报就在 detail 页面里显示出来了。

> **提示** 使用 url 传递参数有字节限制，并且只能在跨页面中使用。但是它可以用来传递页面链接来源，追踪用户使用的是什么设备、什么 App、什么方式（如来自哪个朋友的邀请链接）进行访问的；还可以用于携带一些网页链接的 API 必备的 id、key 等。跨多个页面以及传递更多参数、数据时，可以使用公共数据存储 app.globalData、数据缓存、数据库以及新增的页面间通信接口 getOpenerEventChannel()。

## 3.5.3 组件携带数据

组件有公有属性和私有属性，这些属性都是数据，事件处理函数可以修改这些属性，从而让组件有丰富的表现形式。不仅如此，在组件节点中还可以附加一些自定义数据。在事件中可以获取这些自定义的节点数据，用于事件的逻辑处理，从而让组件变成丰富且强大的编程对象。

### 1. 使用 JavaScript 代替 navigator 组件

使用开发者工具在 lifecycle.wxml 里添加以下代码：

```
<image id="imageclick" src="https://img13.360buyimg.com/n7/jfs/t1/842/9/3723/
77573/5b997bedE4f438e5b/ccd1077b985c7150.jpg" mode="widthFix" style="width:200rpx"
bindtap="clickImage"></image>
```

然后在 lifecycle.js 里添加以下代码，在 3.4.5 节中讲解过当单击组件触发事件时，逻辑层绑定该事件的处理函数会收到一个事件对象，并输出这个事件对象：

```
clickImage:function(event){
  console.log('我是button',event)
  wx.navigateTo({
    url: "/pages/home/detail/detail?id=imageclick&uid=tcb&key=tap&ENV=
weapp&frompage=lifecycle"
  })
},
```

当单击 lifecycle 页面的图片时，clickImage 会收到一个事件对象，输出的结果里包含 target 和 currentTarget 两个属性，currentTarget 指向事件绑定的元素，而 target 始终指向事件发生时的元素。由于这个案例事件绑定的元素和事件发生时的元素都是 imageclick，因此它们的值相同，它们都包含了当前组件的 id 以及 dataset，那 dataset 是什么呢？

> **提示**　很多人以为只有单击 button 组件才能进行链接跳转，这是思维定式的误区。通过 bindtap 绑定单击事件，组件被赋予了一定的编程能力，尽管没有 url 属性，使用 wx.navigateTo()也能具备这种能力。

### 2. 自定义属性 dataset

给上面的 image 加一个父级组件，其中的 data-sku、data-spu 和 data-pid 的值以及图片使用的都是京东 iPhone 客户端的数据。这些自定义数据以 data-开头，多个单词由短横线（-）连接。

```
<view id="viewclick" style="background-color: red;padding:20px;" data-sku=
"100000177760" data-spu="100000177756" data-pid="100000177756" data-toggle="Apple
iPhone XR" data-jd-color="Red" data-productBrand="Apple" bindtap="clickView">
    <image id="imageclick" src="https://img13.360buyimg.com/n7/jfs/t1/842/9/3723/
77573/5b997bedE4f438e5b/ccd1077b985c7150.jpg" mode="widthFix" style="width:200rpx"
bindtap="clickImage">单击button</image>
</view>
```

然后在 lifecycle.js 里添加事件处理函数 clickView()：

```
clickView: function (event) {
  console.log('我是view',event)
  wx.navigateTo({
url:"/pages/home/detail/detail?id=viewclick&uid=tcb&key=tap&ENV=weapp&frompage
=lifecycle"
  })
},
```

当单击红色空白处（非图片区域）时，只会触发 clickView()，这时 currentTarget 与 target 的值相同。而当单击图片时，就会触发两个事件处理函数。

> **提示**　单击的是图片组件 image，却分别触发了绑定在 image 组件以及 image 的父级（上一级）组件 view 中的事件处理函数，这称为事件冒泡。

注意，这时 clickView 事件对象的 currentTarget 和 target 的值就不相同了。在单击图片的情况下，只有在 clickView 事件对象的 currentTarget 里看到 dataset 获取了 view 组件的自定义数据。

> **提示**　从 detail 页面的输出（注意两个事件的链接 id 的值不同）可以看出，单击图片会跳转到图片绑定的事件指定的页面，页面的 id 为 imageclick。

再来观察 dataset 的值，因为 dataset 会把连字符写法转换成驼峰命名法，而大写字符会自动转成小写字符，因此，data-jd-color 变成了 jdColor，而 data-productBrand 变成了 productbrand。也就是说单击组件，可以通过 event.currentTarget.dataset 从事件对象的 dataset 里获取组件的自定义数据。

### 3. 单击组件显示当前组件其他数据

通过事件对象不仅可以明确知道单击了什么组件，而且可以获取当前组件的自定义数据。例如，上面案例中可以轻松获取该商品的 pid，从而跳转到该商品的详情页（https://item.jd.com/京东商品的 pid.html），可以在 clickView() 事件处理函数里添加：

```
let jdpid=event.currentTarget.dataset.pid
let pidurl = "https://item.jd.com/" + jdpid + ".html"
console.log(url)
```

这样链接到该商品的详情页就被输出了（小程序不支持 navigateTo 的外链跳转）。如果要获取当前组件的其他相关数据，使用事件对象非常方便，例如单击小图显示大图、toggle() 弹出其他内容等。

> **提示**　小程序中也支持给 data-* 属性添加 WXSS 样式。例如，可以给 data-pid 添加样式（view[data-pid]{margin:30px;}）。data-* 属性既可以像选择器一样存在，也可以被编程，是不是很强大？

## 3.6  生命周期

生命周期指的是小程序和页面从被打开到被关闭、卸载的过程。这个过程包含多个有序的阶段，如初始化、资源是否加载完成、页面是否被显示、用户是否将小程序或页面切换到了后台、用户是否卸载了页面等。

### 3.6.1  构造器

App() 函数注册小程序，Page() 函数注册小程序中的一个页面。它们都接收的是对象（Object）类型的参数，包含一些生命周期函数和事件处理函数。

### 1. 小程序构造器和页面构造器

App() 必须在 app.js 中调用且只能调用一次。从技术文档可以了解到，小程序构造器有如下属性与方法，onLaunch()、onShow() 等就是小程序的生命周期函数。

```
App({
  onLaunch: function (options) { //监听小程序初始化
  },
  onShow:function(options){        //监听小程序启动或切前台
  },
  onHide:function(){               //监听小程序切后台
  },
  onError:function(msg){           //错误监听函数
  },
```

```
    onPageNotFound:function(){  //页面不存在监听函数
    },
    onUnhandledRejection:function(){//未处理的 Promise 拒绝事件监听函数
    },
    onThemeChange:function(){//监听系统主题变化
    }
})
```

Page()需要写在每个小程序页面的 js 文件里来注册小程序中的一个页面。页面构造器有如下属性和方法，其中 onLoad()、onShow()等就是页面的生命周期函数：

```
Page({
    data: {//页面的初始数据
    },
    onLoad: function(options) {        //监听页面加载
    },
    onShow: function() {               //监听页面显示
    },
    onReady: function() {              //监听页面初次渲染完成
    },
    onHide: function() {              //监听页面隐藏
    },
    onUnload: function() {            //监听页面卸载
    },
    onPullDownRefresh: function() {   //监听用户下拉动作
    },
    onReachBottom: function() {       //页面上拉触底事件的处理函数
    },
    onShareAppMessage: function () {  //用户单击右上角转发
    },
    onPageScroll: function() {        //页面滚动触发事件的处理函数
    },
    onResize: function() {            //页面尺寸改变时触发
    },
    onTabItemTap:function(){          //当前是 Tab 页时，单击 Tab 时触发
    }
})
```

可能你一开始看到这些陌生的函数名称以及功能介绍会比较迷茫，不清楚生命周期函数以及什么是监听，这很正常。可以先打开 app.js 以及页面的 js 文件看看，它们是不是都有一个这样的构造器，以及是否使用了部分的生命周期函数。这在后面会通过实践来学习。

### 2. 页面的全局变量

可以在 Page({})对象前添加一些变量。例如，声明一个 user 变量：

```
const user = {name:"李东 bbsky",address:"深圳"}
console.log(user.address) //这里可以访问 user 对象
Page({
  data: {
```

```
    title:"技术杂役"
  },
  onLoad: function(options) {
    console.log(this.data.title)
    console.log(user.name)    //在生命周期函数里访问 user 对象
  },
})
```

这个 user 变量可以在 Page 对象的生命周期函数里访问，因为 user 变量定义在 Page 对象之外，所以它是整个页面的全局变量。但是，Page 对象里的 data 对象就只能通过 this.data 访问，不能在 Page 外面访问。

### 3. 声明变量的写法

值得一提的是，在写 JavaScript 表达式的时候，要分清什么时候可以用 "=" 声明变量，什么时候需要用冒号赋值。虽然写错了开发者工具会提示，但是背后的概念还是要理清。

```
Page({
  const school = "清华大学"  //错误写法
  data:{
    school : "清华大学"         //正确写法
  },
  onLoad: function(options) {
    company:"腾讯"              //错误写法
    const company = "腾讯"     //正确写法
  },
})
```

还需要留意哪些是对象，哪些是函数。例如，Page({})内是不能直接用 "=" 声明变量，它是一个对象，可以使用冒号来赋值。而 onLoad()是一个函数，可以使用 "=" 声明变量来赋值。

### 4. 全局变量

全局变量也是相对的。例如，把变量声明在 Page 外，这个变量就是 Page 的全局变量，而有些变量可以声明在生命周期函数或事件处理函数里，如在页面的 js 文件里运行以下代码：

```
Page({
  data: {
    title:""
  },

  onLoad: function (options) {
    const movielist=["肖申克的救赎","霸王别姬","这个杀手不太冷"]
    this.setData({
      title:movielist[1]
    })
```

```
      console.log(this.data.title)
   },
})
```

上述代码首先在 onLoad 生命周期函数里声明了一个 movielist 数组变量，然后通过 this.setData()将 movielist 数组的第 2 项赋值给 data 里面的 title，最后通过 this.data 调用 data 里 title 的值。对于 this.setData()而言，movielist 就是一个全局变量。

## 3.6.2　生命周期函数

要想了解小程序的运行加载流程，就一定要掌握小程序生命周期函数和页面的生命周期函数的执行顺序和触发条件。建议大家在学习时通过日志输出的方法仔细观察。

### 1．输出日志了解生命周期

对小程序和页面的生命周期，可以通过输出日志的方式来了解生命周期函数具体的执行顺序和情况，使用开发者工具在 app.js 里给 onLaunch()、onShow()、onHide()添加一些输出日志：

```
onLaunch(opts) {
  console.log('onLaunch 监听小程序初始化。',opts)
},
onShow(opts) {
  console.log('onShow 监听小程序启动或切前台',opts)
},
onHide() {
  console.log('onHide 监听小程序切后台')
},
```

> **提示**　想必大家已经注意到，有的参数写的是 options，有的写的却是 opts；有的事件对象写的是 event，有的则写的是 e。这些参数都是可以自定义的。

在 lifecycle.js 里添加以下代码：

```
onLoad: function(options) {
  console.log("onLoad 监听页面加载",options)
},
onReady: function() {
  console.log("onReady 监听页面初次渲染完成")
},
onShow: function() {
  console.log("onShow 监听页面显示")
},
onHide: function() {
  console.log("onHide 监听页面隐藏")
},
onUnload: function() {
  console.log("onUnload 监听页面卸载")
},
```

　　通过在模拟器体验各种动作，如编译、单击"转发"按钮、单击"转发"按钮旁的"关闭"按钮（并没有关闭）、页面切换等来了解生命周期函数的执行顺序（如页面生命周期），并对切前台、切后台、页面的加载、渲染、显示、隐藏、卸载等有一定的了解。

### 2．onLaunch()与 onShow()

　　onLaunch()监听小程序的初始化，初始化完成时触发，全局只会触发一次，所以可以用来存放获取用户登录信息的函数等一些非常核心的数据。如果 onLaunch()函数耗时过长，会影响小程序的启动速度。

　　OnShow()在小程序启动，或在从后台进入前台显示时触发，也就是它会触发很多次，因此就不太适合存放获取用户登录信息的函数了。这两者的区别要注意。

### 3．生命周期函数调用 API

　　3.3 节中已经了解到，通过单击事件可以触发事件处理函数，但是需要用户来单击某个组件才能触发。页面的生命周期函数也可以触发事件处理函数，它不需要用户单击组件，在用户打开小程序、打开某个页面或把小程序切后台等情况时就能触发生命周期函数里面的函数。

　　例如，在 app.js 的 onLaunch()生命周期函数里调用 wx.showLoading()的接口，表示小程序正在加载中：

```
App({
  onLaunch: function () {
    wx.showLoading({
      title: "正在加载中",
    })
  },
  globalData: {

  }
})
```

　　执行之后会发现"正在加载中"的动画一直都会在，因此需要在表示资源加载完成的生命周期函数里调用 wx.hideLoading()来隐藏"正在加载中"动画。例如，小程序 onShow()生命周期函数：

```
App({
  onLaunch: function () {
    wx.showLoading({
      title: "正在加载中",
    })
  },
  onShow (options) {
    wx.hideLoading({
      success: (res) => {
        console.log("加载完成，所以隐藏掉了")
```

```
      },
    })
  },
  globalData: {

  }
})
```

需要清楚的是，生命周期函数会在小程序或页面在何种阶段或什么情况下才会触发，以及生命周期函数的触发顺序。

#### 4．小程序打开场景值

在 App 的 onLaunch()和 onShow()输出的对象里有一个属性 scene，其值为 1047，这个是场景值，用来描述用户进入小程序的路径。用户进入小程序的方式有很多，例如，扫描二维码、长按图片识别二维码、通过微信群进入小程序、朋友私聊进入小程序、通过公众号进入小程序等，这些就是场景。具体的场景值含义可以查阅技术文档，场景值对产品、运营岗位的人员来说非常重要。

```
App({
  onLaunch: function (options) {
    console.log('输出小程序启动时的参数',options)
  },
})
```

options 对象就包含 scene 这个属性，属性的值即为场景值：

```
path: "" //页面路径
query: {} //页面的参数
referrerInfo: {} //来源小程序、公众号或 App 的 appId
scene:1047 //场景值
shareTicket: //带 shareTicket 的转发可以获取到更多的转发信息，例如群聊的名称以及群的标
识 openGId
```

## 3.7　小程序函数与调用

函数的作用是写一次代码，就可以反复地复用这个代码。如果没有函数，一段特定的操作过程用几次代码就要重复写几次，而使用函数则只需调用函数，并传入一些参数即可。JavaScript的函数本身也是对象，因此可以把函数赋值给变量，或者作为参数传递给其他函数。

### 3.7.1　函数与调用函数

3.3 节中介绍过通过用户单击组件来触发（调用）事件函数，3.6 节中介绍过通过加载来

触发（调用）生命周期函数。接下来介绍如何自己写一个函数，以及如何触发（调用）写好的函数。

### 1. 函数的定义和结构

可以使用 function 关键词来定义一个函数，圆括号里为函数的参数，参数可以有很多个，使用逗号隔开。函数要执行的代码（语句）使用花括号标注：

```
function 函数名(参数 1, 参数 2, 参数 3) {
    代码块内要执行的语句
}
```

### 2. 不带参数的函数

例如，使用开发者工具在 **data.js** 的 **Page()** 对象前面（后面的函数都要写在 **Page()** 对象前面）添加以下代码，如图 3-3 所示。

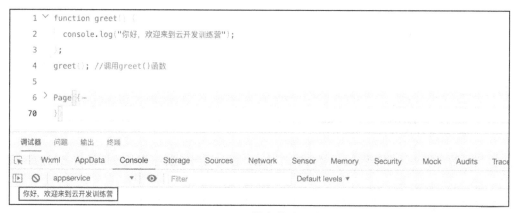

图 3-3　不带参数的函数

图 3-3 所示是不带参数的函数。保存之后，可以在控制台看到函数输出的字符串。定义一个函数并不会自动调用它，定义函数仅仅是赋予函数名称并明确函数被调用时该做些什么。只有在调用函数时才会以给定的参数执行指定的动作。greet()函数没有参数，调用函数时，直接写函数名加圆括号即可。

### 3. 只有一个参数的函数

下面的代码定义了一个简单的平方函数 square()，square 为函数名，number 为函数的参数(名称可以自定义)，使用 return 语句确定函数的返回值。继续在 **data.js** 的 **Page()** 函数前添加以下代码：

```
function square(number) {
  return number * number;
};
console.log(square(5));
```

square(5)，就是把 5 赋值给变量 number，然后执行 number*number（也就是 5*5），然后返回计算结果。在函数体中使用 return 语句时，函数将会停止执行。指定一个参数，然后将值返回给函数调用者，上面的案例就是将值返回给函数调用者。

代码中的 number 被称为形参，而 5 被称为实参。大家可以结合案例大致了解形参和实参的含义。

- 形参是定义函数时使用的参数，目的是用来接收调用该函数时传进来的实参。
- 实参是调用时传递给函数的参数。

### 4. 多个参数的函数

有时要实现的功能需要多个参数。例如，下面的代码把求长方形周长封装成了一个函数 rectangle()，它需要包括两个参数，即长方形的长（length）与宽（width）：

```
function rectangle(length, width) {
  return (length+width)*2
}
console.log(rectangle(5, 7))
```

> **提示** JavaScript 允许传入任意个参数而不影响调用，因此传入的参数可以比定义的参数多，但是不能少。也就是说，实参的数量可以多于形参但是不能少于形参。

## 3.7.2 匿名函数与箭头函数

匿名函数与箭头函数是函数相对简洁的写法，在学习时注意它们与普通函数之间的转换与不同。

### 1. 匿名函数

函数声明 function 在语法上是一个语句，但函数也可以由函数表达式创建，这样的函数没有函数名称，被称为匿名函数（Anonymous Functions）。

使用开发者工具在 **data.js** 的 Page() 函数前添加以下代码：

```
let square = function(number) {
  return number * number
};
console.log(square(4))//使用 console.log()输出变量 square
```

执行后，可以在控制台看到输出的结果为 16。上面这个 function()函数没有函数名，相当于把函数的返回值赋给了变量 square。

### 2. 箭头函数

之所以叫箭头函数（Arrow Function），是因为它定义一个函数用的符号像箭头=>，来看两个例子，在 **data.js** 的 **Page()** 函数前添加以下代码：

```
const multiply = (x, y) => {
  return x * y;
}
const sum= (x, y) => x + y;//连{}和return语句都可以省掉
console.log(multiply(20, 4));
console.log(sum(20, 4));
```

在控制台可以看到箭头函数输出的结果。箭头函数相似于匿名函数，它没有函数名，而且也简化了函数定义。箭头函数可以只包含一个表达式，甚至连{ … }和 return 都可以省略。大家现在只需要了解这个写法就可以了，以后碰到不至于比较迷惑，见多了也可以尝试多写一下。

### 3.7.3　对象的方法

在小程序里会经常将一个匿名函数赋值给对象的一个属性，而这个属性可以称为对象的方法。例如，Page()是一个对象，里面的 data 就是对象的属性，而一些事件处理函数、生命周期函数都是 Page()对象的方法。

可以使用点表示法来调用对象的方法，这和访问对象的属性没有区别。而调用对象的方法和调用函数也是大同小异。调用对象的方法已经讲解过大量的案例了，在 3.2 节中已经介绍过，wx 是小程序的全局对象。在 3.1 节输出的很多 API 就是调用了 wx 对象里的方法。

在 3.3 节里，创建的事件单击处理函数的写法如下：

```
Page({
  scrollToPosition() {
  },
})
```

**Page()**对象中的方法还可以像下面这样写：

```
Page({
  yellowTap:function(){
  },
})
```

这两种写法的代码都是可以运行的，大家可以试试把这两种写法互相修改一下。

### 3.7.4　给构造器添加函数或数据变量

在小程序构造器或页面构造器里，除了一些默认的生命周期函数，还可以给 App()和 Page()添加一些函数以及数据变量。

#### 1．小程序的全局变量与调用

可以在 **app.js** 的 App({})里添加数据变量 globalData 对象、tcbData 对象来存放整个小程序

都会使用的数据：

```
App({
  globalData: {
    userInfo:{
      username:"李东 bbsky",
      title:"杂役"
    }
  },

  tcbData: {
    title:"云开发训练营",
    year:2019,
    company:"腾讯 Tencent"
  },
})
```

在 app.js 里声明的数据变量，应该如何在页面的 js 文件里面调用它呢？这时候需要用到 getApp()来获取小程序全局唯一的 App 实例，就可以在其他任意页面调用 app.js 里声明的数据变量了。

例如，lifecycle 就是一个页面，在 lifecycle.js 里可以这样来调用 app.js 里声明的数据变量：

```
const app = getApp()

//在 Page 外调用
console.log(app.globalData.userInfo.username)
console.log(app.tcbData.title)
console.log(app)
Page({
  //在 data 对象里调用
  data: {
    userInfo:app.globalData.userInfo
  },

  //在生命周期函数里面调用
  onLoad: function (options) {
    console.log(app.globalData.userInfo.username)
    console.log(app.tcbData.title)
    console.log(app)
    console.log(this.data.userInfo)
  }
})
```

如果想在 app.js 里调用 globalData、tcbData 对象里的数据，只需要使用 this 即可，不需要使用 getApp()。

**2．函数的调用**

有的时候要执行一个功能需要写很多个函数，或者有时候希望能够把一些特定的功能给封装成一个函数，如果把这些函数整个都写到生命周期函数或事件处理函数里面来调用就很不方便。

例如，在一个博客小程序中，每篇文章发布成功之后，最好给用户一个发布成功的反馈消息以及返回上一页。也就是说，当一个功能里面需要执行多个函数，而且这个功能还比较常用时，可以用如下方式：

```
Page({
  onLoad: function (options) {
    this.publishSuc() //this 调用的是封装好的函数 publishSuc()
  },

  publishSuc(){
    wx.showToast({
      title: '文章发布成功',
      icon: 'success',
      duration:1000
    },
    setTimeout(function() {
            wx.navigateBack({
                delta:1
            })
        },2000))
  }
})
```

上面的案例没有给函数传递参数，回顾前面形参和实参的知识，可以在调用函数的时候用如下方法传递参数，message 和 title 的名称虽然不一样，但是没有关系：

```
Page({
  onLoad: function (options) {
    const message = "发布失败"
    this.publishSuc(message)
  },

  publishSuc(title){
    wx.showToast({
      title: title,
      icon: 'success',
      duration:1000
    })
  }
})
```

**提示** 在小程序页面的 js 文件中声明的变量和函数只在该文件中有效。不同的文件中可以声明相同名字的变量和函数，它们不会互相影响。

## 3.8　语法进阶

在写复杂应用和函数的时候，掌握一些 ES6 的语法，写起来会更加简洁顺畅，而且小程序也支持 ES6 的语法。在本节中会把 ES6 的语法和小程序结合起来，让大家通过实践感受它的方便。

### 3.8.1　模板字符串

要将多个字符串连接起来，可以使用加号（+）来拼接。如果变量比较多，可以使用模板字符串。模板字符串使用反引号（对应的键在键盘上 Esc 键的下面）来标注。要在模板字符串中嵌入变量，需要将变量名写在${}之中。

例如，在 url 里需要使用变量，可以在控制台运行下面的代码：

```
const month = 9
const day = 10
const url1 ='http://api.juheapi.com/japi/toh?month=${month}&day=${day}'
const url2 ='http://api.juheapi.com/japi/toh?month='+month+'&day='+day
console.log(url1)
console.log(url2)
```

### 3.8.2　解构赋值

解构赋值语法是一种 Javascript 表达式。通过解构赋值，可以将值从数组和对象中提取出来，按照对应的位置，赋值给其他变量。

```
let title = res.data.title
let body=res.data.body
let image=res.data.image
let share_url=res.data.share_url
```

例如，想从 res.data 对象里面提取 title、body、image、share_url，可以用上面的方法一个个赋值。但是这就显然有点儿麻烦，还可以用如下方法把 res.data 的对应值给取出来：

```
let {title, body, image, share_url}=res.data
```

可以在控制台运行下面的代码以加深理解：

```
//对象的解构赋值
const {name,address,title} = {name:"李东 bbsky",address:"深圳",title:"杂役"}
console.log(`${name}、${address}、${title}`)

const [a,b,c] = [12,23,45]
console.log(`a 的值是：${a}，a、b、c 相加的结果是：${a+b+c}`)
```

返回一个 res 对象并从 res 对象里面提取值是调用小程序 API 经常会遇到的事情，因此解构赋值也就非常常见了。

## 3.8.3 扩展运算符

扩展运算符（又称展开运算符或展开语法）可以用于对象和数组，对于对象，它的作用是取出对象的所有可遍历属性，然后复制到当前对象之中；对于数组，它的作用主要就是展开数组。

### 1. 扩展运算符用于对象

可以通过在控制台输出来了解 customer 对象是如何将 user 对象里面的值都复制过来的，以及是如何合并对象的（重复的属性会被覆盖）：

```
const user = {name:"李东 bbsky",address:"深圳",title:"杂役"}
const post = {title:"为什么要学习小程序云开发",tags:["小程序","云开发"],name:"小云"}
const customer = {...user}
const author = {...user,...post}
console.log(customer)
console.log(author)
```

### 2. 扩展运算符用于数组

扩展运算符用于数组时可以展开数组，在复制数组以及合并数组时，非常方便。在控制台运行以下代码查看效果：

```
const movielist = ["肖申克的救赎","霸王别姬","这个杀手不太冷","阿甘正传","美丽人生"]
const series = ["琅琊榜","西游记","庆余年"]
const program = [...movielist,...series]
console.log(["泰坦尼克号",...movielist])
console.log(program)
```

## 3.8.4 回调函数及其写法

经过之前的学习，相信大家对回调函数 success()、fail()有了一定的认识，那什么是回调函数呢？回调函数是指在另一个函数执行完成之后被调用的函数。success()、fail()都是在小程序的函数执行完成之后才会被调用，而 success()和 fail()本身也是函数，也能返回数据。回调函数本身也是函数，但是它们能被其他函数调用，调用回调函数的函数被称为高阶函数。

### 1. 传入参数获取执行结果

在技术文档里可以看到几乎所有小程序的 API 都有 success()、fail()、complete()回调函数，原因在于这些 API 大多数是异步 API。success()为接口调用成功的回调函数，fail()为接口调用失败的回调函数，complete()为接口调用结束的回调函数（调用成功、失败都会执行）。异步 API 的执行结果需要将对象类型的参数传入对应回调函数后获取：

```
wx.getNetworkType({
  success(res) {    //传入 res 来获取回调函数的结果，res 是对象
    console.log(res)
  },
  fail(err){    //传入 err 来获取回调函数的结果，err 也是对象
    console.log(err)
  },
  complete(msg){//传入 msg 来获取回调函数的结果，msg 也是对象
    console.log(msg)
  }
});
```

以上回调函数如果使用箭头函数的写法，它们的形式如下：

```
wx.getNetworkType({
  success: res => {
    console.log(res)
  },
  fail: (err) => {
    console.log(err)
  },
  complete: () => {
    //没有传入参数，不获取返回结果
  }
});
```

### 2．异步与同步

前面也提到过异步，那为什么会有异步呢？因为 JavaScript 是单线程的编程语言，就是从上到下、一行一行去执行代码，类似于排队一个个处理，第 1 个不处理完，就不会处理后面的。但是先处理完网络请求、I/O 操作、定时函数以及类似于成功反馈的情况等不可预知时间的任务，再处理后面的任务肯定不行，于是就有了异步处理。

把等待其他函数执行完之后才能执行的函数（例如读取图片信息函数）放到回调函数里，先不处理，等其他函数执行完之后再来处理，这就是异步。例如，wx.showToast()消息提示框函数可以放到回调函数里，当 API 调用成功之后再显示提示消息。回调函数相当于异步的一个解决方案。

### 3．Promise 调用方式

从基础库 2.10.2 版本起，小程序的异步 API 除了支持回调写法，还支持 Promise 调用方式。当接口参数对象中不包含 success()/fail()/complete()时将默认返回 Promise，否则仍按回调方式执行。Promise 调用方式的写法如下：

```
wx.getNetworkType() //需要传入参数的 API，可以写成 wx.getNetworkType({name:"呵呵"})
  .then(res => {
    console.log(res)
  })
```

```
  .catch(err => {
    console.log(err)
  })
```

尽管回调写法也是可以的，但是更加推荐使用 Promise 写法。不过，要使用这种写法首先要注意基础库是否为 2.10.2 以上的版本。在第 4 章之后，会更多地采用 Promise 写法。

## 3.8.5 模块化

可以把一些用于特定目的的类或函数库抽离成一个单独的 js 文件，作为一个模块（module）。模块可以相互加载，并可以使用 export 和 import 来交换功能，从另一个模块调用一个模块的函数。

为了统一管理，通常将抽离的 js 文件放到一个指定的文件夹里，如 utilis 文件夹。使用开发者工具在小程序根目录新建一个 utils 文件夹，再在该文件夹下新建 base.js 文件，结构如下：

```
miniprogram // 小程序根目录
├── pages    //存放页面的文件夹
└── images   //存放图片的文件夹
└── style    //存放 CSS 样式的文件夹
└── utils    //存放模块的文件夹
│   └── base.js
```

然后在 base.js 里添加以下代码：

```
function sayHello(name) {
  console.log(`Hello ${name} !`)
}
function sayGoodbye(name) {
  console.log(`Goodbye ${name} !`)
}

const user = {name:"李东 bbsky",address:"深圳",title:"杂役"}
module.exports.sayHello = sayHello
module.exports.sayGoodbye = sayGoodbye
module.exports.user = user
```

上述代码中 module.exports 用于从模块中导出实时绑定的函数、对象或原始值，以便其他程序可以通过 import 语句使用它们。

然后在 lifecycle.js 里使用 require()函数导入模块文件 base.js。require()函数返回的是 base.js 使用 module.exports 导出的值（函数、类或对象）。要调用返回的函数或对象，可以使用点表示法：

```
const base = require('../../utils/base.js')
console.log("base 里的 user 对象",base.user)
console.log("调用 base 里的函数",base.sayHello("李东 bbsky"))
```

# ■■ 第 4 章 ■■

# 云函数入门

云函数可以以函数的形式自动运行后端代码以响应 API 调用和 HTTPS 触发的事件，开发者只需关注业务代码本身，无须关心后端运维、计算资源等，平台会根据负载自动进行扩/缩容。各个云函数相互独立，执行环境相互隔离。

## 「 4.1 云函数快速入门 」

云函数在操作上与以往的开发方式会有所不同，不过它依然是 JavaScript 知识的应用。本章会讲解云函数如何新建、如何部署、如何调用，在操作上需要注意哪些细节等。

### 4.1.1 云函数的新建与调用

在学习本章时，建议再新建一个使用云开发小程序项目并回顾一下 1.2 节、1.3 节和 1.4 节的内容。

#### 1. 新建一个云函数

使用开发者工具，右击云函数根目录（如 cloudfunctions），选择"新建 Node.js 云函数"，然后输入云函数的名称，如 sum（可以先右击"同步云函数列表"，以保证没有重名）。按 Enter 键确认后，微信开发者工具会在本地创建 sum 云函数目录，同时也会在线上环境中创建出对应的云函数（也就是自动部署好了，可以到云开发控制台的云函数列表里查看）。

```
cloudfunctions //云函数根目录
├── sum // 云函数目录
│   └── index.js
│   └── config.json
│   └── package.json   //云函数的 Node 包管理
miniprogram //小程序根目录
├── ...
```

打开 sum 云函数目录下的 index.js 并将里面的代码修改如下，然后右击 index.js 文件，选择"云函数增量上传：（更新文件）"，这样一个用来求两个参数之和的云函数就更新好了：

```
const cloud = require('wx-server-sdk')
cloud.init({
  env: cloud.DYNAMIC_CURRENT_ENV,
})
exports.main = async (event, context) => {
  const sum = event.a + event.b
  return sum
}
```

上述代码中的 event 对象指的是触发云函数的事件，在小程序端调用时，event 是小程序端调用云函数时传入的参数对象。也就是说，要计算 sum，需要在小程序端调用云函数时传入两个参数 a 和 b。

### 2. 云函数的调用

调用云函数有很多种方式，例如，在调试器的控制台调用接口、在生命周期函数里调用、通过组件绑定一个事件处理函数来调用等。这些方式都大同小异，都在调用 wx.cloud.callFunction() 接口。

打开调试器的控制台，添加以下代码，然后运行。其中 name 值是要调用的云函数名称，而 data 内的参数则是要传递给云函数的：

```
wx.cloud.callFunction({
  name: 'sum',      // 要调用的云函数名称，这里为 sum
  data: {           // 传递给云函数的 event 参数，这里为 a 和 b
    a:15,
    b:23,
  }
}).then(res => {
  console.log("云函数返回的结果",res)
}).catch(err => {
  console.log("云函数调用失败",err)
})
```

在控制台可以看到如下输出结果，首先它会返回这是一个 Promise，然后调用完成之后再返回调用的结果，也就是 res 对象：

```
{
  errMsg: "cloud.callFunction:ok",
  result:38,
  requestID: "afa3e19a-e389-11ea-ad2f-5254007c2bc0"
}
```

errMsg 表示云函数执行是否成功；result 值是云函数返回的结果； requestID 表示云函数执行 ID，可用于日志查询。可以先将云函数的调用函数放到生命周期函数或者事件处理函数里，再通过 this.setData() 赋值给用于数据绑定的 Page() 里的 data 对象，最后就可以渲染出来了，来看下面的案例。

### 3．云函数的返回值与渲染

使用开发者工具将 sum()云函数的代码修改为如下代码，让云函数返回更多类型的数据。修改完之后，右击 index.js 文件，选择"云函数增量上传：（更新文件）"：

```
const cloud = require('wx-server-sdk')
cloud.init({
  env: cloud.DYNAMIC_CURRENT_ENV,
})
exports.main = async (event, context) => {
  let lesson = "云开发技术训练营";
  let enname = "CloudBase Camp";
  let x = 3, y = 4, z = 5.001, a = -3, b = -4, c = -5;
  let now = new Date();
  return {
    movie: { name: " 霸 王 别 姬 ", img: "https://tcb-1251009918.cos.ap-guangzhou.
myqcloud.com/douban/p2561716440.webp", desc: "风华绝代。" },
    movielist:["肖申克的救赎", "霸王别姬", "这个杀手不太冷", "阿甘正传", "美丽人生"],
    charat: lesson.charAt(4),
    concat: enname.concat(lesson),
    uppercase: enname.toUpperCase(),
    abs: Math.abs(b),
    pow: Math.pow(x, y),
    sign: Math.sign(a),
    now: now.toString(),
    fullyear: now.getFullYear(),
    date: now.getDate(),
    day: now.getDay(),
    hours: now.getHours(),
    minutes: now.getMinutes(),
    seconds: now.getSeconds(),
    time: now.getTime()
  }
}
```

index.js 增量上传更新到云开发环境之后，可以新建一个小程序页面（如新建一个 function 页面），然后在 function.js 的生命周期函数 onLoad()里调用 sum()云函数并将获取的数据赋值给 data：

```
Page({
  data: {
    result:{}
  },

  onLoad: function (options) {
    const that = this
    wx.cloud.callFunction({
      name: 'sum',//上面这个云函数并不需要传递参数（也就不需要 data 属性）
    }).then(res => {
      console.log("云函数返回的结果",res)
```

```
      that.setData({
        result:res.result
      })
    }).catch(err => {
      console.log("云函数",err)
    })
  },
})
```

使用开发者工具在 function.wxml 里添加以下代码，这里用的就是在 3.4 节中学过的页面渲染的知识，编译之后数据就在小程序端渲染出来了：

```
<view>"云开发技术训练营"第 5 个字符 {{result.charat}}</view>
<view>两个字符串拼接后的结果：{{result.concat}}</view>
<view>CloudBase Camp 字母大写：{{result.uppercase}}</view>
<view>b 的绝对值：{{result.abs}}</view>
<view>x 的 y 次幂：{{result.pow}}</view>
<view>返回 a 是正还是负：{{result.sign}}</view>
<view>now 对象：{{result.now}}</view>
<view>{{result.fullyear}}年</view>
<view>{{result.date}}日</view>
<view>星期{{result.day}}</view>
<view>{{result.hours}}时</view>
<view>{{result.minutes}}分</view>
<view>{{result.seconds}}秒</view>
<view>1970 年 1 月 1 日至今的毫秒数：{{result.time}}</view>
```

从以上的案例可以看出，小程序端渲染的数据来源于云函数，而且云函数支持各种数据类型。不仅如此，云函数还可以调用数据库的数据返回给小程序端，这是后端服务的基础。

> **提示**　云函数返回的时间和小程序端返回的时间（北京时间）是不一样的。这是因为云函数中的时区为 UTC+0，不是 UTC+8，格式化得到的时间和北京时间是有 8 小时的时间差（但是时区不会影响时间戳），所以尽量不要在云函数端将时间字符串化。

## 4.1.2　云函数的初始化

### 1. 关于 wx-server-sdk

wx-server-sdk 是微信小程序服务器端的 SDK，它具备用于微信免鉴权的私有协议、云数据库、云存储、云调用等的基础功能，因此每一个云函数都会用到 wx-server-sdk 这个 Node 包。由于每个云函数实例之间是相互隔离的（没有公用的内存或硬盘空间），Node 包在云函数实例之间不存在复用的关系。因此每个云函数都要单独安装 wx-server-sdk，需要安装好 Node.js 环境才能在本地电脑的开发者工具中调用这个包进行本地调试。

给云函数安装依赖时，在开发者工具上右击云函数目录（如 sum），打开开发者工具自带的终端（更建议）或外部终端窗口，直接输入 npm install 即可。npm 包管理器会自动安装 package.json

的 dependencies 写好的包。

　　sum 安装完 node 依赖之后，在云函数目录里就会有一个 node_modules 文件夹。当要将本地的云函数部署到云开发环境时，可以右击云函数目录选择"上传并部署：所有文件"（更建议）或"上传并部署：云端安装依赖（不上传 node_modules）"。

　　如果本地云函数没有安装依赖，就没法在开发者工具中对云函数进行本地调试，部署上传云函数时，选择"上传并部署：所有文件"就会报错，如图 4-1 所示。

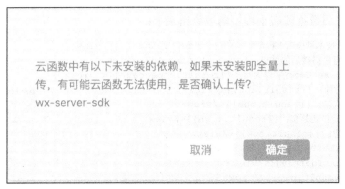

图 4-1　模块没有安装时报错

　　**提示**　wx-server-sdk 只是云函数必备的一个依赖，云函数还可以通过 package.json 安装更多功能丰富的 Node 包，这些包会在本书第 10 章"用云函数实现后端能力"中详细介绍。在 package.json 里新增了其他依赖时，都需要使用 npm install 进行依赖的下载。

### 2．云函数的初始化

　　在云函数中调用其他 API 前，同小程序端一样，也需要执行一次初始化方法。首先使用 require() 引入 wx-server-sdk 依赖，然后在初始化 cloud.init() 中指定云开发的环境，方法如下：

```
//方法一，直接使用字符串 envId 指定环境
const cloud = require('wx-server-sdk')
cloud.init({
  env: 'xly-xrlur' //换成你的云函数 envId（云开发环境 ID）
})

//方法二，使用 cloud.DYNAMIC_CURRENT_ENV 常量，也就是使用云函数当前所在环境
const cloud = require('wx-server-sdk')
cloud.init({
  env: cloud.DYNAMIC_CURRENT_ENV //注意它不是字符串，不要加引号
})
```

针对上述代码，有以下几点说明。

- 尽管直接使用 cloud.init() 时不指定环境在某些特定情况下仍然可行，例如云函数就部署在创建的第 1 个云开发环境里，但是非常不推荐这种写法。

- cloud.DYNAMIC_CURRENT_ENV 标志的是云函数当前所在的环境，也就是将云函数部署到哪个环境，它标志的就是哪个环境。
- 可以在云开发环境 A 直接调用同一个账号下云开发环境 B 的资源，只需要在云环境初始化时指定 B 的 envId（云开发环境 ID）即可，在开发时切换生产环境、测试环境非常方便。
- 还可以在云函数里分别调用不同云开发环境里的云存储、云数据库、云函数等资源，如 env:{"database":"xly-xrlur","storage":"xly-1o7da","functions":"xly-oau0j"}。
- 如果调用云函数时，出现找不到对应的 FunctionName 提示，可能是开发者的小程序账号下有多个云开发环境，但在云函数初始化时没有指定 envId。

## 4.1.3　开发者工具右键操作说明

### 1．同步云函数列表

当右击云函数根目录 cloudfunctions 时，会有一个"同步云函数列表"，它可以拉取当前云开发环境所有云函数的列表。右击指定的云函数目录，选择"下载"就可以将云端的代码下载到本地计算机中。也就是说，上传到云开发环境的云函数以及代码都会存储在云端，你可以在其他设备上通过这种方式进行同步，除非你在云开发控制台将这个云函数删掉。

在开发者工具中或使用云开发控制台将云函数删掉之后，建议先同步云函数列表，不然在重新上传部署同名的云函数的时候会报错。

### 2．新建 Node.js 云函数

右击云函数根目录 cloudfunctions，选择"新建 Node.js 云函数"可以直接在云端新建一个云函数，同时会自动在云端给新建的云函数安装好 wx-server-sdk 依赖，并将该云函数在云端部署的情况反馈到开发者工具，即开发者工具本地的云函数目录图标会变色（注意区分同步和没有同步的云函数目录图标的不同）。

明白了这个机制以及"上传并部署：所有文件""上传并部署：云端安装依赖（不上传node_modules）"，就能理清什么时候需要在本地下载依赖，什么时候只需要更新代码本身。

### 3．增量上传

如果在云端已经部署好了一个云函数所需要的依赖，那么在编写云函数的核心文件index.js、权限配置文件或云函数其他目录文件时，就不需要再选择"上传并部署所有文件或上传并部署：云端安装依赖（不上传 node_modules）"。只需要右击云函数目录，选择"云函数增量上传：更新文件"，这种方式只更新修改过的文件，更快捷。

## 『 4.2 本地调试与云端测试 』

用编程语言来开发项目时，就像是在做精密而复杂的实验，我们不能总是劳烦他人帮你解决问题，而是要掌握调试、测试、日志输出等手段来检查每一步操作是否正确。大家需要学会查看报错信息，了解问题在哪以及它是什么问题，才能有针对性地咨询他人，有针对性地解决问题。

### 4.2.1 云函数的开发流程

为了能够让大家更加清楚地了解开发一个云函数完整的流程以及本地调试与云端测试的重要性，下面以求边长为 $a$、$b$ 的长方形的周长和面积为例进行讲解。

#### 1. 新建云函数

首先右击云函数根目录（也就是 cloudfunctions 文件夹），选择"新建 Node.js 云函数"，函数名为 rectangle，然后打开 index.js，将代码修改为：

```
const cloud = require('wx-server-sdk')
cloud.init({
  env:cloud.DYNAMIC_CURRENT_ENV
})
exports.main = async (event, context) => {
  const {width,height} = event
  console.log("长方形的周长与面积",[(width+height)*2,width*height])
  return {
    circum:(width+height)*2,
    area:width*height
  }
}
```

circum 的值周长，area 的值面积。只要把长方形的参数宽度（width）和高度（height）传递进来（后面会讲怎么传），即可获得长方形的周长和面积。

建好云函数之后，右击云函数目录，也就是 rectangle 文件夹，选择"在外部终端窗口中打开"，使用 npm install 来安装依赖：

```
npm install
```

#### 2. 本地调试云函数是否正确

对于一个复杂的云函数，最好先在本地测试一下云函数是否正确，然后部署上传到云端。那如何进行本地测试呢？右击云函数目录，也就是 rectangle 文件夹，选择"开启云函数本地调试"（用这种方式进入本地调试会默认开启 rectangle() 的本地调试）。

可以根据情况来选择"手动触发"和"模拟器触发"，如图 4-2 所示。使用"手动触发"需要在本地调试输入参数之后，单击"调用"。

图 4-2　本地调试云函数

给参数宽度和高度赋值（注意传递参数的是 JSON 格式，最后一个参数结尾不能有逗号），例如赋值为 3 和 7：

```
{
  "width":3,
  "height":7
}
```

然后单击调用，如果显示函数执行成功（注意仍然是在调试器的控制台中），并得到周长 circum 和面积 area 的结果分别为 20 和 21，就证明云函数没有写错。

> **提示**　当开启了本地调试，开发者工具调试器的控制台调用云函数时会调用本地的云函数，而不是服务端的云函数。

### 3. 云端测试云函数是否正确

打开云开发控制台的"云函数"标签页，找到 rectangle 云函数，单击"云端测试"，同样给参数赋值，按以下代码进行修改，给宽度赋值为 4，高度赋值为 7：

```
{
  "width":4,
  "height":7
}
```

然后单击"运行测试"（会运行一段时间），查看测试的结果。如果返回如下结果，则表示在云端的云函数可以正常调用：

```
{"circum":22,"area":28}
```

云函数的调用采用事件触发模型，小程序端的调用、本地调试和云端测试都会触发云函数的调用事件。其中本地调试调用的不是云端的云函数，而是小程序本地的云函数。在云端测试调用云函数的结果可以在云开发控制台中云函数的日志里查看。

## 4.2.2　return 与 console.log()

调用云函数一定要多查看云函数的返回结果以及云函数运行的日志，云函数的返回结果是通过 return 返回的，而日志则是通过 console.log()。这两个返回的数据对象是日常开发的指路明灯。

### 1．云函数日志

当调用云函数时，在开发者工具调试器里并没有看到 console.log()输出的结果，可以打开"云开发控制台"→"云函数"→"日志"→"按函数名筛选"，选择 rectangle 云函数，就可以看到云函数被调用的日志记录了，如图 4-3 所示（日志也可以在云开发网页控制台查看）。

图 4-3　云函数日志

在云函数日志里，除了可以在返回结果里看到 return 返回的对象，还可以在"日志"里查看云函数调用的时间点（使用的是服务端时间，时区为 UTC+0），以及云函数里使用 console.log()输出的日志。

云函数调试的时候，不能只依赖小程序端的 wx.cloud.callFunction 使用 return 返回的报错，因为它只是反馈云函数的调用结果以及调用是否出现错误 error，更好的方法还是在云函数里使用 console.log()输出云函数在调用过程中的一些情况。也就是说，return 只会返回中断函数执行的一些报错，而函数是否获取到参数，参数是什么数据类型，以及是否包含你想要的预期值，这些都需要使用 console.log()来查看。

### 2. return 与报错

在小程序端调用云函数时，经常会使用 return，return 语句终止云函数的执行并返回值给小程序端，因此很多人会依赖 return 返回的值来了解云函数是否获取了最终想要的结果。对于复杂的云函数，仅仅使用 return 并不能精确定位云函数执行过程中在哪里出错。而小程序端的报错，只能显示云函数为什么没有等到执行 return 就中断了。例如，以下案例集合名本为 cloudbase，但是在书写的过程中，却不小心错写为 cloubase：

```
const cloud = require('wx-server-sdk')
cloud.init({
  env:cloud.DYNAMIC_CURRENT_ENV
})
const db = cloud.database()
const _ = db.command
exports.main = async (event, context) => {
  return await db.collection("cloubase").where({
    _id:_.exists(true)
  }).get()
}
```

由于这种错误会中断云函数的执行，因此会被返回到小程序端，会显示集合或记录不存在，如图 4-4 所示。

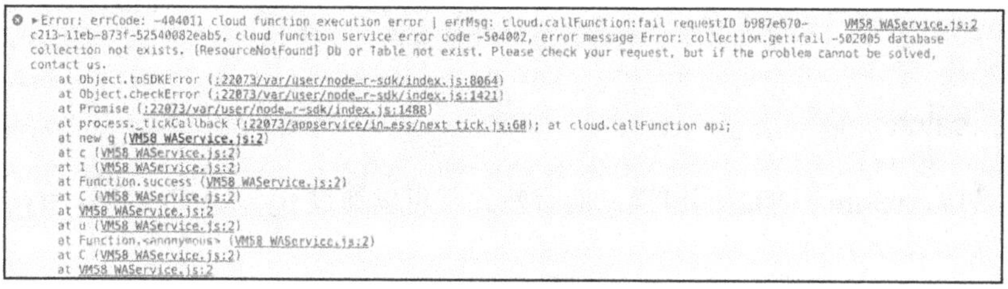

图 4-4　控制台的报错

当出现这个报错时，首先要检查调用的集合名与云数据库的集合名是否一致（或确实不存在这个集合）。如果都没有问题，就需要检查云函数初始化时是否正确地选择了集合所在的云开发环境。

大多数情况下，可能云函数里并没有出现中断函数执行的错误，但是 return 却并没有返回到预期的结果。例如，前面介绍的 rectangle 云函数可以在开发者工具的调试器控制台里调用云函数：

```
wx.cloud.callFunction({name:"rectangle"}).then(res=>{console.log(res)})
```

在调用时，出现忘记传入参数、参数名写错了，或者由于异步的问题参数其实没有值等问题，云函数仍然可以正常执行，但是返回的值为 result: {circum: null, area: null}。这样的错误如果不通过"日志"查看，就很难发现。

### 3．关于 return 语句

值得一提的是，return 语句除了可以返回值给调用者外，它还可以终结函数的执行。当 return 后面还有函数语句，开发者工具会标注这些代码为灰色，表明这些语句不会执行。如图 4-5 所示，第 12 行语句由于在 return 语句的后面，因此它的代码是灰色的，表明不会执行。整个云函数在第 8 行就被 return 中断了，整个函数最终只会返回 width*height 的值。

```
 1    const cloud = require('wx-server-sdk')
 2 ⌄  cloud.init({
 3       env:cloud.DYNAMIC_CURRENT_ENV
 4    })
 5 ⌄  exports.main = async (event, context) => {
 6      const {width,height} = event
 7      console.log("长方形的周长与面积",(width+height *2,width*height))
 8 ⌄    return {
 9        circum:(width+height)*2,
10        area:width*height
11      }
12      console.log("由于与return同在块之上，此行代码不会显示，代码颜色也会灰色")
13    }
```

图 4-5　return 语句后的代码显示为灰色

> **提示**　在 return 关键字和被返回的表达式之间不允许使用行终止符。也就是说，return 与要返回的表达式之间不能有换行符，否则开发者工具会提示代码有错误。

### 4．try…catch

在云函数中，return 只能返回错误，而有些异常可以通过 try…catch 返回，try…catch 的语法如下：

```
try {
  //代码...
} catch (err) {
  //错误捕获
}
```

也就是说，如果在 try 代码块中有任何一个语句或函数抛出异常，程序会立即转向 catch 子句。如果在 try 块中没有异常抛出，则会跳过 catch 子句。对于每一个云函数都建议采用 try…catch 的方式来进行异常处理。

```
const cloud = require('wx-server-sdk')
cloud.init({
  env:cloud.DYNAMIC_CURRENT_ENV
})
const db = cloud.database()
const _ = db.command
```

```
exports.main = async (event, context) => {
  try{
    const data = await db.collection("cloubase").where({
      _id:_.exists(true)
    }).get()
    return data
  }catch(err){
    return err
  }
}
```

前面通过 return 获取不到的异常，可通过 try...catch 的方式获取，异常返回如下：

```
errCode: -502005
errMsg: "[ResourceNotFound] Db or Table not exist. Please check your request,
but if the problem cannot be solved, contact us.;
```

### 4.2.3　云函数的监控

云函数的执行时间、内存、内存使用以及调用时间，可以用来优化云函数。

#### 1．云函数状态监控与消耗

在云函数日志里，可以看到云函数的执行时间、内存和内存使用。例如，"Duration:5ms Memory:256MB MemUsage:35.218750MB"的意思是整个云函数执行时间为 5 ms，当前云函数的配置内存为 256 MB，内存使用为 35.218750 MB。

云函数的执行时间和内存是非常关键的指标。云函数执行时间可以反映该云函数的性能，如果执行时间过长（如超过 300 ms），云函数就应该尽可能优化一下。云函数的计费也与执行时间和内存（也就是 256 MB，非内存使用）相关，云函数资源使用量等于函数配置内存（256 MB）乘运行计费时长（5 ms）。

#### 2．Network 标签

调用云函数时，还可以通过开发者工具调试器的"Network"标签查看调用云函数的情况，如图 4-6 所示。

图 4-6　云函数的调用记录

## 4.3 云函数的调用与返回

调用云函数的方式有很多，如通过小程序端、管理端、定时触发器、HTTP 访问服务、云函数等来调用，不同的调用方式之间存在一定的差异。本节介绍如何通过小程序端 SDK 和云函数端的 SDK 调用云开发资源。

### 4.3.1 云函数的传参与返回

在小程序端可以使用 wx.cloud.callFunction()接口调用云函数并向云函数传递参数。参数的来源和参数的数据类型有很多，那么如何了解参数的传递情况呢？

例如，在小程序 function 页面的 function.js 里添加以下代码，data 对象常用于事件处理的过渡，通过数据渲染可以控制小程序的页面。这里将 data 对象里面的数据以参数的形式传递给云函数：

```
Page({
  data:{
    rectangle:{
      width:22,
      height:33,
    }
  },

  onLoad(){
    this.getData()
  },
  getData(){
    wx.cloud.callFunction({
      name:"invoke",
      data:{
        rectangle:this.data.rectangle
      }
    }).then(res=>{
      console.log("res对象",res)
    })
  }
});
```

在上述代码中调用的云函数是 invoke()，那 invoke()云函数应该如何接收小程序端传递的参数呢？在不熟悉或开发时建议先通过输出日志了解参数传递的状态或参数的数据类型。

使用开发者工具新建一个云函数 invoke()，然后添加以下代码并部署上传到云端：

```
const cloud = require('wx-server-sdk')
cloud.init({
```

```
  env: cloud.DYNAMIC_CURRENT_ENV
})
exports.main = async (event, context) => {
  console.log("event 对象",event)
}
```

通过 invoke()云函数的日志可以了解到 event 对象里参数的情况（注意，日志返回的 event
对象里包含 wx.cloud.callFunction()传递的参数），然后使用解构赋值将参数取出：

```
const cloud = require('wx-server-sdk')
cloud.init({
  env: cloud.DYNAMIC_CURRENT_ENV
})
exports.main = async (event, context) => {
  console.log("event 对象",event)
  const {rectangle:{width,height}} = event
  return {
    circum:(width+height)*2,
    area:width*height
  }
}
```

在小程序端如果需要对云函数返回的数据进一步处理，既可以使用回调函数，也可以使用
Promise 调用，还可以将获取的数据赋值给变量。而要对返回的数据有更清晰的了解，可以在
开发时多输出或调试。

```
async getData(){
  const result = await wx.cloud.callFunction({
    name:"invoke",
    data:{
      rectangle:this.data.rectangle
    }
  })

  console.log("result 对象",result)
  const {result:{circum,area}} = result  //注意，这里有两个 result，有着不同的含义，注
意区分。使用时也可以采用不同的变量名
  console.log({circum,area})
  this.setData({
    circum,area
  })
}
```

## 4.3.2　不同调用方式下的 event 与 context 对象

云函数的调用方式很多，不同的调用方式传入云函数的参数对象也会有所不同。每个云函
数的传入参数有两个对象：event 对象和 context 对象。其中 event 对象指的是 SDK 触发云函数
时传入的事件，而 context 对象则包含调用方式的调用信息和函数的运行状态。采用不同的调用

方式以及调用链条，传入的 event 对象和 context 对象的值是不一样的。

### 1.　通过输出了解 event 与 context 对象

将 invoke()云函数的 index.js 代码修改为如下代码，并将文件更新上传到云端，接下来会通过多种方式来调用该云函数。只要该云函数被触发，就可以在日志里看到输出的 event 和 context 对象到底有何不同：

```
const cloud = require('wx-server-sdk')
cloud.init({
  env: cloud.DYNAMIC_CURRENT_ENV
})
exports.main = async (event, context) => {
  console.log("event 对象",event)
  console.log("context 对象",context)
}
```

在开发者工具调试器的控制台调用云函数可以直接在控制台输入以下命令：

```
wx.cloud.callFunction({name:"invoke"}).then(res=>{console.log(res)})
```

也可以把上面的代码写在小程序首页（如 function.js）的 onLoad()生命周期函数里，通过开发者工具的调试以及真机调试来调用云函数。要在管理端调用云函数，可以打开云开发控制台，对该云函数进行云端测试。输出的 event 对象和 context 对象大致如下：

```
event 对象 { //通过管理端调用云函数（如云端测试），event 对象没有 userInfo
  userInfo:{ appId: 'wxda99ae4531b57046',
openId: 'oUL-m5FuRmuVmxvbYOGuXbuEDsn8' } }

context 对象 {
  memory_limit_in_mb:256,
  time_limit_in_ms:3000,
  request_id: 'f7e616b2-fb4d-11ea-a839-52540064cc91',
  environment:'',//部分值可以通过 getWXContext()获取，后面会介绍
  environ:'',//部分值可以通过 getWXContext()获取，后面会介绍
  function_version: '$LATEST',
  function_name: 'invoke',
  namespace: 'xly-xrlur',
  tencentcloud_region: '',
  tencentcloud_appid: '1300446086',
  tencentcloud_uin: '100011753314' }
```

通过管理端调用云函数，无论是 event 对象还是 context 对象都获取不到用户的 Open ID、AppID、Union ID 等信息。也就是说，通过管理端调用云函数是获取不到用户的登录态信息的。

### 2.　getWXContext()

context 对象里的 environment、environ 过于复杂，云开发有专门的接口 cloud.getWXContext()

可以获取到其中比较关键的信息，如小程序用户的 Open ID、AppID、UnionID 等。

```
const cloud = require('wx-server-sdk')
cloud.init({
  env:cloud.DYNAMIC_CURRENT_ENV
})
exports.main = async (event, context) => {
  const wxContext = cloud.getWXContext()
  console.log("wxContext 对象",wxContext)
}
```

和 context 对象一样，在不同的调用方式下，cloud.getWXContext()返回的值也会有所不同。

```
{ UNIONID: '',//用户的 UnionID，只有绑定了开放平台，且在用户授权（允许获取用户信息、关注、支
付）的情况下才有
  CLIENTIP: '10.22.213.71',//小程序客户端网络的 IPv4 地址
  CLIENTIPV6: '::ffff:10.22.213.71',//小程序客户端网络的 IPv6 地址
  APPID: 'wxda99....b57046',//小程序 AppID
  OPENID: 'oUL-m5FuRmuVmxvbYOGuXbuEDsn8',//小程序用户的 Open ID
  ENV: 'xly-xrlur',
  SOURCE: 'wx_devtools' //云函数调用来源，其中 wx_devtools 来源表示开发者工具调用，
wx_client 表示小程序调用，wx_http 表示 HTTP API 调用，wx_unknown 表示微信未知来源调用等
}
```

### 3. 登录态与 Open ID 的获取

由于 context 是调用云函数时传入的上下文对象，而 getWXContext()与 context 对象有关，因此调用 cloud.getWXContext()接口时，不能在 exports.main 外。同时，Open ID、AppID、UnionID 等用户信息只有在小程序端调用时才能获取到。

```
const cloud = require('wx-server-sdk')
cloud.init({
  env:cloud.DYNAMIC_CURRENT_ENV
})
exports.main = async (event, context) => {
  const wxContext = cloud.getWXContext()
  const {OPENID} = wxContext
  return OPENID
}
```

值得一提的是，尽管在小程序端非常需要用户的 Open ID，但是更多的时候，没有必要浪费云函数资源来获取 Open ID。例如，不少人在使用云开发时，都会先调用云函数返回用户的 Open ID，然后在用户增删改查云数据库时传入获取的 Open ID。可以在用户读写云开发使用.where({_openid:'{openid}'})以及借助安全规则的方式，这样就不需要先获取用户的 Open ID 的具体值。

### 4.3.3 main()函数与 return

云函数主要执行的是 index.js 中的 main()函数，因此要确保云函数中有 main()函数，而 return 除了会返回数据给云函数的调用方，同时也会终结云函数的执行。

在 main()函数的其他函数里要注意一些写法。例如，云函数是支持 async/await 的，当使用了 async/await 之后，还在 await 语句里使用链式写法 then()，await 语句就不会有返回值。如下例用了错误的写法，导致 await 语句没有返回值，data 的值就为 undefined 了。

```
const cloud = require('wx-server-sdk')
cloud.init({
  env:cloud.DYNAMIC_CURRENT_ENV
})
const db = cloud.database()
const _ = db.command
exports.main = async(event, context) => {
  const data = await db.collection("china")
  .where({
    _id:_.exists(true)
  })
  .get()
  .then(res=>{
    console.log("then 输出的结果",res)//返回数据库查询的结果
  })
  console.log("data 对象",data)//data 为 undefined
  return data //返回的 data 为空
}
```

面对这个问题，有两种解决方法：方法一是不要使用 then()链式，方法二是在 then()方法里返回一个值。建议采用方法一。

```
//方法一，不使用 then()链式
const data = await db.collection("china")
.where({
  _id:_.exists(true)
})
.get()

//方法二，使用 return 返回一个 data
const data = await db.collection("china")
.where({
  _id:_.exists(true)
})
.get()
.then(res=>{
  console.log("then 输出的结果",res)
  return res
})
console.log("data 对象",data)
```

注意，方法二尽管在 then() 方法里使用了 return，但是 return 只是终结数据库请求，以及返回数据给 data，并不会中断云函数的执行，也不会把 res 的数据返回给 main()。因此，使用下面的方法调用云函数时的返回值也是 null：

```
await db.collection("china") //const data = await db.collection("china") 同样也不
会给 main()返回任何数据
.where({
  _id:_.exists(true)
})
.get()
.then(res=>{
  console.log("then 输出的结果",res)
  return res
})
```

## 4.4 云函数的配置与进阶

云函数在云端 Node.js 的运行机制与本地 Node.js 会有一些差异，主要表现在云函数实例是由事件触发的而不是始终运行的（执行完随时会销毁）。各个实例之间在横向上是相互隔离的（没有公用的内存或硬盘空间），在纵向上是无状态的（云函数不能调用上一次云函数的执行信息）。云函数平台通过弹性伸缩实例来支持高并发，实例也存在冷启动、热启动（实例复用）的情况。除了机制不同，云函数是无服务器架构，配置上与传统的 Node.js 服务器也有所不同。

### 4.4.1 云函数的环境变量

云函数有一些默认的环境变量，可以通过 process.env 对象来获取，还可以通过配置环境变量来设置一些重要的参数。

#### 1. 云开发环境的 process.env 属性

在配置云函数的环境变量之前，需要先了解云函数的 process.env 属性，它会返回包含用户环境的对象。process 对象是 Node.js 的全局对象，无须通过 require() 就可以使用。

例如，在 invoke() 云函数里添加以下代码，上传部署到云端之后，在开发者工具的控制台调用，然后查看云函数的日志就可以看到 env 环境变量：

```
const cloud = require('wx-server-sdk')
cloud.init({
  env:cloud.DYNAMIC_CURRENT_ENV
})
exports.main = async(event, context) => {
  console.log("env 环境变量",process.env)
}
```

env 环境变量里包含一些内置的环境变量 key，例如，以 SCF\_、QCLOUD\_、TECENTCLOUD\_ 开头的 key 是无法配置的。env 对象的一些属性，可以在云函数中直接获取它的具体值并在代码中调用。

例如，SCF_RUNTIME 表示云函数运行时的 Node.js 版本，SCF_FUNCTIONVERSION 表示云函数的版本，TENCENTCLOUD_APPID 表示云开发对应的腾讯云账号 APPID，使用方法如下：

```
const cloud = require('wx-server-sdk')
cloud.init({
  env:cloud.DYNAMIC_CURRENT_ENV
})
exports.main = async(event, context) => {
  const {SCF_RUNTIME,SCF_FUNCTIONVERSION,TENCENTCLOUD_APPID} = process.env
  return {SCF_RUNTIME,SCF_FUNCTIONVERSION,TENCENTCLOUD_APPID}
}
```

### 2. 环境变量的配置与应用

打开云开发控制台"云函数"标签页，选择一个云函数（如 invoke()），然后单击"版本管理"，云函数更新迭代与版本变更比较频繁时，就需要对新版本的云函数发布一个灰度版本以了解新版云函数的执行情况，可以使用云函数的灰度/版本管理，这里就不深入介绍了。而要配置云函数的环境变量，可以单击"配置"，如图 4-7 所示，进入云函数的配置页。在"环境变量"处，以 key 和 value 的方式给云函数配置环境变量。

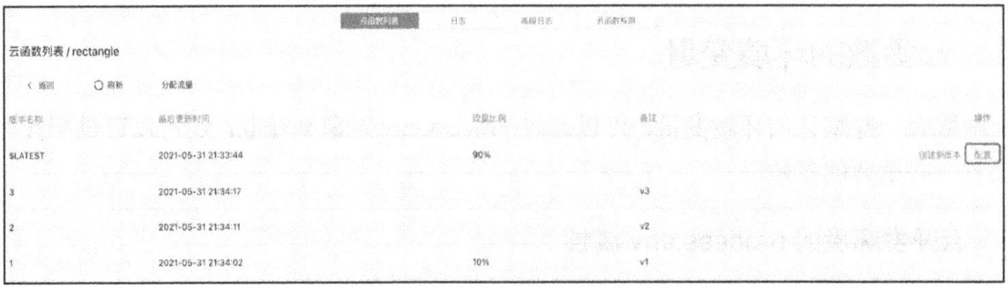

图 4-7　云函数的版本管理

图 4-8 中展示了环境变量的配置，这些变量的值（Value）可以通过 process.env.key 来获取。

环境变量常用于以下应用场景。

- **可变值提取**：可以把业务中有可能会变动的值提取至环境变量中，这样就能避免需要根据业务变更而修改云函数的代码了。
- **加密信息外置**：可以把认证、加密等敏感信息的 key，从代码中提取至环境变量，就能避免 key 硬编码引起的安全风险了。

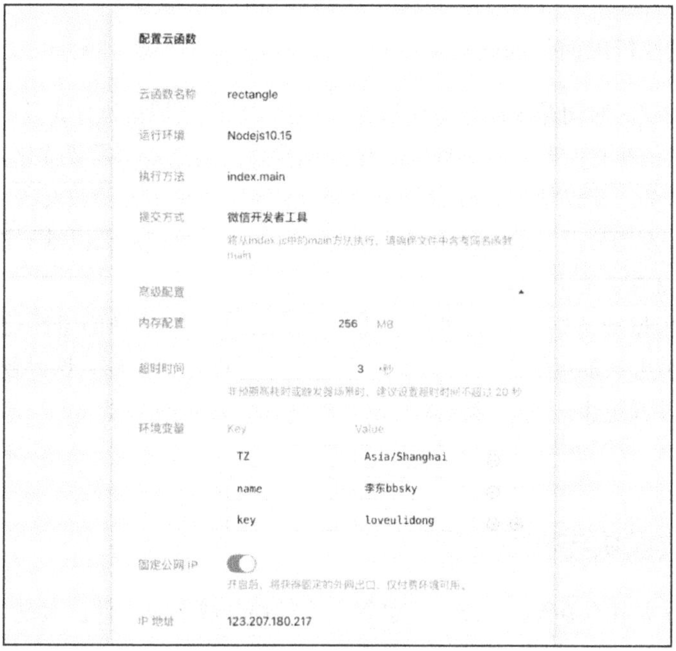

图 4-8　环境变量的配置

- **环境区分**：针对不同开发阶段所要进行的配置和数据库信息，也可提取到环境变量中。这样仅需要修改环境变量的值，分别执行开发环境数据库和发布环境数据库即可。
- **修改云开发环境的时区**：云开发环境的默认时区为 UTC+0，比北京时间（UTC+8）晚了 8 小时，配置函数的环境变量时，设置 T2 为 Asia/Shanghai 即可。

## 4.4.2　内存与超时时间

云函数就像一个微型的 Linux 服务器，相比于传统服务器，它的计费模式非常依赖与内存相关的资源使用量，因此需要根据云函数的执行情况合理配置内存的大小以及超时时间。

### 1．云函数的内存配置

在云函数的调用日志里，可以看到云函数被调用的执行时间和内存使用情况。默认情况下，云函数的配置内存为 256 MB，而一般情况下云函数的内存使用都会在 100 MB 以内。

如果根据项目需要，要使用云函数对图片、音/视频、爬虫等任务进行处理，云函数的执行内存可能会超过 256 MB，这时候可以将云函数的内存升级到 512 MB、1024 MB 等。而如果只是使用云函数处理一些简单的任务，可以将云函数的内存降低到 128 MB。

在 4.2.3 节中已经介绍过，云函数有个计费指标，即资源使用量，它的值为云函数的配置内存乘运行计费时长。也就是说根据业务情况合理配置云函数的内存，可以降低云函数的成本。

#### 2. 云函数的执行时间与超时时间

云函数默认的超时时间是 3 s，通常情况下，这个时长已经足够执行完云函数了。一般来说，如果日志里云函数的执行时间超过 300 ms，就应该检查云函数是否需要优化了。不仅如此，对于一些密集型的任务，建议使用定时触发器。例如，当需要使用云函数发送几十万条信息时，可以借助于定时触发器分批发送，如每 5 s 发送一批，而不是使用云函数一次性发送完（关于定时触发器，第 12 章会有介绍）。

不过，如果根据业务需求，云函数会下载一些文件，或处理的链路比较长，或处理的量相对比较大（如几千条短信之类的），3 s 的执行时间可能会不够，这时候就需要将云函数的超时时间的值设置更大一些。云函数的超时时间最大可以设置为 60 s，不过建议一般不要超过 20 s。

### 4.4.3　云函数模块与实例复用

可以把云函数常用的函数、功能、变量等作为模块分成多个文件，通过 exports 和 require 实现模块的导出与引入。

#### 1. 云函数模块的创建与引入

使用开发者工具在 invoke()云函数目录下新建一个 common 文件用于存放模块文件，然后在 common 文件夹下新建 common.js 文件：

```
invoke // 云函数目录
├── common //common 文件夹
│   └── common.js //common.js 文件
└── index.js
└── config.json
└── package.json
```

在 common.js 里添加以下代码后，在 common.js 文件里就包含了一些通用的数据对象、函数等模块：

```
const key = {
    AppID: 'wxda99ae45313257046',
    AppKey: 'josgjwoijgowjgjsogjo',
}

const getName = (msg) => {
  return msg+'李东 bbsky';
};

//判断是否为数字
const validateNumber = n => !isNaN(parseFloat(n)) && isFinite(n) && Number(n) == n;
```

```
//元素在数组的索引
const indexOfAll = (arr, val) => arr.reduce((acc, el, i) => (el === val ?
[...acc, i] : acc), []);
exports.key = key
exports.getName = getName
exports.validateNumber = validateNumber
exports.indexOfAll = indexOfAll
```

在 index.js 里添加以下代码，注意模块文件的引入、模块里数据对象的调用以及函数等接口的调用方法：

```
const cloud = require('wx-server-sdk')
cloud.init({
  env:cloud.DYNAMIC_CURRENT_ENV
})
const common = require('./common/common.js');
const {key,getName,validateNumber,indexOfAll} = common

exports.main = async(event, context) => {
  const msg = "你好啊"
  console.log(getName(msg))
  console.log(key.AppID)
  console.log(validateNumber(msg))
  console.log(indexOfAll([1, 2, 3, 1, 2, 3], 1))
}
```

### 2. 关于实例复用

建议在云函数的 exports.main() 函数之外只定义常量或者公共方法，不要定义变量。因为 main() 函数之外声明的变量可能会被缓存，而不是每次都执行：

```
const cloud = require('wx-server-sdk')
cloud.init({
  env:cloud.DYNAMIC_CURRENT_ENV
})
let i = 0; //例如，这里在main()函数之外定义了一个变量i
exports.main = async(event, context) => {
  i++;
  console.log(i);
  return i;
};
```

在第 1 次调用该云函数的时候函数返回的结果为 1，这是符合预期的。但如果连续调用这个云函数，返回值有可能是 2 或从 2 开始递增，但也有可能是 1，这便是实例复用的结果。

当云函数热启动时，执行函数的 Node.js 进程会被复用，进程的上下文也得到了保留，所以变量 i 自增。当云函数冷启动时，Node.js 进程是全新的，代码会从头完整执行一遍，此时就会返回 1。所以，开发者在编写云函数时，应注意保证云函数是无状态的、幂等的，即当次云函数的执行不依赖上一次云函数执行过程中在运行环境中残留的信息。

### 4.4.4　云函数调用进阶

使用云函数也可以使用 cloud.callFunction()接口来调用其他云函数（可以是同一云开发环境的云函数，也可以是同一账号下或其他账号下的云开发环境里的云函数）。例如，云支付的支付成功回调函数就是用云函数调用云函数。对于日常的业务，通常不太建议使用这种调用链路过长的方式，可能会影响云函数执行效率。

还可以使用 switch...case 将多个云函数集成到一个云函数里，其中 switch 语句会评估一个表达式，将表达式的值与 case 子句匹配，并执行与该情况相关联的语句：

```
const cloud = require('wx-server-sdk')
cloud.init({
  env:cloud.DYNAMIC_CURRENT_ENV
})
exports.main = async(event, context) => {
  console.log(event.action)
  switch (event.action) { //根据调用云函数时传入的 action 的值来调用不同的函数
    case 'addPost': {
      return addPost(event)
    }
    case 'deletePost': {
      return deletePost(event)
    }
    case 'updatePost': {
      return updatePost(event)
    }
    case 'getPost': {
      return getPost(event)
    }
    default: {
      return
    }
  }
};

async function addPost(event) {
  return '创建一篇文章' //这里只是返回一个字符串，可以换成其他的函数。例如，在数据库里创建一篇
文章
}
async function deletePost(event) {
  return '删除一篇文章'
}
async function updatePost(event) {
  return '更新一篇文章'
}
async function getPost(event) {
  return '获取一篇文章'
}
```

　　调用云函数时，可以直接传递一个 action 的参数，参数的值为 addPost 或 deletePost、updatePost、getPost，通过参数的值来区分对文章的操作行为，然后在云函数中根据参数值做相应的处理：

```
wx.cloud.callFunction({
  name:"post",
  data:{
    action:"addPost" //
  }
}).then(res=>{
  console.log(res)
})
```

　　将多个云函数集成到一个云函数里除了可以通过 switch...case 的方法外，还可以使用 tcb-router 和 severless-http 的方法。

# 第 5 章

# 云数据库入门

任何一个大型的应用程序和服务都会使用高性能的数据存储解决方案，以准确、快速、可靠地存储和检索用户的账户信息、商品信息、商品交易信息、产品数据、资讯文章等。云开发自带高性能、高可用、高拓展性且安全的文档数据库。

## 5.1 云数据库基础知识

云数据库在小程序的前端、后端开发中扮演着非常重要的角色，是数据集中管理与数据共享的桥梁，是学习云开发必须掌握的重点之一。

### 5.1.1 概念与数据类型

可以通过类比云数据库、MySQL、Excel 的概念来理解云数据库集合、记录、字段等概念。

#### 1. 云数据库与 MySQL、Excel 概念的类比

可以结合 MySQL 和 Excel 来理解云开发的数据库（若之前没有接触过 MySQL，可以只看与 Excel 的类比）。云数据库与 MySQL、Excel 概念的类比如表 5-1 所示。

表 5-1　云数据库与 MySQL、Excel 概念的类比

| 云数据库 | MySQL 数据库 | Excel 文件 |
| --- | --- | --- |
| 数据库（database） | 数据库（database） | 工作簿 |
| 集合（collection） | 表（table） | 工作表 |
| 记录（record/doc） | 行（row） | 工作表的除去标题行的每一行 |
| 字段（field） | 列（column） | 工作表的每一列 |

在操作数据库时，要对数据库、集合、记录以及字段等有一定的了解。首先要记住这些概念对应的英文单词，当你要操作某个记录的字段内容时，就像投送快递一样，先要知道它在哪个数据库、在哪个集合、在哪个记录里，一级一级地去找。操作数据库通常是指对数据库、集

合、记录、字段进行增删改查，而增删改查则对应数据库的请求。例如，下面是更新某个字段的值：

```
wx.cloud.database().collection('集合名').where({
  _id:'记录的id'
}).update({
  "字段名":"字段值"
})
```

### 2. 集合的创建与数据类型

云数据库支持的数据类型有字符串（String）、数值（Number）、对象（Object）、数组（Array）、布尔值（Boolean）、时间（Date）、多种地理位置类型（Geo）以及空（Null）。

现在创建一个 books 集合（相当于创建一张 Excel 表），用来存放图书馆里的图书信息，图书信息如表 5-2 所示。

表 5-2　图书信息

| 书名（title） | | JavaScript 高级程序设计（第 4 版） |
|---|---|---|
| 作者（author） | | 马特·弗里斯比（Matt Frisbie） |
| 国际标准书号（isbn） | | 9787115545381 |
| 出版信息（publishInfo） | 出版社（press） | 人民邮电出版社 |
| | 出版年份（year） | 2020 |

打开云开发控制台的"数据库"标签页，新建集合 books，然后选择该集合，在 books 里添加记录，依次添加字段。

- 字段名为 title，类型为 String，值为 JavaScript 高级程序设计（第 4 版）。
- 字段名为 author，类型为 String，值为马特·弗里斯比（Matt Frisbie）。
- 字段名为 isbn，类型为 String，值为 9781115545381。
- 字段名为 publishInfo，类型为 Object。
- 然后在 publishInfo 的下面（二级）添加字段 press，类型为 String，值为人民邮电出版社；添加字段 year，类型为 Number，值为 2020。

可以依照这个方法创建更多的记录，也可以给该记录添加更多字段。以上记录在云开发控制台的效果如图 5-1 所示。

> **提示**　如果创建记录时，没有指定_id 的值，后台会自动生成一个_id。如果指定了_id 的值，该值就不能和当前集合下已有的_id 值冲突，也就是_id 必须是独一无二的，类似于 MySQL 里的 primary key（主键）。

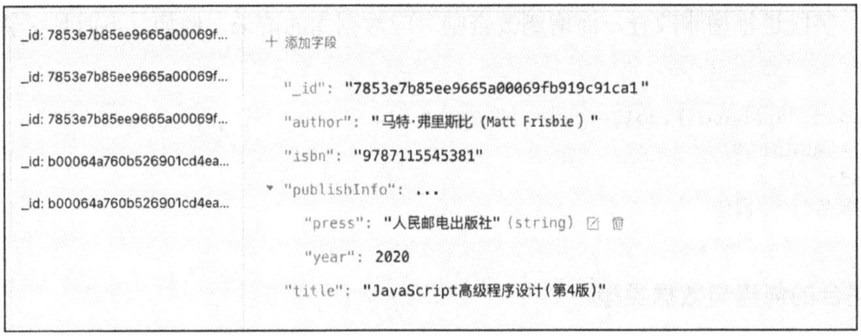

图 5-1 云数据库集合里的记录

## 5.1.2 导出与导入

数据库只是数据存储的载体，云数据库既支持将数据导出为 json 和 csv 文件（数据存储的另外两种载体），也支持将 json 和 csv 格式的数据导入云数据库。

### 1. 导出

云数据库支持用 json 和 csv 文件的方式导出和导入数据。例如，将 5.1.1 节中创建的数据以 json 的形式导出，结果大致如下：

```
{
  "_id": "7853e7b85ee9665a00069fb805e816d1",
  "author": "大卫·弗兰纳根(David Flanagan)",
  "isbn": "9787111677222",
  "publishInfo": {
    "press": "机械工业出版社",
    "year":2021
  },
  "title": "JavaScript 权威指南(第 7 版)"
}
{
  "_id": "7853e7b85ee9665a00069f6919c91ca1",
  "author": "马特·弗里斯比(Matt Frisbie)",
  "isbn": "9787115545381",
  "publishInfo": {
    "press": "人民邮电出版社",
    "year":2020
  },
  "title": "JavaScript 高级程序设计(第 4 版)"
}
{
  "_id": "7853e7b85ee9665a00069fbb3aaef4d6",
  "isbn": "9787121198854",
  "publishInfo": {
    "press": "电子工业出版社",
```

```
        "year":2013
    },
    "title": "高性能 MySQL（第 3 版）",
    "author": "Baron Schwartz, Peter Zaitsev, Vadim Tkachenko"
}
```

为了方便阅读与编辑 json 文件的内容，推荐大家使用 Visual Studio Code 编辑器。使用 Visual Studio Code 编辑器打开 json 文件，会发现数据的内容与写法都比较熟悉。各个字段之间使用的分隔符是回车符，而不是逗号，这一点需要大家注意。

云数据库还支持以 csv 形式导出，那对象里的字段应该怎么导出呢，可以使用点表示法，如上面的数据，在导出 csv 文件的时候，可以在字段里填写如下内容：

```
_id,isbn,title,author,publishInfo.press,publishInfo.year
```

### 2. 云数据库的"高级操作"

在对云数据库进行开发学习时，如果创建记录时像之前在控制台一个字段一个字段地添加，会非常烦琐且不方便。这时推荐使用控制台中数据库的"高级操作"，对数据库进行增删改查以及聚合等，如图 5-2 所示。

图 5-2　数据库的"高级操作"

在控制台数据库管理页中可以编写和执行数据库脚本（这些脚本的语法跟 SDK 数据库语法一样），可以作为日常"调试"数据库的一种基础方式。

### 3. json 文件的导入

在调用数据库之前，需要有比较贴近实际的数据库案例，为此可以把知乎日报 API 的数据整理成 json 文件。

下载知乎日报文章数据（https://tcb-1251009918.cos.ap-guangzhou.myqcloud.com/data.json）。

将 data.json 文件存储到电脑。打开云开发控制台，在数据库里新建一个集合 zhihu_daily，导入该 json 文件，导入时会有"冲突模式"选择，根据下面的介绍进行选择，推荐大家使用 Upsert。

- Insert：总是插入新记录。
- Upsert：如果记录存在就更新，否则插入新记录。

导入后，可以发现数据库自动给每一条数据（记录）都加了唯一的标识_id。

### 4．csv 文件的导入

打开并保存链接里虚拟的关于某学校不同年级不同学科的学生期末成绩表的 csv 文件（https://tcb-1251009918.cos.ap-guangzhou.myqcloud.com/school.csv），然后在云开发控制台里新建一个 school 集合，将下载好的 school.csv 导入集合。

这里创建的 zhihu_daily 和 school 集合，以及导入的数据，在后续案例中会用到。

## 5.2　云数据库快速上手

新创建的集合默认的权限为"仅创建者可读写"，而如果集合的数据是管理者导入的，就会导致导入的数据只能被管理者在控制台或云函数端访问，用户（包括开发者本人）在小程序端也是无法读取的，因此一定要先对集合进行权限的设置。

### 5.2.1　权限的设置

在集合创建之后，需要在云开发控制台"数据库"集合的"权限设置"标签页对数据库进行权限设置。数据库的权限分为小程序端和服务端，服务端拥有读写所有数据的权限，所以这里的权限设置只是设置小程序端的用户对数据库的操作权限。

#### 1．简易权限控制与安全规则

权限控制可以采用简易权限控制或自定义权限（也就是安全规则）。建议开发者用安全规则取代简易权限控制。

简易权限控制和安全规则，在用法上有比较大的差异。要使用安全规则来取代简易权限控制，需要了解 4 种简易权限控制的含义，以及安全规则应该如何一一取代它们（填写与之对应的 json 文件即可）。

（1）**所有用户可读，仅创建者可读写**。例如用户发的帖子、评论、文章，这里的创建者是指小程序端的用户，也就是存储 UGC（User-Generated Content，用户生成内容）的集合要设置为这个权限：

```
{
  "read": true,
  "write": "doc._openid == auth.openid"
}
```

（2）**仅创建者可读写**。例如私密相册、用户的个人信息、订单，也就是只能用户自己读与写，其他人不可读写的数据集合：

```
{
  "read": "doc._openid == auth.openid",
  "write": "doc._openid == auth.openid"
}
```

（3）**所有用户可读**。例如资讯文章、商品信息、产品数据等想让所有人可以看到，但是不能修改的数据：

```
{
  "read": true,
  "write": false
}
```

（4）**所有用户不可读写**。例如后台用的"不暴露"的数据，只能在云开发控制台或云函数中进行读写：

```
{
  "read": false,
  "write": false
}
```

### 2. 服务端无法获取用户登录态

注意，这里的用户指的既不是管理者也不是开发者，而是用户里的一个角色。

**提示** 管理者指的是可以登录控制台和使用云函数的虚拟角色。如果你只是在小程序端请求调用数据库的数据，你的角色就是用户；如果你作为用户在小程序端创建了记录，那么你就是这条记录的创建者；如果你通过控制台和云函数对数据库进行操作，你就是管理者。你是什么角色取决于你操作数据库的方式，注意不要混淆。

在云开发控制台新建的集合，默认的权限为"仅创建者可读写"，这个权限会限制小程序端用户对数据库的调用。如果不把集合的权限修改为"所有用户可读，仅创建者可读写"，那么在云函数服务端可以调用（权限设置对服务端无效）数据库，但是在小程序端是调用不了数据库的，即在小程序端查询时明明数据库里有数据，但是返回的却是空数组。

如果数据是在小程序端创建的，数据库又是怎么区分数据是由哪个用户创建的呢？这就需要在创建记录存储用户数据的同时，在该记录里新增一个字段（如_openid）来存储标志用户唯一身份的 Open ID。

### 3. _openid 与集合权限

使用云开发控制台新建一个集合，如 user 集合，此时 user 集合默认的权限为"仅创建者可读写"。在开发者工具的控制台里输入以下代码并执行，新建记录如下：

```
wx.cloud.database().collection('user').add({
  data:{
    name:"李东 bbsky"
    }
}).then(res=>console.log(res))
```

我们可以在云开发控制台看到这条记录，可以发现和导入的数据或使用高级操作不同的是，在小程序端新增记录，都会自动添加一个 _openid 的字段，它的值就是用户的 Open ID，这个用户就是这条记录的创建者。

```
{
  _id:"5efaaa445ee987d2000069bf6dbec068",
  _openid:"oUL-m5FuRmuVmxvbYOGuXbuEDsn8",
  name:"李东 bbsky"
}
```

### 5.2.2　小程序端调用数据库

在小程序端调用数据库的方式很简单，可以把代码写到一个事件处理函数里，然后单击组件触发事件处理函数，也可以把它直接写到页面的生命周期函数里面，还可以把它写到 app.js 小程序的生命周期函数里面。

下面使用开发者工具新建一个 dbtest 页面，然后在 dbtest.js 的页面生命周期函数 OnLoad() 里添加以下代码。先使用 wx.cloud.database() 获取数据库的引用（相当于连接数据库），再使用 db.collection() 获取集合的引用，再通过 Collection.get 来获取集合里的记录：

```
const db = wx.cloud.database() //声明一个变量，简化后面的写法
db.collection('zhihu_daily')
  .get()
  .then(res => {
    console.log(res.data)
  })
  .catch(err => {
    console.error(err)
  })
```

编译之后，就能在控制台看到调用的 20 条数据库记录了。注意，小程序端最多只能查询 20 条记录。

### 5.2.3　云函数端调用数据库

小程序端调用数据库是以“用户”的身份来请求数据库，而云函数端调用数据库则是以“管理员”的身份来请求数据库，因此务必要注意这两者权限的不同（也就是说，开发者其实是在扮演多种角色）。

### 1．使用云函数调用数据库

使用云函数也可以调用数据库，使用开发者工具右击云函数根目录（也就是 cloudfunctions 文件夹），选择"新建 Node.js 云函数"，云函数的名称为 zhihu_daily。然后打开 index.js，在其中添加以下代码：

```
const cloud = require('wx-server-sdk')
cloud.init({
  env: cloud.DYNAMIC_CURRENT_ENV
})
const db = cloud.database()   //注意这里不是 wx.cloud.database()
exports.main = async (event, context) => {
  const result = await db.collection('zhihu_daily')
    .get()
  return result
}
```

然后右击 index.js，选择"云函数增量上传：更新文件"。可以使用云函数的"本地调试"（要本地调试需要使用 npm install 安装 wx-server-sdk 依赖）和"云端测试"来了解云函数调用数据库的情况。

### 2．将云函数获取的数据返回小程序端

使用开发者工具在 login.wxml 里添加以下代码，也就是通过单击按钮触发事件处理函数：

```
<button bindtap="getDaily">获取日报数据</button>
```

再在事件处理函数里调用云函数，在 login.js 里加入 getDaily()事件处理函数来调用 zhihu_daily()云函数：

```
getDaily() {
  wx.cloud.callFunction({
    name: 'zhihu_daily',
    success: res => {
      console.log("云函数返回的数据",res.result.data)
    },
    fail: err => {
      console.error('云函数调用失败：', err)
    }
  })
},
```

在模拟器里单击获取日报数据的按钮，就能在控制台里看到云函数返回的查询结果，大家可以通过 setData()方式将查询的结果渲染到小程序页面，这里就不介绍了。

## 5.2.4　获取数据

怎样将从数据库里获取的数据赋值给一个变量呢？这里有几个写法可供参考，常见的有：

```
const db = wx.cloud.database()
db.collection('zhihu_daily')
  .get()
  .then(res => {
    console.log(res.data)    //数据在 res.data 里
    this.setData({
      daily:res.data       //在小程序端将数据赋值给 Page 对象里 data 对象的 daily
    })
    const daily = res.data //在回调函数里将数据赋值给变量
  })
  .catch(err => {
    console.error(err)
  })
```

还可以直接将数据赋值给一个变量，值得注意的是，如果不使用 async/await，因为异步问题，result 的值会返回一个 Promise 对象。也就是说，如果要将数据库请求的结果赋值给一个变量，要么使用 then...catch 这种回调的方式，要么使用同步的方式。这里建议用 async/await：

```
const db = wx.cloud.database()
async getData(){
  //注意，因为数据是在 get 请求对象的 data 里，所以写法如下
  const daily = (await db.collection('zhihu_daily').get()).data
  //也可以分两次写，注意 await 是在 async() 函数里
  const result = await db.collection('zhihu_daily').get()
  const daily = result.data
  console.log(daily)
}
```

尽管还可以使用回调写法，但是回调只支持小程序端，不支持云函数端。为了统一，建议不要使用回调写法，尽量使用 then...catch：

```
//数据库查询请求 get 的回调写法
.get({
  success: console.log,
  fail: console.error
})
//相应的链式写法如下
.get()
.then(res=>{console.log(res)})
.catch(err=>{console.log(err)})
```

## 5.3　数据查询与统计

查询集合（collection）里的记录是云开发数据库操作中最重要的知识，5.1.2 节中已经将学生期末成绩的统计数据 school.csv 导入了集合 school 之中，并将集合的权限设置为"所有人可读，仅创建者可读写"（或使用安全规则），接下来以此为例来讲解数据库的查询。

在云开发控制台 school 集合里，可以看到学生的姓名（name）、年级（grade）、班级（class）、语文成绩（chinese）、数学成绩（math）、英语成绩（english）、计算机成绩（computer）等数据。

## 5.3.1 快速了解数据查询

查询学生期末成绩中英语考试成绩在 90 分以上的前十名学生，要求不显示_id 字段，显示学生姓名、所在年级以及英语成绩，并按照英语成绩高低降序排列。

使用开发者工具新建一个 schooldata 页面，然后在 schooldata.js 的 onLoad() 生命周期函数里添加以下代码。查询集合里的数据涉及的内容非常繁杂，下面的案例相对比较完整，便于大家对查询数据有整体的理解：

```
const db = wx.cloud.database()      //获取数据库的引用
const _ = db.command                //获取数据库查询及更新操作符
db.collection("school")             //获取集合 school 的引用
  .where({                          //查询的条件操作符 where
    english: _.gt(90)               //查询筛选条件, gt 表示字段需大于指定值
  })
  .field({                          //显示哪些字段
    _id:false,                      //默认显示_id, false 表示隐藏
    name: true,
    grade: true,
    english:true
  })
  .orderBy('english', 'desc')       //排序方式为降序排列
  .skip(0)                          //跳过多少个记录（常用于分页），0 表示不跳过
  .limit(10)                        //限制显示多少条记录，这里为 10

  .get()                            //获取根据查询条件筛选后的集合数据
  .then(res => {
    console.log(res.data)
  })
  .catch(err => {
    console.error(err)
  })
```

大家可以留意一下数据查询的链式写法，如 wx.cloud.database().collection('数据库名').where().get().then().catch()，其中 wx.cloud.database().collection('数据库名').where().get()是数据查询时对对象的引用和方法的调用，then().catch()是 Promise 对象的方法，Promise 对象是 get()的返回值。这里为了让代码结构更加清晰，做了换行处理，写在同一行也是可以的。get()查询时会先进行权限匹配再查询，如果集合里没有符合权限的记录，是查不到数据的。

### 5.3.2　构建查询条件的方法

构建查询条件的 5 个方法分别是查询条件 where()、指定返回哪些字段 field()、数据排序 orderBy()、分页显示 skip()和限制数量上限的 limit()。

这 5 个方法是基于集合引用 Collection 的。比如 where()不能写成 wx.cloud.database().where()，也不能写成 wx.cloud.database().collection("school").doc.where()，只能写成 wx.cloud.database(). collection("school").where()，也就是它只能用于查询集合里的记录。

这 5 个方法是可以单独使用的，例如可以只使用 where()或只使用 field()、limit()，也可以组合在一起使用，还可以在一次查询里用多个相同的方法（例如 orderBy()、where()可以用多次）。查询返回的结果都是记录列表，它是一个数组。

#### 1．查询条件——where()

与记录的值本身相关的条件都会写在 where()方法里，where()里可以是值匹配（如 english: _.gt(90)）。5.4 节介绍的查询操作符（如筛选字段大于/小于/不等于某个值的比较操作符），同时满足多个筛选条件的逻辑操作符，以及模糊查询的正则等都是写在 where()内。

通过 where()构建条件来筛选记录，不仅可以用于查询（get），还可以用于删除（remove）、更新（update）、统计记录数（count）以及实时监听（watch）。

#### 2．指定返回哪些字段——field()

查询时只需要传入 true/false（或 1/−1）就可以指定返回或不返回哪些字段，在 5.3.1 节的案例里就只返回 name、grade 和 english 这 3 个字段的值。

可以使用 field()指定不需要返回的字段和字段值，减少返回的数据数，这也是性能优化中比较重要的。

#### 3．数据排序——orderBy()

数据排序的语法为 orderBy('字段名',　'排序方式')，圆括号里面为排序的条件，其中的字段名不受 field()的限制（不在 field()内只是不返回，但是还是会进行排序）。

排序方式只支持 desc（降序）、asc（升序）这两种方式。如果字段里面的值是数字就按照大小排序，如果是字母就按照先后顺序，不支持中文的排序方式。

排序支持按多个字段排序，多次调用 orderBy()即可。多字段排序时会按照 orderBy()的调用顺序先后对多个字段排序。

如果需要对嵌套字段排序，可以使用点表示法。例如，books 根据出版年份 year 从远到近排序，可以写为 orderBy('publishInfo.year','asc')。

### 4. 分页显示——skip()

skip()可用于跳过前面的数据。例如，商品列表一页只显示 20 条数据，第 1 页显示 20 条数据，那么第 2 页用 skip(20)可以跳过第 1 页的 20 条数据，第 3 页用 skip（40）则跳过 40 条数据，第 $n$ 页则是跳过$(n-1)×20$ 条数据。

### 5. 限制数量上限——limit()

数据查询的数量上限 limit()在小程序端默认为 20，上限也是 20；在服务端默认为 100，上限则是 1000。例如，limit(30)在小程序端还是只能显示 20 条数据。

## 5.3.3 统计记录

count()方法可以用来统计与查询条件匹配的记录数，和 get()一样，count()与集合权限设置有关。在小程序端一个用户仅能统计其在集合内有读权限的记录数，而云函数端由于不受权限设置的控制，可以统计集合内所有符合条件的记录数，代码如下。

```
const db = wx.cloud.database()
const _ = db.command
db.collection("school")
  .where({
    english: _.gt(80)
  })
  .count().then(res => {
    console.log(res.total)
  })

//或者可以这样写，查询条件写在 async 里，云函数的 main()自带 async，小程序端要加 async
const count = await db.collection("school")
  .where({
    english: _.gt(80)
  })
  .count()
```

field()、orderBy()、skip()、limit()对 count()是无效的，只有 where()才会影响 count()的结果，count()只会返回记录数，不会返回查询到的数据。注意，count()方法不能和 get()、remove()、update()等混用，如果既想查询数据又想获取 count()返回值，只能分两次查询了。

## 5.3.4 数据查询需要注意的问题

在请求数据库时，一定要先了解集合的权限、小程序对数据查询的默认限制以及数据查询的速度。

### 1. 简易权限控制

当集合使用的是简易权限控制，在小程序端进行数据库请求（如 get()、count()、update() 等）时，都会默认给 where() 添加一个条件：

```
.where({
    _openid:"当前用户的 openid"
})
```

所以这就是为什么集合里面有数据，但是有了这个条件，只要记录里没有_openid 或 openid 不匹配就查询不到记录。也就是说，如果集合使用的是简易权限控制，进行数据库请求时，既会受到权限的约束，也会受到以上查询条件的约束。

例如，小程序端的 A 用户是不能修改 B 用户创建的记录的，因为简易权限控制里没有跨用户写记录的权限，用户 A 只能修改自己创建的数据。如果想实现跨用户写记录的操作，要么开启安全规则（自定义权限），要么在云函数端进行操作。

### 2. 数据查询的数量

5.3.2 节也提到过，小程序端 limit() 限制为 20，在手机端一页显示 20 条数据通常是足够的。如果想显示更多数据，可以设置翻页，可以使用云函数获取（默认 100 条，最多 1000 条），以及使用聚合操作符等。

在 MySQL 里是不允许直接查询数据表里的所有数据的，如果表里有几万、几十万乃至上百万条的数据，不对查询的条件和数量进行限制会大大降低数据库查询的效率，云开发的数据库可以直接查询，正是因为云开发数据库在小程序端和云函数有默认的数据查询限制。

### 3. 数据查询的速度

这里有 3 个数据查询的速度要考虑：一是小程序端查询数据的速度；二是云函数端查询数据的速度；三是小程序端调用云函数来查询数据并将数据返回给小程序端的速度。

重新编译加载 schooldata 页面，然后单击调试器的 "Network" 标签，可以看到 db.collection.where.get 的 Type、size 和 Time，Time 表示小程序端查询数据的速度。

打开云开发控制台，在 "云函数" 标签页找到 zhihu_daily() 云函数，单击 "云端测试"，单击 "运行测试"，就能触发云函数。调用成功后可以看到 "调用日志" 里包含返回的数据，以及 Duration() 云函数的执行时间和 MaxMemoryUsed 执行时最大内存（拉到日志的最后，或者可以通过云函数的 "日志" 来查看），Duration 可以看成云函数查询数据的整个时间。云函数查询通常会比小程序端查询数据的速度要快。

在模拟器里单击 "获取日报数据" 的按钮，然后单击调速器的 "Network" 标签，可以看到 wx.cloud.callFuntion.zhihu_daily 的 Type、size 以及 Time，Time 表示小程序端调用云函数查询数据并将数据返回给小程序端的速度，它的速度是 3 种方法里面最慢的。

# 『 5.4 查询操作符 』

操作符（Command）主要分为查询操作符和更新操作符。查询操作符用于 db.collection 的 where()条件筛选（也就是都会写在 where()内），主要对字段的值进行比较和逻辑的筛选判断。更新操作符用于 update()请求的字段的更新里。

## 5.4.1 查询操作符基础

在筛选集合内的记录时，有时需要针对记录里字段的值做更加细致的条件筛选，这时就需要用到查询操作符了。注意使用查询操作符返回的也是符合条件的记录列表，而不会是记录内的字段。

### 1. 比较、逻辑、字段查询操作符

下面把查询操作符的比较操作符、逻辑操作符和字段操作符整理成了一张表格，如表 5-3 所示，方便大家对其有清晰的认识。

表 5-3　比较、逻辑、字段查询操作符

| 操作符 | 说明 | 操作符 | 说明 |
| --- | --- | --- | --- |
| gt | 大于 | lt | 小于 |
| eq | 等于 | neq | 不等于 |
| lte | 小于或等于 | gte | 大于或等于 |
| in | 在数组中 | nin | 不在数组中 |
| and | 条件与 | or | 条件或 |
| not | 条件非 | nor | 都不 |
| exists | 字段存在判断 | mod | 字段值取模运算判断 |

### 2. 查询操作符的写法

首先要明确的是查询操作符只能写在where()内,查询操作符是基于database数据库引用的,如需要查询英语成绩大于 90 的学生：

```
//简化前
const db = wx.cloud.database()
db.collection("school")
  .where({
    english: wx.cloud.database().command.gt(90)
  })
```

```
//简化后，注意变量 db 和_的声明一定要有，可以作为全局变量写在 Page 对象的外面
const db = wx.cloud.database()
const _ = db.command
db.collection("school")
  .where({
    english: _.gt(90)
  })
```

通常会把 wx.cloud.database()赋值给一个变量 db，把 db.command 赋值给_，最终可使用简化的_.gt(90)。通过一层一层地声明变量并赋值，可大大简化操作符的写法，大家可以在使用其他操作符时也沿用这种写法。

### 3．通过输出了解操作符

可以在开发者工具的控制台执行以下命令，来了解云开发在小程序端有哪些操作符：

```
wx.cloud.database().command
```

操作符包含查询操作符、更新操作符以及聚合操作符，在云函数里也可以通过输出了解云函数端有哪些操作符：

```
console.log(cloud.database().command)
```

## 5.4.2　比较操作符

在使用比较操作符时需要注意数据库查询的效率，尽量少用 neq、nin。下面介绍比较操作符里常用的 eq、in 操作符的使用方法。

### 1．用法丰富的 eq 操作符

与其他的比较操作符相比，eq 操作符的用法非常丰富，它可以进行数值比较。例如，查询某个字段等于某个数值（如英语成绩为 60 分）的学生：

```
.where({
  english: _.eq(60),
})
```

它还可以进行字符串的匹配。例如，查询某个字段（如 name）完整匹配一个字符串（如小云）：

```
.where({
  name: _.eq("小云"),
})
```

> **提示**　在查询时，english: _.eq(60)的效果等同于 english:60，name: _.eq("小云")等同于 name:"小云"。虽然两种方式查询的结果都是一致的，但是它们的原理不同：前者用的是 eq 操作符，后者用的是传递对

象值（匹配查询）。

eq 操作符接收一个字面量，除了可以是 Number、Boolean、String，还可以是 Object、Array、Date 类型。

### 2. 在 where()中规定多值的 in 操作符

使用 in 操作符可以在 where()中规定多个值，这些值要写在一个数组内。例如，想同时查询一班、二班、三班 3 个班级的学生成绩数据，可以使用：

```
const db = wx.cloud.database()
const _ = db.command
db.collection("school")
  .where({
    class: _.in(["一班","二班","三班"])
  })
```

数组里的值也可以是数字。例如，值为 10 和 20 这两个数，写法为_.in([10, 20])。注意，不要理解为区间［10, 20］。

## 5.4.3 逻辑操作符

通过逻辑操作符可以实现字段内的多条件筛选，也可以实现跨字段的条件筛选。

### 1. 字段内的逻辑操作符

查询初中一年级英语成绩在 60 到 70 分之间的学生。初中一年级也就是让 grade 字段的值为 "初一"，而英语成绩的要求则是 english 这个字段的值满足大于 60 且小于 70，这时就需要用到条件与操作符 and：

```
.where({
  grade:_.eq("初一"),
  english:_.gt(60).and(_.lt(70))
})
```

> **提示** 操作符支持链式调用其他操作符，多个操作符之间是逻辑与的关系。例如，english:_.gt(60).and(_.lt(70))可以简写成 english:_.gt(60).lt(70)，也就是省掉了 and 操作符，还可以写成 english:_.and(_.gt(60), _.lt(70))，这 3 种写法都是一样的。

### 2. 跨字段的逻辑操作符

上面的案例中 where()内的两个条件，grade:_.eq("初一")和 english:_.gt(60).and(_.lt(70))带有跨字段的条件与的关系，那如何实现跨字段的条件或呢？

查询英语成绩在 80 分以上且数学成绩在 90 分以上或语文成绩在 85 分以上的前 20 名学生。数学成绩和语文成绩只需满足其中一个条件即可，这就涉及条件或操作符 or（注意下面代码的格式写法）：

```
.where(
  {
    english: _.gt(80),
    math:_.gt(90),
    },
  _.or([{
    chinese: _.gt(85)}
    ]),
)
```

注意上面 3 个条件，english: _.gt(80)和 math:_.gt(90)的关系是逻辑与，而和 chinese: _.gt(85)}的关系是逻辑或。_.or([{条件一},{条件二}])内是数组，条件一与条件二又构成逻辑与的关系。

> **提示** 一般不太建议把逻辑操作符写得过于复杂，要尽可能简单，这也是数据库查询的一个基本原则。另外，在使用逻辑操作符时，能用"是"，就不要用"非"。

### 5.4.4 字段操作符

可以使用_.exists(true|false)来判断字段是否存在，它非常适合用于数据清洗时执行相关的操作。

例如，每个记录都有字段_id，可以通过如下代码选中所有记录：

```
.where({
  _id:_.exists(true)
})
```

例如，可以先判断字段是否存在，从而进行有选择的更新。如记录不存在 english 这个字段时，可以将字段的值清洗为 null：

```
.where({
  english:_.exists(false)
})
.update({
  data:{
    english:null
  }
})
```

> **提示** where()查询不仅可以服务于 get()请求，还可以服务于 remove()和 update()，尤其是 update()。可以先用查询操作符对记录进行字段级别的筛选，再通过更新操作符对记录进行字段级别的批量更新，这种方法在处理云开发数据库这种文档数据库时非常便捷。

### 5.4.5 字段字符串的模糊查询

正则表达式能够灵活有效地匹配字符串，可以用来检查字符串里是否含有某种子串。例如，检查"CloudBase 技术训练营"里是否含有"技术"这个词。云数据库的正则查询支持 UTF-8 的格式，可以进行中英文的模糊查询。正则查询的表达式写在 where() 的条件筛选里。

可以用正则查询来查询某个字段（如 name）内包含某个字符串（如'云'）的学生：

```
const db = wx.cloud.database()
db.collection("school")
  .where({
    name: db.RegExp({
      regexp: '云',
      options: 'i',
    })
  })
```

注意上述代码里的 name 是字段，db.RegExp() 里的（regexp 表示正则表达式，而 options 表示 flag，i 是 flag 的值，表示不区分字母的大小写）。当然也可以直接在 where() 内用 JavaScript 的原生正则写法或调用 RegExp 对象的构造函数。例如，上面的案例也可以写成：

```
//JavaScript 原生正则写法
  .where({
    name:/云/i
  })

//JavaScript 调用 RegExp 对象的构造函数写法
  .where({
    name: new db.RegExp({
      regexp: "云",
      options: 'i',
    })
  })
```

## 5.5 操作集合里的记录

在 5.3.1 节中已经介绍了集合数据请求的查询方法 get()，除了 get()（查询）外，请求的方法还有 add()（新增），remove()（删除）、update()（改写/更新）等，这些方法也都是基于集合引用 Collection 的。

### 5.5.1 新增记录

在 5.1.2 节中，已经将知乎日报文章的数据导入了 zhihu_daily 集合，接下来就给 zhihu_daily

新增记录。

### 1．小程序端新增记录

使用开发者工具新建一个 daily 页面，然后在 daily.wxml 里添加以下代码，新建一个绑定了事件处理函数为 addDaily() 的 button 组件：

```
<button bindtap="addDaily">新增日报数据</button>
```

然后在 daily.js 里添加以下代码，在事件处理函数 addDaily() 里调用 Collection.add()，往集合 zhihu_daily 里添加一条记录。如果传入的记录对象没有_id 字段，则由后台自动生成_id；如果传入的记录对象指定了_id，则不能与已有记录的_id 冲突。

```
const db = wx.cloud.database() //注意这个要声明，建议放在 Page()外，作为全局变量
addDaily(){
  db.collection('zhihu_daily').add({
    data: {
      _id:"daily9718005",
      title: "元素，生生不息的宇宙诸子",
      images: [
  "https://pic4.zhimg.com/v2-3c5d866701650615f50ff4016b2f521b.jpg"
],
      id:9718005,
      url: "https://daily.zhihu.com/story/9718005",
      image: "https://pic2.zhimg.com/v2-c6a33965175cf81a1b6e2d0af633490d.jpg",
      share_url: "http://daily.zhihu.com/story/9718005",
      body:"<p><strong><strong>谨以此文，纪念元素周期表发布 150 周年。</strong> </strong>
</p>rn<p>地球，世界，和生活在这里的芸芸众生从何而来，这是每个人都曾有意无意思考过的问题。</p>rn<p>
科幻小说家道格拉斯·亚当斯给了一个无厘头的答案，42；</p>rn<p>最恢弘的画面，则是由科学给出的，另一个
意义上的<strong>生死轮回，一场属于元素的生死轮回</strong>。</p>"
    }
  })
    .then(res => {
      console.log(res)
    })
    .catch(console.error)
}
```

单击"新增日报数据"按钮，会看到控制台输出的 res 对象里包含新增记录的_id 为上例设置的 daily9718005。打开云开发控制台的"数据库"标签页，打开集合 zhihu_daily，翻到最后一页，就能看到新增的记录了。

### 2．服务端批量新增记录

目前云开发还不支持在小程序端批量新增记录，只能一条一条地新增，data 参数的值也必须是 object 类型，不能是 array 类型。但是在服务端（云函数端和云开发控制台的高级脚本操作）可以支持一次性增加多条记录。

例如，可以新建一个名为 school 的云函数，然后在 index.js 里添加以下代码，部署上传并调用这个云函数，就可以一次性新增多条记录了：

```
const cloud = require('wx-server-sdk')
cloud.init({
  env: cloud.DYNAMIC_CURRENT_ENV,
})
const db = cloud.database()
exports.main = async (event, context) => {
  const result = await db.collection('school')
  .add({
    data:[{
      _id:"user001",
      name:"bbsky"
    },{
      _id:"user002",
      name:"李东"
    }]
  })
  return result
}
```

**提示** 在创建记录的时候，如果不指定_id 的值，后台会自动生成一个唯一值，不过这个值过长，更加建议自建_id 的生成规则。由于云开发数据库没有类似于 MySQL 的 AUTO_INCREMENT 自增主键的机制，可以使用自定义的值+时间戳+随机数来生成唯一值，如 "p"+Date.now().toString().slice(-3)+Math.random().toString().slice(-3)，它的意思是用自定义值 p、时间戳的后 3 位和随机数的后 3 位共 7 位数来构成唯一的_id 值。

## 5.5.2 删除与更新多条记录

可以用 remove()请求删除多条记录，用 update()来更新多条记录，不过需要注意的是简易权限控制不支持在小程序端执行 remove()请求和批量更新（基于 db.collection()的 update()就是批量更新多条记录），只有开启了安全规则（自定义权限）才可以。当然，服务端具有最高权限，即可以通过云函数端或脚本来操作多条记录。

### 1．云函数端删除多条记录

例如，可以把之前建好的 school()云函数 main()函数里的代码修改如下，即删除 class 为一班的所有数据：

```
const result = await db.collection('school')
  .where({
    class:"一班"
  })
  .remove()
```

调用 school()云函数，就能在控制台里看到云函数返回的对象，其中包含 stats: {removed: 106}，即删除了 106 条数据。

### 2. 云函数端更新多条记录

可以把之前建好的 school()云函数 main()函数里的代码做如下修改，也就是先查询 name 为"小云"的记录，再给这个记录更新一个英文名字的字段 name-en：

```
const result = await db.collection('school')
  .where({
    name:"小云"
  })
  .update({
    data: {
      "name-en": "XiaoYun"
    },
  })
```

这里要注意的是，name-en 这个字段之前是没有的。通过 Collection.update()不仅可以更新记录，还可以批量新增字段并赋值。也就是在更新时，记录里有相同字段就更新，没有就新增。

> **提示**　在使用db.collection.where.update()操作时，如果集合中不存在满足条件的记录，返回的updated 属性值就为 0。在调试更新操作时，可以先使用相同条件的 where()来查询记录，在了解了查询的记录的情况下进行更新操作就不容易犯错了。

### 3. 小程序端批量操作记录

如果想在小程序端批量删除和更新记录，除了需要使用安全规则，还需要注意安全规则与 where()的搭配。如果安全规则里有 auth.openid 时，就要传入当前用户的 Open ID 作为条件，例如，仅创建者可读写的安全规则如下：

```
{
  "read": "doc._openid == auth.openid",
  "write": "doc._openid == auth.openid"
}
```

也就是，在对集合进行读写操作时，都要求传入用户的 Open ID，写的时候只需要在 where()里添加_openid:'{openid}'即可（如果不明白，在 where()中都加这个条件）：

```
.where({
  _openid:'{openid}',//'{openid}'是指当前小程序用户的 Open ID, 它是一个字符串常量
  grade:"初一"
})
```

_openid:'{openid}'条件的意思是，记录里存在_openid 这个字段，且它的值为当前用户的 Open ID。如果记录里面没有_openid 或者记录了用户 Open ID 的字段，只有当安全规则的读或

写设置为 true 时，才能在小程序端进行读写操作。

# 5.6 操作记录里的字段

基于集合记录引用 Document 对象的 4 个请求方法分别为获取单个记录数据 get()、删除单个记录 remove()、更新单个记录 update()、替换更新单个记录 set()。和基于 Collection 不同的是，基于 Collection 的增删改查可以批量操作多条记录，基于 Document 则是操作单条记录，前者是可以替代后者的。

## 5.6.1 权限限制与替代写法

查询集合里的记录常用于获取文章、资讯、商品、产品等的列表；查询单个记录的字段值则常用于获取这些列表里的详情内容。如果在开发中需要增删改查某个记录的字段值，为了方便让程序根据_id 找到对应的记录，建议在创建记录的时候使用程序有规则地生成_id。

### 1. 权限限制

如果你使用的是简易权限控制，在小程序端基于 Document 的请求，同样自带 where({_openid:"当前用户 id"})的条件（服务端没有）。简易权限控制中，可设置所有用户可读，但是只有创建者可写（set()、update()、remove()），即当前用户的 Open ID 与记录_openid 的值相同时才能对该记录进行写操作。也就是说，无法在小程序端对记录进行跨用户的写操作。

但是开启安全规则（自定义权限）之后，小程序端可以设置的权限范围就大了很多。可以在小程序端做到对记录进行批量且跨用户的写操作，还可以在小程序端使用 where.update()和 where.remove()（这些都是批量操作），因此更建议大家使用安全规则。

### 2. 替代写法

当使用安全规则之后，因为 Document 请求无法使用条件 where()，也就无法通过 where({_openid:'当前用户'})来指定用户，因此在小程序端不再使用基于 Document 的请求（也就是建议废弃掉），而使用基于 Collection 的请求代替（和上一节所学内容大体一致），例如：

```
//下面是基于 Document 请求的写法
db.collection('zhihu_daily').doc("daily9718006")
//下面是基于 Collection 的替代写法
db.collection('zhihu_daily').where({
  _openid:'{openid}',
  _id:"daily9718006"
})
```

_openid:'{openid}'和安全规则搭配匹配用户的权限。因为_id 只有唯一值，所以通过 where() 查询时得到的结果也只会是单个记录，后面会一一介绍 doc()请求对应的基于 Collection 的替代写法。云函数端无须理会这些，因为云函数端具有最高权限。但是云函数端仍然可以使用替代写法。

## 5.6.2 操作单个记录 doc 的字段值

集合里的每条记录都有一个_id 字段用以唯一标识一条记录，_id 的数据类型可以是 Number，也可以是 String。_id 是可以自定义的，若导入记录或写入记录时没有自定义_id，系统会自动生成一个字符串。查询记录 do()的字段值就是基于_id 的。

### 1. 查询单条记录

例如，查询知乎日报中的一篇文章（也就是其中一条记录）的数据，使用开发者工具在 zhihudaily 页面的 zhihudaily.js 的 onLoad()生命周期函数里添加以下代码（db 不要重复声明）：

```
//基于 Document 的请求的写法
const db = wx.cloud.database()
db.collection('zhihu_daily').doc("daily9718006")
  .get()
  .then(res => {
  console.log('单个记录的值',res.data)
  })
  .catch(err => {
    console.error(err)
  })
},

//基于 Collection 请求的写法，在 where()中指定_id 的值即可只查询一条记录，再对记录进行操作
db.collection('zhihu_daily').where({
  _openid:'{openid}',
  _id:"daily9718006"
})
  .get()
```

如果集合的数据是导入的，那_id 是自动生成的，自动生成的_id 是 String 类型，所以 doc 内使用了单引号（双引号也可以）。如果自定义的_id 是 Number 类型，例如，自定义的_id 为 20191125，查询时为 doc(20191125)即可，这就是基础知识了。

### 2. 删除单条记录

删除记录是写（write）操作，因此要注意权限。可以使用 doc.remove()来删除单条记录。虽然可以把 remove()操作放在 Page 或小程序的生命周期函数里，不过更常用的做法是将它放到一个事件处理函数里，例如：

```
//基于 Document 的请求的写法
removeDaily(){
  db.collection('zhihu_daily').doc("daily9718006")
    .remove()
    .then(console.log)
    .catch(console.error)
}
```

//基于 Collection 请求的写法，和上例一样，在 where() 中指定 _id 的值即可只查询一条记录，再对记录进行操作

```
db.collection('zhihu_daily').where({
  _openid:'{openid}',
  _id:"daily9718006"
})
  .remove()
```

### 3. 更新单条记录

可以使用 doc.update()来更新记录，update()属于字段级别的操作。也就是说，如果要更新的字段在记录里存在，就会更新；如果不存在，就会添加没有的字段。

```
//基于 Document 的请求的写法
updateDaily(){
  db.collection('zhihu_daily').doc("daily9718006")
    .update({
      data:{
        title: "【知乎日报】元素，生生不息的宇宙诸子",
      }
    })
},

//基于 Collection 请求的写法
db.collection('zhihu_daily').where({
  _openid:'{openid}',
  _id:"daily9718006"
})
  .update({
    //需要更新的字段
  })
```

**提示** 如果使用的是 update()请求，即使记录里面没有对应的_id 记录的访问权限，更新操作也不会失败，只会在返回的结果中说明更新的记录数量为 0。

### 4. 替换更新记录

doc.set()和 doc.update()不同的是，doc.update()用于更新字段，而 doc.set()则用于替换整条记录，相当于把原有的记录里的字段都清空，再添加 doc.set()里的值，例如：

```
setDaily(){
  db.collection('zhihu_daily').doc("daily9718006")
    .set({
      data: {
        "title": "为什么狗会如此亲近人类?",
        "images": [
          "https://pic4.zhimg.com/v2-4cab2fbf4fe9d487910a6f2c54ab3ed3.jpg"
        ],
        "id":9717547,
        "url": "https://daily.zhihu.com/story/9717547",
        "image": "https://pic4.zhimg.com/v2-60f220ee6c5bf035d0eaf2dd4736342b.jpg",
        "share_url": "http://daily.zhihu.com/story/9717547",
        "body":    `<p>让狗从凶猛的野兽变成忠实的爱宠，涉及了宏观与微观上的两层故事：如何在宏
观上驯养了它们，以及这些驯养在生理层面究竟意味着什么。</p>rn<p><img class="content-image"
src="http://pic1.zhimg.com/70/v2-4147c4b02bf97e95d8a9f00727d4c184_b.jpg" alt=""></p>
rn<p>狗是灰狼（Canis lupus）被人类驯养后形成的亚种，至少可以追溯到 1 万多年以前，是人类成功驯化的
第一种动物。在这漫长的岁月里，人类的定向选择强烈改变了这个驯化亚种的基因频率，使它呈现出极高的多样性，
尤其体现在生理形态上。</p>`
      }
    })
}
```

//doc.set()没有相应的基于 Collection 请求的替代写法，不过可以使用 update()来穷举的方式。基于
Collection 请求的写法

```
db.collection('zhihu_daily').where({
  _openid:'{openid}',
  _id:"daily9718006"
})
  .update({
    //穷举需要更新的字段，以及可以通过 Command.remove()来删除多余的字段。
  })
```

## 5.7 更新操作符

如果要在云数据库中更新文档，有两种方式：一是先从数据库中使用 get()查询记录，然后
使用 JavaScript 进行修改，再将修改好的数据存储到数据库，也就是先查再更新；二是结合一
些更新操作符来修改文档中的特定字段，也就是只更新部分字段。通常针对字段有针对性地更
新效率更高，它不需要先从服务器查询来获取记录，而且无论要修改的文档有多复杂，指定字
段更新的内容一般都很简单。

### 5.7.1 更新操作符介绍

更新操作符可以对记录进行字段级别的更新。也就是说，更新操作符修改的只是记录里面
的字段和字段值（可以是嵌套数组或对象），它是文档数据库非常重要的操作符。更新操作符

的字段操作符如表 5-4 所示（数组操作符在 5.8 节中会介绍）。

表 5-4 更新操作符

| 操作符 | 说明 |
| --- | --- |
| set | 设置字段为指定值，也可以新增一个字段 |
| rename | 重命名字段的名称 |
| inc | 原子操作，自增字段值 |
| min | 如果字段值小于给定值，设为给定值 |
| remove | 删除字段 |
| mul | 原子操作，自乘字段值 |
| max | 如果字段值大于给定值，设为给定值 |

和查询操作符不一样的是，查询操作符写在 where()里用于构建查询条件，而更新操作符则写在 update()里，用于对记录里的字段进行字段级别的操作。和查询操作符一样的是，要使用更新操作符时，可以先声明如下变量，或者和查询操作符共用：

```
const db = wx.cloud.database()
const _ = db.command
```

## 5.7.2 使用更新操作符操作字段

可以使用 set()、remove()、rename()来对字段进行操作。也就是说，更新操作符对记录进行的是字段级别的操作，只能修改记录的字段，不要和其他操作混淆。

```
db.collection('school').where({
  name:_.in(["小腾","小讯","小云"])
})
.update({
  data:{
    //set 操作符可以设定一个字段的值，字段值可以为对象。
    //当然也可以不用 set 操作符，直接赋值一个对象给字段
    honour:_.set({
      name:"三好学生",
      en_name:"Three Good Student"
    }), //添加一个字段
    math:_.remove(),          //删除字段
    computer:_.rename("tech") //修改字段名称
  }
})
.then(res=>{
  console.log(res)
})
```

### 5.7.3　原子操作与高并发

云开发数据库针对单个文档的写（write）是原子操作，如使用更新操作符 inc、mul 操作字段。所谓原子操作就是该操作绝不会在执行完毕前被任何其他事务或事件打断。原子操作保证了当多个用户同时进行数据库写操作时不会出现冲突和不一致。

当多个用户并发操作一个记录或一个记录中某个字段的值时，如抢购、点赞、拼团等，使用更新操作符就不会出现冲突。除此之外，同一个记录的嵌套字段使用更新操作符也是原子操作，因此用原子操作结合文档的嵌套设计，可以替代事务的部分功能。例如，用户在抢购商品时，可以在用户支付成功的回调函数里执行 update()请求，使用 inc 更新操作符，让库存量减少：

```
const db = wx.cloud.database()
const _ = db.command
db.collection('shop').where({
  _openid:'{openid}',
  _id:"20200702110"
}).update({
  total:_.inc(-1)
})
```

inc 可以实现字段值原子自增或自减，如_.inc(1)表示字段的值自增 1，_.inc(−1)表示字段的值自减 1。也可以实现一次性增加任意值，如_.inc(10)表示字段的值自增 10。不过需要注意的是，使用 inc 时字段的值要为整数，增减的值也是整数。

## 5.8　数组的查询和更新操作符

查询和更新操作符可以对记录进行字段级别的操作。当字段的值是数组时，可以通过数组查询操作符来构建筛选记录的条件，通过数组更新操作符对记录里面的数组字段进行增、删、改等操作。

### 5.8.1　查询操作符和更新操作符一览

当字段的值是普通数据类型的数组或对象类型的数组时，可以使用查询操作符。根据数组是否拥有指定值以及数组的长度对记录进行筛选，也就是说，尽管进行的是字段级别的查询，但是筛选的依然是记录，查询返回的结果也依然是记录列表。还可以使用更新操作符根据条件在数组的头部、尾部添加元素或减少元素。数组的查询操作符和更新操作符如表 5-5 所示。

表 5-5　查询操作符和更新操作符

| 数组操作符 | 操作符 | 说明 |
|---|---|---|
| 查询操作符 | all | 数组所有元素是否满足给定条件 |
| | size | 数组长度是否等于给定值 |
| | elemMatch | 数组中至少包含一个满足给定的所有条件的元素 |
| 更新操作符 | push | 在数组尾部增加元素（可以指定位置） |
| | pop | 在数组尾部删除一个元素 |
| | shift | 将数组头部元素删除 |
| | unshift | 在数组头部增加元素 |
| | addToSet | 原子操作，如果不存在给定元素则添加元素 |
| | pull | 根据查询条件删除数组中的元素 |
| | pullAll | 和 pull 类似，不过只能指定常量值，可以被 pull 取代 |

## 5.8.2　查询操作符和更新操作符写法

查询操作符用来构建筛选记录的条件，所以要写在 where() 内，而更新操作符则是对记录进行字段级别的写操作，要写在 update() 内。数组的类型有普通数据类型的数组（也就是不嵌套），还有对象数组（这种相对比较复杂一些，5.9 节会介绍）。

### 1．查询操作符

首先以记录的字段值是普通数据类型的数组为例来介绍操作符的写法。例如 user 集合中用户订阅的兴趣标签，它记录的数据结构如下所示：

```
{
  "_id":"user2020070401",
  "tags": ["体育","财经","汽车","房产","教育"],
},
{
  "_id":"user2020070402",
  "tags": ["文化","财经","视频","星座"],
},
{
  "_id":"user2020070403",
  "tags": ["房产","财经","体育","汽车","美食"],
},
```

all 操作符的含义是数组所有元素是否满足给定条件，结合下面的案例应该更容易理解。筛选同时订阅了房产频道和财经频道的用户：

```
const db = wx.cloud.database()
const _ = db.command

db.collection('user').where({
  tags:_.all(["房产","财经"]), //筛选同时订阅了房产频道和财经频道的用户
})
.get()
.then(res=>{
  console.log(res)
})
```

使用 tags:_.size(5)可以用来筛选出数组长度为 5 的记录，也就是订阅了 5 个频道的用户。elemMatch 操作符相对复杂一些，它的写法是_.elemMatch(条件)。例如，tags:_.elemMatch(_.eq("财经"))表示筛选订阅了财经频道的用户。

elemMatch 还可以用于筛选值是数字构成的数组的字段。例如，下面是学生成绩单的记录的结构：

```
{
  "_id":"user2020070405",
  "scores": [59,99,82,77]}
```

可以使用_.elemMatch(_.lt(60))来筛选各科成绩不及格的学生，还可以使用查询操作符的链式写法_.elemMatch(_.gt(80).lt(100))来筛选各科成绩优良的学生。

### 2．更新操作符

数组更新操作符可以结合 JavaScript 的一些数组方法来理解，数组方法里的尾部添加元素push()、尾部删除元素 pop()、头部添加元素 unshift()、头部删除元素 shift()和对应的数组更新操作符用法基本保持了一致，只有 push 更新操作符的用法会有所不同。

push 更新操作符包含 each（要插入的元素）、position（从哪个位置插入）、sort（对结果数组排序）、slice（限制结果数组长度）等属性。例如：

```
db.collection('user').where({
  tags:_.elemMatch(_.eq("财经"))
})
.update({
  data:{
    tags: _.push({
      each: ["漫画","视频","历史"],//把 3 个元素添加到数组
      position:3,//从第 4 位开始，也就是在第 3 位的后面添加
      slice:6,//slice(n)表示数组只保留前 n 个元素，n 为 0 时数组会被清空；为负数时，只保留后 n
个元素
      //sort:1，给定 1 代表升序排序，-1 代表降序排序。由于 sort 的中文排序并没有那么理想，而且
会打乱 position 的位置，因此可以按实际情况来使用
    })
  }
})
```

```
.then(res=>{
  console.log(res)
})
```

执行更新操作符之后,记录的字段值的变化结果如下:

```
["体育","财经","汽车","房产","教育"]-->["体育","财经","汽车","漫画","视频","历史"]
["文化","财经","视频","星座"] -->["文化","财经","视频","漫画","视频","历史"]
["房产","财经","体育","汽车","美食"]-->["房产","财经","体育","漫画","视频","历史"]
```

当然,也可以直接使用 tags: _.push(["漫画","视频","历史"])直接往数组里面添加结果(不推荐使用这种方法),它等价于 tags: _.push({each: ["漫画","视频","历史"]})(建议使用这种方法)。position、sort、slice 都是非必填属性,但是如果要添加 position、sort、slice 属性,必须要有 each 属性。

虽然 addToSet 和 push 一样也是把元素添加到数组里面,但是 addToSet 不会保持插入元素前的元素顺序,而且添加元素时不会出现重复添加(只添加数组里没有的元素,不添加已有的元素)。如果要添加的字段在记录里不存在,addToSet 和 push 都可以创建并添加。

## 5.9 操作嵌套数组对象

云开发数据库作为一个文档数据库,它的记录的值除了有对象和数组这种相对复杂的数据,还会出现它们的多重嵌套。那针对嵌套数组、嵌套对象,应该怎样对它们进行查询和更新呢?

### 5.9.1 查询和更新普通数组和对象

始终要明确,不管字段的值是数组、对象,还是更为复杂的嵌套,使用 where()所筛选的始终都是记录,而 update()则用于对筛选返回的记录列表进行字段级别的更新。例如,存储用户信息的集合 user(包含用户标签 tags、公司职位信息 company、喜欢的书 books 以及书签页数 mark 等),它的记录结构设计如下:

```
{
  _id:"user001",
  tags:["音乐爱好者","健身达人","二次元","职场菜鸟"],
  company:{
    name:"腾讯",
    title:"前端开发工程师",
    years:2
  },
  books:[{
    "title": "JavaScript 高级程序设计(第 4 版)",
    "publishInfo": {
      "press": "人民邮电出版社",
      "year":2020
```

```
    },
    mark:[22,34,68,105,300]
  },{
    "title": "JavaScript 权威指南(第 7 版)",
    "publishInfo": {
      "press": "机械工业出版社",
      "year":2021
    },
    mark:[15,99,122,178,411]
  }]
}
{用户 2 的数据}{用户 3 的数据}{用户 4 的数据}{...}  //n 个用户的记录
```

### 1. 匹配和更新数组里的元素

tags 字段的值是一个数组，除了可以使用数组的查询操作符来筛选记录，还可以通过匹配的方式。例如，要查询标签为"二次元"的所有用户喜欢的书有哪些：

```
const db = wx.cloud.database()
db.collection('user').where({
  tags:"二次元"
})
.get()
.then(res=>{console.log(res)})
```

可以直接使用条件 tags:"二次元"筛选 tags 数组包含"二次元"标签的记录，也可以使用查询操作符 tags:_.all(["二次元"])或 tags:_.elemMatch(_.eq("二次元"))。它们的写法虽然不同，但是结果是一样的。

除此之外还可以使用点表示法来精准匹配数组元素的位置。例如，查询第 3 个标签的值为"二次元"的用户，可以使用条件"tags.2":"二次元"，也就是字段名.数组的 index。对数组进行更新时除了可以使用更新操作符，也可以使用点表示法更新数组内指定 index 的元素。例如，把数组的第 2 个标签更新为"徒步爱好者"：

```
.update({
  data:{
    "tags.1":"徒步爱好者"
  }
})
```

### 2. 匹配和更新对象里的元素

company 的值是一个对象，在匹配它的条件时，可以使用点表示法（更加推荐这种方法）和传入相同结构的对象的方式。例如，要筛选企业的名称是"腾讯"，岗位是"前端开发工程师"的用户：

```
//点表示法，更推荐这种方式
.where({
  "company.name":"腾讯",
  "company.title":"前端开发工程师"
})

//传入相同结构的对象的方式
.where({
  company:{
    name:"腾讯",
    title:"前端开发工程师"
  }
})
```

在查询时使用点表示法可以和数组对象的属性访问保持一致，在更新时也可以保持一致的写法。尤其在字段的值是更加复杂的嵌套数组和对象的情况下，点表示法非常实用。

## 5.9.2 匹配和更新多重嵌套的数组和对象

点表示法和数组的 index 在字段的值是多重嵌套数组和嵌套对象时，都可以用来"根究"深层嵌套里的字段的值，从而匹配筛选记录以及将字段级别的更新用到更深的嵌套（不管嵌套有多少层）里。

例如，5.9.1 节中的 books 就是数组里面嵌套对象，对象里面也嵌套对象。想要筛选喜欢的书里有"人民邮电出版社"的用户（注意，只能返回记录，而记录存储的是用户），应该怎么做呢？

```
.where({
  "books.publishInfo.press":"人民邮电出版社",
})
```

注意虽然 books 是一个数组，但是在上面的案例进行嵌套匹配时没有指定索引。如果没有指定数组的索引表示筛选数组内所有的值，只要值内的嵌套对象有一个值满足匹配条件，那这条记录就符合要求。如果指定数组的索引，那就表示精确到数组的第几项的值。

可以再进一步区分一下面对数组带索引与不带索引的区别，说明如下：

```
books.1.publishInfo.press    //表示 books 数组第 2 项的出版信息
books.publishInfo.press      //表示用户喜欢的所有书的出版信息
```

在更新的时候，可以使用索引精准更新第几本书的信息，如果没有下标会出现"multiple write errors"。也就是说，使用这个方式不能更新用户喜欢的所有书的出版信息（5.9.3 节会介绍一个更新指令$[]）：

```
//精准更新了用户喜欢的书中第 2 本书的出版社信息
.update({
  data:{
```

```
      "books.1.publishInfo.press":"人邮社"
    }
  })
```

不管记录的嵌套有多少层，之前匹配筛选的规则同样适用，即遇到数组写索引就是精准匹配第几项，不写索引就是匹配了数组内的所有值。一定要注意，不管匹配了多少层，使用 where() 所返回的结果，始终都是记录列表，而不是某个字段。

### 5.9.3　更新数组中所有匹配的元素之$[]

要想更新数组中所有匹配的元素，就需要用到数组更新操作符$[]，既然它是更新操作符，那就不能写到查询匹配 where()里，而要写在 update()请求里。在查询条件匹配筛选了记录之后，$[]会在筛选出来的记录里指定数组字段中的所有元素。例如，books.1 表示 books 数组的第 2 个元素，books.$[]表示 books 数组内的所有元素。

还是以 5.9.1 节的集合为例，但是丰富一下案例内容（学习时可以使用控制台的"高级操作"将数据添加到集合里）：

```
{
  _id:"user001",
  books:[{
    "title": "JavaScript 高级程序设计(第 4 版)",
    "publishInfo": {
      "press": "人民邮电出版社",
    }
  },{
    "title": "JavaScript 权威指南(第 7 版)",
    "publishInfo": {
      "press": "机械工业出版社",
    }
  }]
},{
  _id:"user002",
  books:[{
    "title": "Python 编程从入门到实践",
    "publishInfo": {
      "press": "人民邮电出版社",
    }
  },{
    "title": "高性能 MySQL（第 3 版）",
    "publishInfo": {
      "press": "电子工业出版社"
    },
  },{
    "title": "JavaScript 高级程序设计(第 4 版)",
    "publishInfo": {
      "press": "人民邮电出版社",
```

```
      }
    }]
} //...n 个用户
```

例如，想将所有用户"喜欢的书"里面的"人民邮电出版社"全部更新为"人邮社"，就可以使用$[]，代码如下：

```
db.collection('user')
.where({
  "books.publishInfo.press":"人民邮电出版社"
})
.update({
  data:{
    "books.$[].publishInfo.press":"人邮社"
  }
})
.then(res=>{console.log(res)})
```

## 5.9.4 更新数组中第一个匹配到的元素之$

以上的案例中 where()和 update()之间并没有太大的联系，where()只匹配出记录，而 update()不管匹配的嵌套是什么情况，只会更新匹配的那些记录。例如，使用"books.publishInfo.press":"人民邮电出版社"匹配的是喜欢的书里有"人民邮电出版社"的用户的信息。

匹配筛选 where()返回的结果是记录列表，那怎么样才能让 where()在字段上的匹配与 update()之间产生联系呢？$更新操作符只会更新第一个匹配到的元素，它相当于第一个匹配结果的占位符。在使用更新操作符时需要先通过 where 匹配到数组符合条件的记录。

例如，想根据喜欢的书名为《JavaScript 高级程序设计（第 4 版）》来更新这本书的出版社，但是只知道书名，不知道这本书在数组的索引，那如何更新呢？

```
db.collection('user')
.where({
  "books.title":"JavaScript 高级程序设计(第 4 版)"
})
.update({
  data:{
    "books.$.publishInfo.press":"人民邮电"
  }
})
.then(res=>{console.log(res)})
```

注意，尽管有多个用户都喜欢《JavaScript 高级程序设计（第 4 版）》这本书，使用 where 查询时得到的也是多个用户的记录列表，但是使用 books.$.publishInfo.press 只会更新第一个用户的书。如果想更新所有用户的书的出版社，就要用 books.$[].publishInfo.press。只能更新数组第一个匹配到的元素，$的意义何在呢？

在数据量比较大的时候，有时候并不清楚嵌套数组里的某个值在数组里的索引（如果清楚的话，就可以直接用索引精准更新了）。如果用$，只要数组里的某个值在 where()进行嵌套字段匹配时是唯一值，就能精确更新它的值。

例如，以下是一个博客集合 posts 的评论数据，只知道评论者的 id，但是想修改 id 对应的评论，这时候就可以用到$了：

```
{
  "_id":"post001",
  "comments":[
    //前面有多条评论，使得没法使用评论在评论列表的索引
    {
    "comment":{
      "id":"comment0998",
      "content":"云开发真是好用啊"
    }
  }]
}

db.collection('posts')
.where({
  "comments.comment.id":"comment0998"
})
.update({
  data:{
    "comments.$.comment.content":"云开发数据库真好用，哈哈"
  }
})
.then(res=>{console.log(res)})
```

> **提示**　$不能用于更新嵌套在两层及两层以上的数组里的字段。

## 5.10　数据库变量处理

前面讲的数据库请求都是基于固定的集合名、记录_id、字段名、字段值等，那如何在数据库请求里引入变化使变量更加丰富以便以后可以进行封装函数等操作呢？

### 5.10.1　集合名、记录_id、字段值变量

集合名和记录_id 只能是一个字符串或数值，因此声明为一个变量没有难度。而字段值虽然有多种复杂的数据类型，但是只要严格按照相应的数据类型来声明即可。声明变量是比较基础的 JavaScript 知识。

下面就是把数据库请求的集合名、记录_id 以及字段值都使用变量的方式声明：

```
const db = wx.cloud.database()
const _ = db.command
const colName = "zhihu_daily"
const id = "afb19330-b6e2-401f-acf4-0c2030fd2ce3"
const data = {
  "title": "为什么狗会如此亲近人类?",
  "images": [
      "https://pic4.zhimg.com/v2-4cab2fbf4fe9d487910a6f2c54ab3ed3.jpg"
  ],
  "id":9717547,
  "url": "https://daily.zhihu.com/story/9717547",
  "image": "https://pic4.zhimg.com/v2-60f220ee6c5bf035d0eaf2dd4736342b.jpg",
  "share_url": "http://daily.zhihu.com/story/9717547",
  "body":  `<p>让狗从凶猛的野兽变成忠实的爱宠</p>`
}

db.collection(colName).where({
  _id:id
}).update({
  data:data
}).then(res=>console.log(res))
```

**提示** 不少基础知识掌握不牢的学习者会给变量加上单引号或双引号,如 db.collection("colName"),这会让变量变成 String 类型。还有集合名和记录_id 只能是 String 类型或 Number 类型,不要弄错了。如果_id 是数组,则需要用函数进行循环遍历来处理。

如果字段的值为字符串,也可以使用模板字符串。例如,下面是数据库查询的正则表达式:

```
const db = wx.cloud.database()
const studentname = "云"
db.collection('school').where({
  name: db.RegExp({
    regexp:`${studentname}`,
    options: 'i',
  })
}).get().then(res=>console.log(res))
```

## 5.10.2 数据库请求的变量

可以把 where()内的条件, add()、update()等里的语句都使用变量表示, 也可以使用 wx.cloud.callFunction()调用云函数把这些变量传递给云函数。不过需要注意的是, 小程序端和云函数端的接口有点不一样, const db = wx.cloud.database()在云函数端要写成 const db = cloud.database():

```
const db = wx.cloud.database()
const _ = db.command

//将 where()内的条件赋值给一个变量
```

```
const query = {
  tags:_.elemMatch(_.eq("财经"))
}

//含有更新请求里的 data 对象赋值给一个变量
const updatequery ={
  tags: _.push({
    each: ["漫画","视频","历史"],
    position:3,
    slice:100
  })
}

db.collection('user').where(query)
  .update({
    data:updatequery
  })
  .then(res=>{
    console.log(res)
  })
```

### 5.10.3　字段名称为变量

字段（field）的名称也可以是变量，这就要用到计算属性名这个 ES6 语法了。也就是可以在[]中放入表达式，计算结果可以当作属性名（注意计算的最终结果必须是字符串）。在[]中既可以使用模板字符串，也可以直接用+来拼接：

```
const num = 2
db.collection('user').where({
  _id:"user001"
})
.update({
  data: {
    [`books.${num}.publishInfo.press`]: "人民邮电出版社"
    //或者["books."+num+".publishInfo.press"]: "人民邮电出版社"
  }
})
```

# 第6章

## 聚合查询

聚合查询是非常强大的数据分析工具，主要用于对记录进行批量处理。聚合查询可以对记录进行按条件分组、跨集合联表等一系列批量而复杂的操作，也可以基于字段（以及内嵌字段）进行类似 Excel 整列跨字段的运算（如加、减、合并、比较等）、对内嵌的字段可以进行整列拆分、类型变换、组合等操作。聚合查询主要用于数据统计与数据挖掘，它只能进行数据库的读（read）操作，不能进行写（write）操作，因此它不会修改数据库里的数据。

## 6.1 聚合快速入门

聚合的概念非常复杂，在学习时可以将聚合类比为 Excel 对数据整列的处理方式，也可以将聚合阶段类比为工厂流水线里一个个有序的工作环节，由于聚合是非关系数据库中的概念，还可以和关系数据库（如 MySQL）的查询语句进行类比学习。

### 6.1.1 聚合查询与普通数据查询

聚合（aggregate）和普通数据查询（get）是两套不同的体系，聚合更偏向于数据的统计分析。聚合查询的功能非常强大，但是目前它还不能对集合进行增、删、改等写操作，因此所有的结果都需要返回到小程序端。

由于聚合查询和普通数据查询都能对数据库进行查询，而且它们的很多方法都特别类似，因此很多人会混淆，甚至错误地使用，如出现.where().aggregate()、.aggregate().get()等错误的操作。为了让大家更好地理解聚合查询和普通数据查询，以下特别整理了二者的对比，以后大家写聚合查询和普通查询时都可以先写类似的模板。

在使用前，首先需要声明以下 3 个变量，方便简写以及简写方式的统一。其中_表示查询操作符（聚合里没有更新操作符），$表示聚合操作符：

```
const db = wx.cloud.database() //云函数端为 const db = cloud.database()
const _ = db.command
const $ = db.command.aggregate
```

然后看一下普通数据查询和聚合查询的完整案例的区别，尤其是聚合与普通数据查询在构建查询条件时一些功能相似的地方：

```
//普通数据查询
db.collection("school")        //获取集合 school 的引用
  .where({                     //查询的条件操作符 where()
    english: _.gt(90)          //查询筛选条件，gt 表示字段需大于指定值
  })
  .field({                     //显示哪些字段
    _id:false,                 //默认显示_id, false 表示隐藏
    name: true,
    english: true,
    math:true
  })
  .orderBy('english', 'desc')  //排序方式为降序排列
  .skip(0)                     //跳过多少个记录（常用于分页），0 表示不跳过
  .limit(10)                   //限制显示多少个记录，这里为 10，默认是 20
  .get()                       //获取根据查询条件筛选后的集合数据
  .then(res => {
    console.log(res.data)
  })
  .catch(err => {
    console.error(err)
  })

//聚合查询，大家写聚合操作的时候，可以参考这个模板来写
db.collection('school').aggregate() //发起聚合操作
  .match({                     //类似于 where()，对记录进行筛选
    english: _.gt(90)
  })
  .project({                   //类似于 field()，在这里可以新增字段
    _id:false,                 //默认显示_id, false 表示隐藏
    name: true,
    english: true,
    math:true
  })
  .sort({                      //类似于普通查询的 orderBy()
    english: -1,
  })
  .skip(5)                     //类似于普通查询的 skip()
  .limit(1000)                 //类似于普通查询的 limit()，默认是 20，没有上限
  .end()                       //注意，end()标志聚合操作的完成
  .then(res => console.log(res))
  .catch(err => console.error(err))
```

上述代码中的 match()、project()、sort()、skip()、limit()、end()都是在写聚合查询时需要注意的点，另外还要注意以下几点。

- aggregate()用于发起一个聚合操作。
- match()用于根据条件过滤文档，进行查询匹配，语法和 where()类似。
- project()用于把指定的字段传递给下一个流水线，指定的字段可以是某个已经存在的字

段，也可以是计算得出的新字段，它和 field 不同的是可以输出一些数据库中不存在的字段。

- sort()用于根据指定的字段，对输入的文档进行排序，1 代表升序排列（从小到大）；-1 代表降序排列（从大到小），功能和 orderBy()类似。
- 小程序端 limit()默认为 20（也就是使用聚合查询，查询到的数据都会默认显示 20 条），也可以设置更大的值（除了整个数据大小不能超过 16MB，数据数目基本没有上限，但是最好不要太大）。普通查询是不能超过 20 条的。
- end()是完成聚合操作的标志。

注意，聚合查询返回的结果是 list 数组对象，res.list 才是数组，这和普通数据查询直接返回数组有所不同。

## 6.1.2　聚合的基础知识

聚合查询相比于普通查询只能读不能写，看起来好像和普通查询没有太大区别，那它到底强大在哪里呢？

### 1．聚合的使用场景

聚合可以对记录进行流水线式、分阶段的批处理。

（1）**返回大量数据**（慎用）。小程序端一次数据库请求最多可以返回 20 条记录，云函数端一次请求最多可以返回 1000 条记录。要想在小程序端请求超过 20 条记录就需要多次进行数据库请求，如果使用云函数或使用聚合查询来返回数据，就能减少数据库请求的次数。对于云函数端来说，如果有备份等请求大量数据的需求，也可以通过聚合来减少数据库请求的次数。当然请求过多数据不适合在业务场景中使用，它只适合由管理员进行操作。

（2）**提取嵌套字段里的值**。普通查询只能返回记录列表再通过 JavaScript 来处理，不能直接返回记录里面指定的字段以及嵌套字段，而用聚合结合 unwind()、replaceRoot()、addFields()、project()等聚合阶段和聚合操作符，可以将记录里面的嵌套字段提取出来。

（3）**跨字段统计**。普通查询不能对记录里面的字段进行跨字段的操作。例如，记录里面有商品 A 和商品 B 的每月的价格和销售量，普通查询无法进行统计每月商品 A 和商品 B 的销售额这样的数学运算，而聚合则因为具有非常强大的统计分析能力，可以跨字段、内嵌字段操作。

聚合可以类似 Excel 一样对字段进行整列整列的批处理。例如，对符合条件的所有记录里的字段都执行算术运算、比较、去重（去除重复值）或者进行跨字段的操作，这是普通查询做不到的。

（4）**分组输出多个结果**。聚合可以通过提取字段、新增字段、删除不必要的字段以及对结果进行分组处理等方式，一次输出多个结果。如已知学校每个班级男生、女生的语文、数学、英语成绩，求每个班级男生、女生的语文、数学、英语成绩的平均分分别是多少。

（5）**lookup()联表查询**。使用聚合的 lookup() 可以实现跨集合的记录联表匹配查询操作，这可以用来处理类似于关系数据库的关联关系。

### 2. 聚合流水线说明

聚合管道是一个流水线式的批处理作业，就像工厂的流水线一样，从 aggregate() 发起聚合操作开始，一个流水线作业包含多个批处理阶段，也就是聚合阶段，如 match()、project()、group()、sort()、skip()、limit() 等（这些聚合阶段可以按照需求来重组）。每个聚合阶段接收来自上一个聚合阶段的输入记录列表然后加工处理成新的记录列表后输出给下一个阶段，直至 end() 阶段返回结果。如果是第一个阶段则是集合的全部记录。

一个聚合阶段是将输入记录按指定的规则加工处理之后转换为输出记录的过程，如提取字段投射（project()）、排序（sort()）、分组（group()）、新增字段（addFields()）等。每个聚合阶段又可以用表达式和操作符来进行更加复杂的操作，如算术运算、比较运算、格式转换、日期转换、累计器等。不同的聚合阶段可以按照任意顺序组合在一起使用，也可以重复使用任意次。

### 3. 聚合表达式说明

聚合表达式可以是字段的路径引用、常量、对象表达式或操作符表达式，并且可以嵌套使用表达式。通过字段路径引用可以引用字段的值，如表 6-1 所示，各种水果的销售价格（price）、销售数量（quantity）和进价成本（cost），要求各种水果的销售额和利润就需要通过字段路径对 price、quantity 和 cost 等字段进行列的运算。

表 6-1　聚合表达式案例

| product | price | quantity | cost | $.multiply(['$price','$quantity']) | $.multiply([$.subtract(['$price','$cost']), '$quantity']) |
|---------|-------|----------|------|-------------------------------------|-----------------------------------------------------------|
| 苹果 | 5.5 | 56 | 5.2 | 5.5*56 | (5.5−5.2)*56 |
| 香蕉 | 6.5 | 78 | 5.9 | 6.5*78 | (6.5−5.9)*78 |
| 葡萄 | 8.5 | 35 | 7.8 | 8.5*35 | (8.5−7.8)*35 |
| 橘子 | 4.0 | 184 | 3.7 | 4.0*184 | (5.0−3.7)*184 |

$+字段名表示引用的是字段的值。例如，$price 表示引用的水果的价格，$.multiply(['$price','$quantity'])中使用了算术操作符 multiply，也就是将 price 这一列的值分别乘以对应的 quantity。$.multiply([$.subtract(['$price', '$cost']), '$quantity'])则是将 price 这一列的值分别减去对应的 cost，然后再乘以对应的 quantity 这一列的值。它们和 Excel 在列的第一行使用公式之后下拉重复第一行的操作是一个原理。

如果是嵌套字段或数组，也可以通过点表示法和数组下标表示法取引用。例如，第 5 章的案例$books.publishInfo.press 表示 books 数组里的 publishInfo 对象里的 press 字段，而$books[1].publishInfo.press 表示 books 数组第二个元素里的 publishInfo 对象里的 press 字段。

可以大致将聚合操作符理解为 Excel 处理数据的公式和函数，两者之间有很多相同之处。和 Excel 公式一样，聚合操作符也有很多类别，如算术操作符、比较操作符、布尔操作符、字符串操作符、数组操作符等。这些操作符有助于在聚合查询时实现类似于 JavaScript 操作数据一样的功能。聚合操作符有哪些呢？可以在小程序开发者工具控制台运行如下代码来查看：

```
wx.cloud.database().command.aggregate
```

### 6.1.3　云数据库聚合与 SQL 语句对应理解

云开发数据库是非关系文档数据库，和 MySQL 这种关系数据库在使用上有差异，也有相似之处。云数据库聚合与 SQL 语句的对应理解如表 6-2 所示。

表 6-2　云数据库聚合与 SQL 语句的对应理解

| SQL 语句 | 云数据库聚合 | 含义 |
| --- | --- | --- |
| WHERE | match() | 根据条件过滤文档 |
| GROUP BY | group() | 将输入记录按给定表达式进行分组 |
| HAVING | match() | 筛选分组后的数据 |
| SELECT | project() | 选取指定字段 |
| ORDER BY | sort() | 对文档进行排序 |
| LIMIT | limit() | 限制记录数 |
| SUM() | sum() | 返回一组字段所有数值的总和 |
| COUNT() | count()、sortByCount() | 计算记录数；计算不同组的数量并将组按数量进行排序 |
| JOIN | lookup() | 基于表之间的共同字段将同一个数据库里的多个集合结合起来 |

## 6.2　聚合阶段

可以将多个不同的聚合阶段按照一定的顺序或重组来实现对查询到的数据进行加工处理，加工过程不会影响数据库里的数据（也就是说，聚合不会对数据库进行写操作）。

### 6.2.1　聚合阶段介绍

聚合阶段是聚合管理流水线作业的组成单元，是一个个功能节点，有的可以联表（lookup()），有的可以组合（group()），有的可以拆分（unwind()），等等。每个聚合阶段可以使用表达式、操作符对输入文档进行计算、汇总、均值、拼接、分割、转换格式等操作，操作完成之后结果会传给下一个阶段，直到 end() 返回结果。聚合阶段有哪些，每个聚合阶段又表现了什么样的功能呢？聚合阶段以及相关说明，如表 6-3 所示（可以结合工厂流水线理解输入文档与输出文档）。

表 6-3　聚合阶段一览表

| 聚合阶段 | 说明 |
| --- | --- |
| match() | 根据条件筛选输入文档，放在流水线前面过滤数据，可以提高后续数据处理效率，也可以在 end() 之前再次使用再过滤 |
| project() | 对输入文档提取新字段、删除现有字段、自定义字段 |
| group() | 将输入文档按给定表达式分组 |
| addfields() | 添加新字段到输出文档 |
| unwind(0 | 将输入文档里的数组字段拆分成多条，每条包含数组中的一个值 |
| lookup() | 联表查询，左外连接 |
| replaceroot() | 指定一个已有字段或新字段作为输出的根节点 |
| sort() | 对输入文档排序后输出 |
| sortbycount() | 根据组内数据的数量排序 |
| limit() | 限制输出文档数，默认为 20，还可以设置更大值 |
| skip() | 跳过指定数量的文档，输出剩下的文档 |
| count() | 统计本阶段输入文档的记录数量 |
| sample() | 随机从文档中选取指定数量的记录 |
| bucket() | 将输入文档根据给定的条件和边界划分成不同的组 |
| bucketauto() | 将输入文档根据给定的条件和边界平分到不同的组，无须指定边界 |
| geonear() | 将输入文档里的记录按照离给定点从近到远输出 |
| end() | 聚合操作定义完成 |

　　**提示**　聚合可以对进入聚合流水线的记录列表进行拆分、添加/删除字段、分组、提取嵌套对象数组里的字段等操作，记录的_id 也可以不再是唯一 id，而且这一系列的操作不会改变数据库里的记录，因此描述聚合流水线的记录用 "文档" 会更加合适一些。

## 6.2.2　聚合阶段实践

　　6.1.2 节中简单讲解了聚合阶段。聚合管道流水线从 aggregate() 发起聚合操作开始，到 end() 结束聚合操作为止，经过了多个聚合阶段。聚合阶段有哪些功能？使用时需要注意什么？接下来将为大家一一讲解。

### 1．match()（匹配）

　　match() 可以根据条件过滤文档，进行查询匹配，语法和 where() 比较类似。match() 和其他聚合阶段不同，只能用查询操作符，不能使用聚合操作符。在写聚合时，应尽可能地把 match()

放在流水线的前面，提早过滤文档，减少其他聚合阶段的数据量，提升聚合的速度，还可以使用索引来加快查询。建议 match()之后的输出数据最好小于 100 MB（主要是因为 group()有内存限制）。

在写 match()时，可以参考前面所学习的 where()查询以及查询操作符的用法，两者类似，但是不能写成.aggregate().where()。

```
//凡是写聚合都建议先声明以下 3 个变量，后面也是如此
const db = wx.cloud.database()
const _ = db.command
const $ = db.command.aggregate

db.collection('school').aggregate()
.match({
  english: _.gt(80)
})
.project({
  _id:0   //不显示_id 字段
})
.end()
.then(res=>{console.log(res.list)})
```

### 2. project()（投射）

project()类似于查询条件里的 field()。但是相比于 field()，聚合里中的 project()操作更加强大。使用 project()可以从子文档中提取字段，也可以重命名字段，还可以使用点表示法舍弃或获取多层嵌套的字段。

前面介绍的 match()可以过滤不符合条件的记录，减少各聚合阶段的记录数，从而提升聚合的效率。project()也可以过滤不需要的字段，尤其是对字段多而复杂的记录而言。

project()可以根据表达式、操作符来添加一个新字段，也可以重置（覆盖）已有的字段。就好像 Excel 里，已有列 A 和列 B，新增一个列 C，列 C 的数据是基于列 A 或列 B 的数据进行公式化处理的结果，也可以把新数据直接覆盖到列 A 和列 B。

例如，以下案例仍然以第 5 章的各年级学生考试成绩数据为例。已知学生的各科考试成绩，希望聚合给出的字段为中文而不是英文，而且要给出数据库里没有的数据"总分"（"总分"可以根据各科成绩来计算）：

```
db.collection('school').aggregate()
.project({
  _id:0,  //用 0 或 false 来去掉_id 字段，_id 就不会显示了
  name:1, //用 1 或 true 来显示
  english:1,
  "英语": $english
  "总分": $.add(['$chinese','$math','$english','$computer'])
  })
.end()
```

```
.then(res => console.log(res))
.catch(err => console.error(err))
```

上述代码中对已有字段进行了重命名，"英语"这个字段是原有数据库中没有的，这里相当于重命名了 english 字段，而"总分"是新创建的字段，字段的值是基于已有字段进行表达式换算而来。当然，无论是重命名还是新建字段都不会影响原有的数据库（不会写入数据库）。

### 3．group()（分组）

group()可以将输入记录按给定表达式进行分组，输出时每个记录代表一个分组，每个记录的_id 是区分不同组的关键。group()输出的文档是没有顺序的。表 6-4 给出了一个 group() 分组案例。

表 6-4　group()分组案例

| id | 人名 | 性别 | 班级 | 语文 | 数学 | 英语 |
|---|---|---|---|---|---|---|
| user001 | 小云 | 女 | 一班 | 87 | 89 | 75 |
| user002 | 小开 | 男 | 二班 | 76 | 83 | 81 |
| user003 | 小发 | 男 | 二班 | 69 | 92 | 58 |
| user004 | 小腾 | 男 | 三班 | 82 | 79 | 63 |

原有表格的_id 是 user001 这种唯一值，但是可以使用 group()把记录按照性别或班级进行分组。如果按性别分组，_id 的值就是男、女；如果按班级分组，_id 的值就是一班、二班、三班。既然_id 由唯一值变为重复值，group()就可以统计记录中有多少个重复值，也可以按照新分组，将 chinese、math、english 这 3 个字段里的值按照一定的表达式重新计算，例如：

```
db.collection('user').aggregate()
.group({
  _id: '$gender',        //按性别来分组，相当于去重，或者获取唯一值
  chinese:$.sum('$chinese'),    //男生、女生的语文总分分别是多少
  mathavg:$.avg('$math'),       //男生、女生的数学平均分分别是多少
  engmax:$.max('$english'),     //男生、女生的英语最高分分别是多少
  count:$.sum(1)                //count()阶段，后面也会介绍，指的是男生、女生各有多少人
})
.end()
.then(res => console.log(res.list))
.catch(err => console.error(err))

//输出的结果如下
[{
  _id: "男"
  chinese:227
  mathavg:84.66666666666667
  engmax:81
  count:3
},{
```

```
  _id: "女"
  chinese:87
  mathavg:89
  engmax:75
  count:1
}]
```

从以上案例可以了解到 group()的分组结合累计器操作符，可以按输入文档的一个字段（不是通常的按记录）来计算总和（sum）、平均值（avg）、最大值（max）、最小值（min），这些都是累计器操作符的应用（关于累计器操作符 6.3.2 节会详细介绍）。除此之外，还可以去重（获取唯一值）以及结合 count()阶段统计分组重复数量。

**提示** group()阶段，必须要有_id，也就是说 group({_id:""})里面的_id 是不能少的。如果少了，会出现 "a group specification must include an _id" 错误。_id 的值可以为 null，也可以为其他不相干的值。如果填写 "$+字段名" 就会按这个字段的值进行分组；如果传入的是两个 "$+字段名"，则会按多个值分组。

### 4．count()（计算）

注意，count()的用法和普通数据查询里面的 where({}).count()是不一样的，不能写成.aggregate().count()，而是要结合 group()来使用。例如，下面是查询英语成绩高于 80 分的学生的数量：

```
db.collection('school').aggregate()
.match({
  english: _.gt(80)
})
.group({
  _id:null,
  count:$.sum(1)
})
.end()
.then(res=>{console.log(res.list)})
```

这里的_id 是没有实际意义的，所以用 null，也可以写成其他值，如'namenum'，也可以使用.project({_id:0})把_id 去掉。其中的 count，表示符合条件的学生数量。

### 5．unwind()（拆分数组）

unwind()可以拆分数组以及嵌套数组，拆分时还可以通过设置 includeArrayIndex 保留数组元素的索引。拆分之后，一个文档会变成多个文档，分别对应数组的每个元素。

下面代码中的 books 是数组，books 里面的每一个元素都是用户喜欢的书。

```
{
  _id:"user001",
  books:[{
    "title": "JavaScript 高级程序设计(第 4 版)",
```

```
        "publishInfo": {
          "press": "人民邮电出版社",
        }
      },{
        "title": "JavaScript 权威指南 (第 7 版)",
        "publishInfo": {
          "press": "机械工业出版社",
        }
      }]
    },{
      _id:"user002",
      books:[{
        "title": "Python 编程从入门到实践",
        "publishInfo": {
          "press": "人民邮电出版社",
        }
      },{
        "title": "高性能 MySQL (第 3 版)",
        "publishInfo": {
          "press": "电子工业出版社"
        },
      },{
        "title": "JavaScript 高级程序设计 (第 4 版)",
        "publishInfo": {
          "press": "人民邮电出版社",
        }
      }]
    }
```

如果需要对数组里面的数据进行统计，如每本书有多少人喜欢，用户最喜欢哪个出版社的书，等等，都需要对数组进行拆分。

```
db.collection('user').aggregate()
  .unwind({
    path:'$books',
    includeArrayIndex:'index',  //
  })
  .end()
  .then(res => console.log(res))
  .catch(err => console.error(err))
```

经过 unwind()拆分之后，输入文档由之前的 2 个变成了 5 个。一个 books 数组里有多少个元素，就会拆分成多少个文档。拆分之后_id 的值不变，index 表示该元素在原来的数组里的索引。拆分后的文档结构大致如下：

```
{_id: "user001",books: {...},index:0}
{_id: "user001",books: {...},index:1}
{_id: "user002",books: {...},index:0}
{_id: "user002",books: {...},index:1}
{_id: "user002",books: {...},index:2}
```

### 6. replaceRoot()（指定根节点）

replaceRoot()可以指定一个已有字段，也可以指定一个计算出的新字段作为输出的根节点。所谓根节点就是提升到 root 的级别，会替换输入文档中其他所有的字段（包括_id），只输出指定的根节点字段，适合用来提取嵌套对象以及想要的最关键的信息。

需要注意的是，replaceRoot()指定的字段（或者嵌套字段）需要是文档对象，不然会出现"'newRoot' expression must evaluate to an object"错误。如果是数组里面嵌套的对象，可以先使用 unwind()拆分数组，之后再使用 replaceRoot()。下面还是以之前用户喜欢的书的数据为例。

```
db.collection('user').aggregate()
.unwind({
  path: '$books',
  includeArrayIndex: 'index'
})
.replaceRoot({
  newRoot: '$books' //将 books 里面的数据提取出来，成为根节点
})
.end()
.then(res => console.log(res))
.catch(err => console.error(err))
```

直接把 books 对象作为根节点，使用 replaceRoot()之后，其他不在 books 对象里的字段就会被丢弃（如_id）。

```
{publishInfo: {press: "人民邮电出版社"},title: "JavaScript 高级程序设计(第 4 版)"}
{publishInfo: {press: "机械工业出版社"},title: "JavaScript 权威指南(第 7 版)"}
{publishInfo: {press: "人民邮电出版社"},title: "Python 编程从入门到实践"}
{publishInfo: {press: "电子工业出版社"},title: "高性能 MySQL (第 3 版)"}
{publishInfo: {press: "人民邮电出版社"},title: "JavaScript 高级程序设计(第 4 版)"}
```

如果在 replaceRoot()中，有的输入文档没有 books 对象这个字段，那么需要在 replaceRoot()前将这些文档过滤掉，和查询匹配里筛选掉某个不存在的字段的写法是一样的。

```
.match({
  books:_.exist(true)
})
```

### 7. lookup()（联表查询）

lookup()只支持云函数端，它可以连接同一个数据库下的其他指定集合，也就是执行跨集合关联匹配查询。匹配的方式有两种：一是将输入记录的一个字段和被连接集合的一个字段进行相等匹配；二是指定除相等匹配之外的连接条件，如指定多个相等匹配条件，或需要拼接被连接集合的子查询结果。两种方式的语法有所不同，下面只以第一种方式为例。

例如，下面的案例把用户上传网盘的数据存储到两个集合里。表 6-5 展示的是存储用户信息的 user 集合的数据信息，其中 file 是一个数组，是用户存储的文件 id。

表 6-5 user 集合的数据信息

| _id | name | gender | file |
|---|---|---|---|
| author10001 | 小云 | 女 | ["file200001","file200002","file200003"] |
| author10002 | 小开 | 男 | ["file200001","file200004"] |

表 6-6 展示的是存储文件信息的 files 集合的数据信息，user 集合和 files 集合之间有一个关联的数据，那就是文件 id，这也是进行 lookup() 的基础。

表 6-6 files 集合的数据信息

| _id | title | categories | size |
|---|---|---|---|
| file200001 | 云开发实战指南.pdf | PDF 文档 | 16 MB |
| file200002 | 云数据库性能优化.doc | Word 文档 | 2 MB |
| file200003 | 云开发入门指南.doc | Word 文档 | 4 MB |
| file200004 | 云函数实战.doc | Word 文档 | 4 MB |

可以将以上的表格导入云开发数据库，用 lookup() 进行联表查询。

```
const cloud = require('wx-server-sdk')
cloud.init({
  env: cloud.DYNAMIC_CURRENT_ENV,
})
const db = cloud.database()
const _ = db.command
const $ = db.command.aggregate
exports.main = async (event, context) => {
  const res = await db.collection('user').aggregate() //这里表示以 user 集合为主集合
    .lookup({
      from: 'files',          //要连接的集合名称
      localField: 'file',     //相对于 user 集合而言，file 就是本地字段
      foreignField: '_id',    //相对于 user 集合而言，files 集合的_id 就是外部字段
      as: 'bookList',         //指定匹配之后的数据存放在哪个字段
    })
  .end()
  return res.list
}
```

使用 lookup() 之后，files 集合里面关于文件的信息就被匹配到了 user 集合里面了，匹配的结果在 bookList 字段内。

```
[{
  "_id":"author10001",
  "file":["file200001","file200002","file200003"],
  "male":"female",
  "name":"小云",
  "bookList":[
    {
```

```
      "_id":"file200001","categories":"PDF文档","size":"16 MB","title":"云开发实战
指南.pdf"
        },
        {
      "_id":"file200002","categories":"Word文档","size":"2 MB","title":"云数据库性
能优化.doc"
        },
        {
      "_id":"file200003","categories":"Word文档","size":"4 MB","title":"云开发入门
指南.doc"
        }]
      },
   {
     "_id":"author10002",
     "male":"male",
     "name":"小开",
     "file":["file200001","file200004"],
     "bookList":[
       {
      "_id":"file200001","categories":"PDF文档","size":"16 MB","title":"云开发实战
指南.pdf"
        },
        {
      "_id":"file200004","categories":"Word 文档","size":"4 MB","title":"云函数实
战.doc"
        }]
      }]
```

聚合阶段的方法还有随机从文档中选取指定数量的记录的 sample()、根据给定条件和边界将文档划分成不同组的 bucket()和 bucketAuto()，以及添加新字段的 addFields()等，这里就不详细介绍了。

## 6.2.3　简单的排名案例

互动类的小程序经常需要开发一些排行榜，排行榜使用普通查询的 orderBy()也可以实现，但是如果需要根据某个 id 查询排名，或者根据排名查询具体信息，就会比较难，而使用聚合查询就可以轻松做到。以在 group（分组）部分介绍的表格数据为例，如需要查询用户语文成绩的排名，以及根据名次和用户 id 查询相应的信息：

```
db.collection('user').aggregate()
  .sort({
    chinese:-1  //降序排列
  })
  .group({
    _id:null,
    users:$.push('$$ROOT')
  })
```

```
    .unwind({
      path: '$users',
      includeArrayIndex: 'rank' //将数组的 index 提取到 rank 字段
    })
    .project({
      _id:0,
      users:'$users',
      rank:$.add(['$rank', 1]),
    })
    .addFields({
      'users.rank':'$rank',   //将 rank 排名写进 users 对象
    })
    .match({
      "users._id":"user001" //根据用户 id 查询相应的信息
      //"rank":3    通过这个条件可以根据排名查询对应的用户
    })
    .end()
    .then(res => console.log(res))
    .catch(err => console.error(err))
```

对于上述代码，有几个需要注意的地方。

- 在使用聚合时，可以一个聚合阶段一个聚合阶段地输出文档，只有在了解了每个聚合阶段的输出文档的结构之后，再去写下一个聚合阶段，才不容易出错。

- 要做数据的排行榜，可以先使用 group()的$.push('$$ROOT')将多个文档转成一个数组，类似于将 Excel 里面的一列 n 行数据转换成一行 n 列数据，方便 unwind()取出 index。因为经过 sort()（排序）之后的 index 可以表示排名，只是排名是从 0 开始的。

- 有很多方法可以添加新的字段，如 project()、group()等，而 addFields()最大的不同就是可以将字段使用点表示法添加到已有的对象里面。

- 最后使用 match()，可以根据用户 id 查询排名以及用户信息，也可以根据排名来查询用户信息。

## 6.3　操作符入门

在 6.1 节介绍过，可以把聚合的操作符与 Excel 的公式和函数进行类比。因为借助于操作符以及$+字段名，聚合可以和 Excel 一样"整列整列"地处理数据。而聚合操作符的具体功能和 JavaScript 处理数值、时间、数组、对象、字符串等数据类型的操作符又有几分相似，所以可以把原本需要 JavaScript 处理的数据交给聚合来处理。在后面介绍操作符时，也会把聚合操作符与 Excel、JavaScript 处理数据的方法进行类比。

## 6.3.1 算术操作符

普通查询只能对字段的值进行简单的条件筛选，而聚合查询可以通过算术操作符对字段的值先进行运算再做条件筛选，而且运算是可以跨字段的。例如，筛选成绩单里语文、数学、英语的总分高于 260 分的学生。

### 1. 算术操作符与语法

算术操作符基本都需要字段的值为数字类型或者可以通过表达式解析为数字类型的数据。表 6-7 为算术操作符语法一览表。

表 6-7　算术操作符语法一览表

| 操作符 | 说明 | 语法 |
|---|---|---|
| add | 相加，也可以将数字加在日期上，返回毫秒数 | $.add([, , ...]) |
| subtract | 相减，日期相减并返回毫秒数 | $.subtract([, ]) |
| multiply | 相乘 | $.multiply([, , ...]) |
| divide | 相除求商 | $.divide([, ]) |
| mod | 取模 | $.mod([, ]) |
| abs | 绝对值 | $.abs() |
| ceil | 向上取整 | $.ceil() |
| floor | 向下取整 | $.floor() |
| sqrt | 求平方根 | $.sqrt() |
| exp | e 的幂 | $.exp() |
| ln | 自然对数值 | $.ln() |
| log | 给定数字在给定对数底下的值 | $.log([, ]) |
| log10 | 给定数字在对数底为 10 下的值 | $.log(非负 Number) |
| pow | 给定基数、指数的幂 | $.pow([, ]) |
| trunc | 将数字"截断"为整型 | $.trunc() |

### 2. 算术操作符与整列处理

算术操作符可以批量处理多个文档里的同一个字段，也就是进行整列的处理。例如，表 6-8 给出的是一个算术操作符案例，想获取这一表格中所有用户的总分，就需要使用 add 操作符将语文、数学、英语成绩的值相加。

表 6-8 算术操作符案例

| id | 人名 | 性别 | 班级 | 语文 | 数学 | 英语 |
|----|------|------|------|------|------|------|
| user001 | 小云 | 女 | 一班 | 87 | 89 | 75 |
| user002 | 小开 | 男 | 二班 | 76 | 83 | 81 |
| user003 | 小发 | 男 | 二班 | 69 | 92 | 58 |
| user004 | 小腾 | 男 | 三班 | 82 | 79 | 63 |

结合 add 操作符的语法，可以使用如下查询代码，$+字段名代表字段的引用，而 sum 则是新增的一个字段。

```
db.collection('user').aggregate()
.project({
  _id:1,
  name:1,
  sum:$.add(['$chinese','$math','$english'])
})
.end()
.then(res => console.log(res.list))
.catch(err => console.error(err))
```

查询返回的结果，就和 Excel 公式一样，总分 sum 是把每行的语文、数学、英语成绩的值分别相加：

```
[{_id: "user001", name: 小云, sum:251},
{_id: "user002", name: 小开, sum:240},
{_id: "user003", name: 小发, sum:219},
{_id: "user004", name: 小腾, sum:224}]
```

上面的案例是使用算术操作符执行跨列相加的操作，还可以使用$.add(['$number',20])让整个字段都加上一个常数。也可以更加复杂，例如，$.add([$.pow(['$number1', 2]), $.pow(['$number2', 2])])可以求 number1 字段和 number2 字段的平方和。

## 6.3.2 累计器操作符

在 6.2.2 节介绍过聚合阶段 group()可以结合累计器操作符，统计一整列数据的值。例如，sum 操作符就是把一整列的字段求和。统计一整列是由 group()分组决定的。累计器操作符还可以用于其他阶段，用法和用在 group()阶段会有很多不同。

### 1. 累计器操作符与语法

累计器操作符都可以用在 group()阶段，而 sum、avg、min、max、stdDevPop 和 stdDevSamp、mergeObjects 还可以用于 project()、addFields()、replaceRoot()等阶段。当用于 group()阶段时，统计的是"纵向"一整列的数据，而用在其他阶段，统计的是"横向"同一个文档里的数组内的数据（字段需要是数组，且分别统计数组里面的值，mergeObjects 则需要同一个文档内的多个字段的值为对象）。表 6-9 是累计器操作符语法一览表。

表 6-9 累计器操作符语法一览表

| 操作符 | 说明 | 语法 |
|---|---|---|
| sum | 返回输入文档一整列字段所有数值的总和 | $.sum() |
| avg | 返回输入文档一整列字段所有数值的平均值 | $.avg() |
| first | 排序之后，返回输入文档第一条记录指定字段的值 | $.first() |
| last | 排序之后，返回输入文档最后一条记录指定字段的值 | $.last() |
| max | 返回输入文档一整列字段数值的最大值 | $.max() |
| min | 返回输入文档一整列字段数值的最小值 | $.min() |
| mergeObjects | 将输入文档列表合并为单个文档 | $.mergeObjects() |
| push | 将输入文档一整列字段的值，一起组成数组 | $.push({: ,...}) |
| addToSet | 向数组中添加值，如果数组中已存在该值，不执行任何操作 | $.addToSet() |
| stdDevPop | 返回输入文档一整列字段所有数值的标准差 | $.stdDevPop() |
| stdDevSamp | 返回输入文档一整列字段所有数值的样本标准偏差 | $.stdDevSamp() |

### 2．求总和与平均值

上面介绍过，累计器用在不同的聚合阶段效果会不同，例如，sum 和 avg 累计器操作符用在 project()就是"纵向"求总和、平均值，用在其他聚合阶段就是"横向"求总和、平均值。那这两者之间有什么区别呢？

例如，下面是一个水果店各种水果的价格以及销售数量，需要获取各种水果的均价以及一天的销售总额。

```
{ "_id" :1, "item" : "苹果", "price" :8, "quantity" :2,},
{ "_id" :2, "item" : "香蕉", "price" :20, "quantity" :1},
{ "_id" :3, "item" : "苹果", "price" :7, "quantity" :5},
{ "_id" :4, "item" : "西瓜", "price" :10, "quantity" :10},
{ "_id" :5, "item" : "香蕉", "price" :5, "quantity" :10}
```

计算水果的均价使用 group()结合累计器操作符 avg "纵向"求价格的平均值，而计算一天的销售总额则是先将每行的价格和销售数量相乘之后再使用累计器操作符 sum "纵向"求乘积的总和。

```
db.collection("fruits").aggregate()
.group({
  _id:null,
  avg:$.avg('$price'),  //水果的均价
  total:$.sum($.multiply(["$price","$quantity"])) //销售总额
})
.end()
```

```
.then(res => console.log(res.list))
.catch(err => console.error(err))

//输出的结果为
[{
  _id: null,
  total:215,
  avg:10,
}]
```

### 3. 查询分组里面的最大值和最小值

以各年级学生考试成绩来了解一下累计器操作符 max 和 min 的用法。例如，想了解每个班级学生英语成绩的最高分或计算机成绩最低分，可以把学生按照班级来分组，再使用累计器操作符里的 max 和 min 来按班级取数据。

```
db.collection("school").aggregate()
.group({
  _id:"$class",
  maxenglish:$.max("$english"),
  mincomputer:$.min("$computer")
})
.end()
.then(res => console.log(res))
.catch(err => console.error(err))
```

> **提示**  使用 max 和 min 只是返回输入文档指定字段"整列"数据的最大值或最小值，却无法返回最大值或最小值对应的其他字段的值。例如，上述代码只能获取每个班级学生英语成绩的最大值（最高分）分别是多少，但是却无法获取最高分的学生是哪一个。当然，也可以继续使用聚合阶段并结合 setDifference 聚合操作符来获取对应的学生，有兴趣的读者可自行尝试。

### 4. 按条件排序后取第一个值和最后一个值

如果按照分组的方式，除了获取每个组指定字段的最大值和最小值，还想获取最大值或最小值对应的其他字段的值，可以使用 sort() 之后，再使用 group() 来获取排序后的第一个值或最后一个值。例如，想获取每个班级英语成绩最高分的学生的英语成绩以及是哪个学生，可以使用如下方式：

```
db.collection("school").aggregate()
.sort({
  english:-1
})
.group({
  _id:"$class",
  maxenglish:$.first("$english"),
  name:$.first("$name")
})
```

```
        .end()
        .then(res => console.log(res))
        .catch(err => console.error(err))
```

### 5. 将整列字段值组成一个数组

例如，如下数据存储了每个用户喜欢阅读的图书。虽然是不同的用户，但是他们喜欢的书可能会重复，若要获取所有用户都喜欢哪些书，就需要将重复的数据给剔除，但是这些书分散在不同的用户的记录里，怎样才能把这些数据组合到一起呢？

```
[{
  "_id":"author10001",
  "file":["file200001","file200002","file200003"],
  "male":"female",
  "name":"小云",
  "bookList":[
    {
      "_id":"file200001","categories":"PDF文档","size":"16 MB","title":"云开发实战
指南.pdf"
    },
    {
      "_id":"file200002","categories":"Word文档","size":"2 MB","title":"云数据库性
能优化.doc"
    },
    {
      "_id":"file200003","categories":"Word文档","size":"4 MB","title":"云开发入门
指南.doc"
    }]
  },
  {
  "_id":"author10002",
  "male":"male",
  "name":"小开",
  "file":["file200001","file200004"],
  "bookList":[
    {
      "_id":"file200001","categories":"PDF文档","size":"16 MB","title":"云开发实战
指南.pdf"
    },
    {
      "_id":"file200004","categories":"Word 文档","size":"4 MB","title":"云函数实
战.doc"
    }]
}]
```

可以使用 unwind() 将数组拆分，然后使用 group() 来获取唯一值，再使用 push 累计器操作符将用户喜欢的书一本本加到数组里。

```
db.collection("user").aggregate()
  .unwind("$bookList")
  .group({
    _id:"$bookList._id",
    books:$.push("$bookList")
  })
  .end()
  .then(res => console.log(res))
  .catch(err => console.error(err))
```

# 第二部分

# 云开发项目实践

# 第 7 章

# 云存储与相册小程序

第 3 章介绍了 JavaScript 对数据的操作，本章将介绍 JavaScript 对文件的操作。通过本章的学习，开发者最终可以制作出一个管理图片（来自微信聊天会话、电脑或手机相册）、照片（使用手机拍摄）、文件、文档的小程序，如图 7-1 所示。

图 7-1　相册小程序

开发相册小程序首先要通过小程序从手机里获取各种格式的文件，然后将文件渲染到小程序页面之后，再将文件上传到云存储。本章会先从理论出发，"自下而上"地带大家一步步掌握基础知识点，然后"自上而下"地从设计项目的设计稿到设计数据库（如设计程序的逻辑），最终实现小程序所有功能的开发。

## 7.1　小程序端图片操作

用小程序获取手机相册里的图片和拍摄的照片听起来好像挺复杂，但因为有了 wx.chooseImage()，只需要结合单击事件调用事件处理函数，再在事件处理函数里调用

wx.chooseImage()并传入指定的参数（查询技术文档即可）就能很容易做到。

## 7.1.1 获取手机相册里的图片或拍摄的照片

通过查询技术文档可以了解到，wx.chooseImage()接口的 count 可以控制上传图片的数量。单张图片的数据可以作为字符串来渲染，而多张图片的数据可以作为数组，渲染时需要用到列表渲染（或都用列表渲染）。

### 1. 上传一张照片

使用开发者工具新建一个 file 页面，然后在 file.wxml 里添加以下代码：

```
<button bindtap="chooseImg">选择图片</button>
<image mode="widthFix" src="{{imgurl}}"></image>
<view>上传的图片</view>
```

然后在 file.js 的 data 里给 imgurl 设置一个初始值，由于链接 src 是一个字符串，所以这里可以设置为一个空字符串，完成 imgurl 的初始化：

```
data: {
  imgurl:"",
},
```

再在 file.js 里添加事件处理函数 chooseImg()，在 chooseImg()里调用 wx.chooseImage()接口，其中 count、sourceType、sizeType 都是这个 API 已经写好的属性。

- count：可以选择的图片数量，默认为 9 张（由于 imgurl 声明的是字符串，多张图片需声明为数组，下文有上传多张图片的案例）。
- sourceType：选择图片的来源，album 就是图片来自手机相册，而 camera 是来自手机拍照，两个都写就是既可来自相册又可拍照。
- sizeType：所选的图片的尺寸，original 为原图，compressed 为压缩图（为了减轻服务器压力，建议为压缩图）。

API 调用成功（图片上传成功）之后，会在 success()回调函数里返回图片的一些信息，返回的信息可以通过技术文档进行学习。

```
chooseImg:function(){
  const that=this
  wx.chooseImage({
    count:1,
    sizeType: ['original', 'compressed'],
    sourceType: ['album', 'camera'],
    success(res) {
      const imgurl = res.tempFilePaths
      that.setData({
        imgurl
```

```
      })
    }
  })
},
```

虽然在开发者工具的模拟器中也可以看到效果，但是 wx.chooseImage() 是一个与手机客户端交互性很强的 API，所以最好在手机上体验。单击开发者工具的"预览"，在手机微信里查看效果，单击"选择图片"按钮，上传一张图片或拍摄照片看看。

注意，tempFilePaths 为临时文件的路径列表，tempFiles 为临时文件列表，这两个值都为数组。

> **小任务**　将 sourceType 的值修改为 ['album']，在手机微信上看看有什么效果？再将 sizeType 改为 ['compressed']，看看手机是否还能够上传原图？

### 2. 空值的处理

可以看到由于 imgurl 为空值，image 组件有默认宽度 300px、高度 225px（随 CSS 设置而改变大小），因此上传的图片会与选择图片的按钮有一段空白，处理方法有 3 种。

（1）可以给 imgurl 加初始图片的链接。为了让界面更加美观、交互性更好，通常都会设置一张默认的图片，例如默认的头像。当用户上传图片后，上传的图片就会取代默认图片。

（2）判断 imgurl 是否有内容。例如，可以加一层逻辑判断，当 Page() 里的 data 下的 imgurl 属性非空时，组件才会显示，否则就不显示：

```
<view wx:if="{{!!imgurl}}">
    <image mode="widthFix" src="{{imgurl}}"></image>
</view>
```

（3）和方法（2）类似，设置一个逻辑判断。例如，在 data 里设置一个 boolean 属性，如 hasImg，初始值为 false：

```
data: {
    hasImg:false,
  },
```

当 chooseImg() 回调成功之后，在 that.setData() 里把 hasImg 修改为 true，也就是将 wx.chooseImage() 的 success() 回调函数里的 that.setData() 修改为：

```
that.setData({
  imgurl,
  hasImg:true,
})
```

修改完成后，判断是否有图片进入回调函数的逻辑里了，接着把 file.wxml 的代码改为：

```
<view wx:if="{{hasImg === false}}">
  <button bindtap="chooseImg">选择图片</button>
</view>
```

```
<view wx:if="{{hasImg === true}}">
  <image mode="widthFix" src="{{imgurl}}"></image>
</view>
```

当没有图片（也就是 hasImg 的值为 false）时，会显示"选择图片"按钮；当有图片时，没有按钮只有图片，这样在一定的场合下用户体验会更好（如果按钮一直在，用户可能还会单击，影响体验）。

> **提示**　这里所说的上传图片与日常生活中的上传图片是不一样的。日常生活中上传图片，图片不仅会显示在小程序、网页、App 上，还会继续上传到存储服务器里面。而这里所说的上传图片只是进行了第一步，即上传的图片只是存储在临时文件里面，所以如果重新编译，图片就不显示了。下文会有临时文件的相关内容以及会在云开发部分将图片上传到云存储。

### 3．上传多张图片

如果上传的是多张图片，那么 imgurl 的初始值就不是字符串了，而是数组：

```
data: {
  imgurl:[],
  },
```

file.wxml 的代码相应地改为列表渲染即可，这种写法在代码上通用性比较强，上传一张图片、多张图片都可以，不过具体还要看实际产品开发需求。

```
<view wx:for-items="{{imgurl}}" wx:for-item="item" wx:key="index">
  <image mode="widthFix" src="{{item}}"></image>
</view>
```

然后把 count 的值修改为 2~9，编译之后，在手机微信上体验一下效果。

## 7.1.2　操作图片

使用小程序图片 API 不仅可以上传图片，还可以对上传的图片进行一定的操作，如获取图片信息、预览图片、保存图片、压缩图片等。

### 1．获取图片信息

无论是存储在小程序本地，还是存储在临时文件、缓存、网络中的图片，使用 wx.getImageInfo() 都可以获取到该图片的宽度、高度、路径、格式以及拍照方向等。

使用开发者工具在 file.js 里添加以下代码，使用 wx.getImageInfo() 获取之前上传的图片的信息。由于获取图片信息需要等图片上传成功之后才能执行，因此可以在 wx.chooseImage() 的 success() 回调函数里调用 wx.getImageInfo()。而获取图片信息之后才能返回图片信息，因此这又是一个回调函数：

```
chooseImg:function(){
  let that=this
```

```
wx.chooseImage({
  count:9,
  sizeType: ['original', 'compressed'],
  sourceType: ['album', 'camera'],
  success(res) {
    const imgurl = res.tempFilePaths
    console.log('chooseImage 回调输出的 res',res)
    that.setData({
      imgurl
    })
    wx.getImageInfo({
      src: res.tempFilePaths[0],
      //也可以这么写：src: that.data.imgurl[0]。
      //这里只能看到第一张图片的信息，其他图片的信息需要遍历来获取
      success(res){
        console.log('getImageInfo 回调输出的 res',res)
      }
    })
  }
})
},
```

编译之后，再上传一张图片，图片上传成功之后，在控制台里可以看到输出的图片信息。在上面的代码里，其实是 success() 回调函数嵌套 success() 回调函数。

### 2. 预览所有上传的图片

预览图片就是在新页面里全屏打开图片，可以选择预览一张图片或者多张图片。预览的过程中用户可以执行保存图片、发送图片给朋友等操作。

使用开发者工具在 file.wxml 里添加以下代码，要预览的是从手机相册里上传的图片（保留上文的代码，接着向下写）。如果没有上传图片，就隐藏"预览图片"按钮：

```
<view wx:if="{{hasImg === true}}">
  <button bindtap="previewImg">预览图片</button>
</view>
```

然后在 file.js 添加事件处理函数 previewImg()，调用预览图片的 wx.previewImage()：

```
previewImg:function(){
  wx.previewImage({
    current: '',
    urls: this.data.imgurl,
  })
},
```

上传图片之后，单击"预览图片"按钮就能预览上传的所有图片了。

> **提示** 这个场景主要用于用户预览、保存或分享图片，毕竟 image 组件不支持图片的放大预览、保存到本地、转发给好友。现在微信还支持预览小程序码，长按该码，点击"打开小程序"就可以打开小程序，预览图片 API 可以增强用户的交互体验。

那么，应该如何实现单击其中的某一张图片，就会显示所有图片的预览呢？这里就要用到 current 了。

将 file.wxml 里图片上传的代码改为如下代码，把事件处理函数 previewImg() 绑定在图片上面：

```
<button bindtap="chooseImg">选择图片</button>
<view wx:for-items="{{imgurl}}" wx:for-item="item" wx:key="*this">
  <image mode="widthFix" src="{{item}}" data-src="{{item}} " bindtap="previewImg"
   style="width:100px;float:left"></image>
</view>
```

然后将 file.js 的事件处理函数 previewImg() 修改为：

```
previewImg:function(e){
  wx.previewImage({
    current: e.currentTarget.dataset.src,
    urls: this.data.imgurl,
  })
},
```

这样单击其中的某一张图片就会弹出预览窗口显示所有图片的预览了。

## 7.1.3  保存图片到手机相册

小程序不支持直接将网络图片保存到手机相册，但支持将其保存到临时文件和小程序本地。

例如，在小程序的根目录下新建一个 image 文件夹并放入一张 background.jpg 图片，然后在 file.wxml 里添加以下代码，让 image 组件绑定事件处理函数 saveImg()：

```
<image mode="widthFix" src="/images/background.jpg" bindtap="saveImg"></image>
```

然后在 file.js 里添加事件处理函数 saveImg()：

```
saveImg:function(e){
  wx.saveImageToPhotosAlbum({
    filePath: "/images/background.jpg",
    success(res) {
      wx.showToast({
        title: '保存成功',
      })
    }
  })
}
```

编译之后在手机微信上预览，单击图片就会触发事件处理函数 saveImg()，调用 wx.saveImageToPhotosAlbum()，图片就会保存到手机相册（没有相册权限会提示）。上述代码中的 filePath 表示小程序文件的永久链接。

> **提示**  实际开发时永久链接用得不太多，使用最多的场景是把网络图片下载到临时链接（因为不能直

接保存网络图片），再将临时链接的图片保存到相册，操作时只需把上述代码中的永久链接换成临时链接就可以了。重要的是要知道图片的存储位置，是在网络上、在小程序本地、在临时文件里，还是在缓存里？

### 7.1.4 压缩图片

小程序有压缩图片的函数 wx.compressImage()，尤其是在上传图片时，为了减轻存储服务器的压力，最好不要让用户上传分辨率过高的照片。

- 可以先让用户上传图片。
- 图片上传成功后，再获取图片的信息（也就是在上传图片的 success()回调函数里写函数）。
- 获取图片信息成功后，判断宽度或高度值是否过大。如果图片过大，就压缩图片（也就是在获取图片信息的 success()回调函数里写函数）。
- 压缩图片成功后，再把压缩好的图片上传到服务器（也就是在压缩图片的 success()回调函数里写函数）。

上传图片、获取图片信息、压缩图片、上传图片到服务器，每一步都依赖上一步，所以会不断在 success()回调函数里写函数。实际开发中涉及的业务通常更复杂，就会不断回调，这被称为"回调地狱"。

> **提示** 压缩图片使用的场景不多，因为在开发小程序时可以通过设置不支持上传原图，只支持压缩限制上传图片的大小。而且 wx.compressImage()也比较简单，所以这里就不展示实际案例了。

## 『 7.2 小程序端文件操作 』

小程序不仅支持上传图片，还支持上传、Excel、PDF、音/视频等其他格式的文件，不过只能从客户端会话（微信私聊、群聊的聊天记录）里选择其他格式的文件。

### 7.2.1 小程序端上传文件

通过查询技术文档可以了解到，wx.chooseMessageFile()可以将客户端会话里的文件（如图片、音/视频、文档、压缩包等）上传到小程序本地，这也是将文件上传到云存储必需的一个过程。

#### 1. 上传文件到小程序本地

使用开发者工具在 file.wxml 里添加以下代码，给选择文件的 button 绑定事件处理函数 chooseFile()：

```
<button bindtap="chooseFile">选择文件</button>
```

在 file.js 文件里添加事件处理 chooseFile()，并输出上传成功后回调函数的返回值。

```
chooseFile: function () {
  let that = this
  wx.chooseMessageFile({
    count:5,
    type: 'file',
    success(res) {
      console.log('上传文件的回调函数返回值',res)
    }
  })
},
```

使用开发者工具上传一张图片或其他格式的文件，在控制台可以看到输出的 res 对象里有 tempFiles 的数组对象 Array，tempFiles 对象包含文件的名称（name）、文件的临时路径（path）、文件的大小（size）、选择的文件的会话发送时间戳（time）、文件的格式（type）。

## 2. 渲染文件信息

可以把上传文件的信息渲染到页面上，在 file.wxml 里添加列表渲染的代码：

```
<button bindtap="chooseFile">选择文件</button>
<view wx:for-items="{{tempFiles}}" wx:for-item="item" wx:key="index">
  <view>{{item.path}}</view>
</view>
```

在 Page() 的 data 里初始化属性 tempFiles，初始值为一个空数组：

```
data: {
  tempFiles:[],
},
```

然后在 chooseFile() 的 success() 回调函数里将数据使用 setData() 赋值给 tempFiles：

```
chooseFile: function () {
  let that = this
  wx.chooseMessageFile({
    count:5,
    type: 'file',
    success(res) {
      let tempFiles=res.tempFiles
      that.setData({
        tempFiles
      })
    }
  })
},
```

编译之后在手机微信上预览，看看是什么效果。注意需要选择有文件的客户端会话。再强调一下，这里的上传和实际的上传是不一样的，这里只是把文件上传到了一个临时文件夹里面，并没有上传到服务器中。

## 7.2.2 上传地理位置

除了可以上传图片、音/视频以及各种文件格式，小程序还支持上传地理位置。使用开发者工具在 file.wxml 里添加以下代码，上传手机的地理位置并渲染出来：

```
<button bindtap="chooseLocation">选择地理位置</button>
<view>{{location.name}}</view>
<view>{{location.address}}</view>
<view>{{location.latitude}}</view>
<view>{{location.longitude}}</view>
```

然后在 file.js 的 Page()的 data 里初始化 location：

```
data: {
  location:{},
},
```

在 file.js 里添加事件处理函数 chooseLocation()：

```
chooseLocation: function () {
  let that= this
  wx.chooseLocation({
    success: function(res) {
      const location=res
      that.setData({
        location
      })
    },
    fail:function(res){
      console.log("获取位置失败")
    }
  })
},
```

编译之后预览，单击"选择地理位置"按钮，就会弹出地图选择位置（既可以选择当前的位置，也可以选择其他的位置），然后单击"确定"，就能在小程序中看到上传的地理位置了。要让地理位置信息显示在地图上，可以在 file.wxml 里添加一个 map 组件：

```
<map style="width: 100%; height: 300px;"
  latitude="{{location.latitude}}"
  longitude="{{location.longitude}}"
  show-location
></map>
```

**小任务** 上传地理位置并显示在地图上，并添加该地理位置的 markers。关于 markers 的知识，可以查看 map 组件的技术文档。

## 7.2.3　下载文件

可以使用 wx.downloadFile()下载文件资源到小程序本地，调用接口时会直接发起一个 HTTPS GET 请求，返回文件的本地临时路径（本地路径），单次下载的文件最大为 50 MB。

在 file.wxml 里添加以下代码，新建一个下载文件的 button，给 button 绑定一个事件处理函数，如 downloadFile()：

```
<button bindtap="downloadFile">下载文件</button>
<image src="{{downloadFile}}"></image>
```

再在 Page()的 data 里初始化属性 downloadFile，值为一个空字符串：

```
data: {
  downloadFile:""
},
```

然后在事件处理函数 downloadFile()里调用 wx.downloadFile()接口，在 success()回调函数里将下载到本地的临时路径赋值给 data 里的 downloadFile：

```
downloadFile(){
  const that = this
  wx.downloadFile({
    url: 'https://hackwork.oss-cn-shanghai.aliyuncs.com/lesson/weapp/4/weapp.jpg',
//链接可以替换为云存储里面的下载地址
    success (res) {
      console.log("成功回调之后的 res 对象",res)
      // 只要服务器有响应数据，就会把响应内容写入文件并进入 success()回调，
      // 业务需要自行判断是否下载到了想要的内容
      if (res.statusCode === 200) {//如果网络请求成功
        that.setData({
          downloadFile:res.tempFilePath
        })
      }
    }
  })
},
```

在开发者工具的控制台查看输出的 res 对象，在 res 对象里可以看到以下内容。

- 下载成功之后文件在本地的临时路径（tempFilePath）。
- 服务器返回的 HTTP 状态码（statusCode），状态码为 200 表示请求成功。关于 HTTP 状态码更多的信息，可以自行搜索了解。
- 文件大小（dataLength）以及 HTTP 请求的 header（消息头）对象。关于 header 对象里的参数，可以自行搜索了解。

当文件比较大的时候，还可以监听文件下载的状态。例如下载进度（progress）、已经下载的数据长度（totalBytesWritten）等。

```
downloadFile(){
  const downloadTask = wx.downloadFile({
    url: 'https://hackwork.oss-cn-shanghai.aliyuncs.com/lesson/weapp/4/weapp.jpg',
//在小程序里下载文件也就是请求外部链接是需要域名校验的,如果使用云开发来下载云存储里面的文件,就不会有域
名校验备案的问题
    success (res) {
      if (res.statusCode === 200) {
        that.setData({
          downloadFile:res.tempFilePath
        })
      }
    }
  })

  downloadTask.onProgressUpdate((res) => {
    console.log('下载进度', res.progress)
    console.log('已经下载的数据长度', res.totalBytesWritten)
    console.log('预期需要下载的数据总长度', res.totalBytesExpectedToWrite)
  })
},
```

在小程序里除了可以下载文件,还可以将手机本地的文件上传到服务器,使用的接口为 wx.uploadFile()。不过由于需要文件服务器接收文件才能看到效果,而且处理流程较为麻烦,就不多做介绍了,在 7.4 节里会介绍如何将文件上传到云开发的云存储里。

## 7.2.4　打开文档

虽然使用 wx.downloadFile()可以下载图片、音/视频文件,还可以下载 Word、Excel、PPT 和 PDF 文档等,但是这些下载内容只是下载到临时文件夹里。如果要在小程序里查看文档的内容,需要借助 wx.openDocument()接口在新的页面打开文档。

在 file.wxml 里添加以下代码,新建"下载并打开文档"button,以及给 button 绑定一个事件处理函数,如 openDoc():

```
<button bindtap="openDoc">下载并打开文档</button>
```

然后在事件处理函数 openDoc()里先调用 wx.downloadFile()接口下载一个 PDF 文档,然后在 success()回调函数里调用 wx.openDocument()打开文档:

```
openDoc(){
  wx.downloadFile({
    url: 'https://786c-xly-xrlur-1300446086.tcb.qcloud.la/bkzy20203_11.pdf',
//链接可以替换为云存储里面的下载地址,文档格式需要是 PDF、Word、Excel、PPT
    success (res) {
      console.log("成功回调之后的 res 对象",res)
      if (res.statusCode === 200) {
        wx.openDocument({
          filePath: res.tempFilePath,
```

```
          success: function (res) {
            console.log('打开文档成功')
          },
          fail:function(err){
            console.log(err)
          }
        })
      }
    }
  })
},
```

单击"下载并打开文档"按钮，就能在小程序的新窗口打开文档了。新窗口没有转发的菜单，需要调用 wx.showShareMenu() 来显示转发的菜单。

## 7.2.5 保存文件至文件缓存

7.2.4 节中，打开一个来自远程服务器的 PDF 文档，需要先经过下载的过程，当用户关闭了小程序页面之后再次访问时又需要重新下载。那么能不能将下载好的文档保存起来，当用户再次访问的时候，就不需要重新下载了呢？这时候就要用到 wx.saveFile() 将文件由临时文件保存到本地。

除打开文档以外，音频的循环播放、一些相对比较大的图片的上传和下载过程也要用这样的技术。

> **提示**　尽管上传图片和上传文件都是把图片或文件先上传到临时文件里，但是保存图片（wx.saveImageToPhotosAlbum()）和保存文件（wx.saveFile()）是完全不同的概念。保存图片是把图片保存到手机相册，保存文件则是把文件由临时文件保存到本地，每个小程序用户只能使用 10 MB 的文件缓存空间。

在 file.wxml 里添加以下代码，新建下载 PDF 的 button，以及打开 PDF 的 button，也就是将下载与打开两个功能分离：

```
<button bindtap = "downloadPDF">下载 PDF</button>
<button bindtap= "openPDF">打开 PDF</button>
```

然后在事件处理函数 downloadPDF() 里先调用 wx.downloadFile() 将远程服务器里的 PDF 文档下载到临时文件夹，再调用 wx.saveFile() 将临时文件移到小程序的文件缓存里，并将文件缓存的路径存储到页面的 data 对象的 savedFilePath 里，然后在事件处理函数 openPDF() 调用 wx.openDocument() 打开这个路径就可以了：

```
downloadPDF(){
  const that = this
  wx.downloadFile({
    url: 'https://786c-xly-xrlur-1300446086.tcb.qcloud.la/bkzy20203_11.pdf',
//链接可以替换为云存储里面的下载地址，文档格式需要是 PDF、Word、Excel、PPT
```

```
          success (res) {
            console.log("成功回调之后的 res 对象",res)
            if (res.statusCode === 200) {
              wx.saveFile({
                tempFilePath: res.tempFilePath,
                success (res) {
                  console.log(res)
                  that.setData({
                    savedFilePath:res.savedFilePath
                  })

                }
              })
            }
          }
        })
      },

      openPDF(){
        const that = this
        wx.openDocument({
          filePath:that.data.savedFilePath,
          success: function (res) {
            console.log('打开文档成功')
          },
          fail:function(err){
            console.log(err)
          }
        })
      }
```

　　也就是说，以后再打开这个 PDF，就不用下载了。因为它已经被保存到了小程序的文件缓存里。它不会因为刷新页面就不存在了，保存的时间相对会比较久一些（只要不强制在微信内移除这个小程序）。

## ▏7.3　数据缓存▕

　　相比于临时文件和文件缓存，小程序的数据缓存可以保存更长的时间，除非用户主动删除小程序，否则数据缓存里面的数据就一直有效。数据缓存的空间也有 10 MB，可以用来存储用户的阅读记录、购买记录、浏览记录、登录信息等比较关键的信息，提升用户的体验。

**提示**　无论是单击事件生成的事件对象、使用数据表单提交的数据，还是上传/下载的图片和文件，如果没有保存到文件缓存或数据缓存里，只要重新编译小程序，这些数据都会消失。

## 7.3.1　将图片存储到缓存里

在了解 logs 的数据缓存之前，先来看看将上传的图片由临时文件保存到缓存的案例。使用开发者工具在 file.wxml 里添加以下代码：

```
<view>临时文件的图片</view>
<image mode="widthFix" src="{{tempFilePath}}" style="width:100px"></image>
<view>缓存保存的图片</view>
<image mode="widthFix" src="{{savedFilePath}}" style="width:100px"></image>
<button  bindtap="chooseImage">请选择图片</button>
<button  bindtap="saveImage">保存图片到缓存</button>
```

然后在 file.js 的 data 里初始化临时文件的路径（tempFilePath）和本地缓存的路径（savedFilePath）：

```
data: {
  tempFilePath: '',
  savedFilePath: '',
},
```

再在 file.js 里添加事件处理函数 chooseImage()和 saveImage()（函数名有别于之前的 chooseImg()和 saveImg()，注意不要混淆）：

```
chooseImage:function() {
  const that = this
  wx.chooseImage({
    count:1,
    success(res) {
      that.setData({
        tempFilePath: res.tempFilePaths[0]
      })
    }
  })
},
saveImage:function() {
  const that = this
  wx.saveFile({
    tempFilePath: this.data.tempFilePath,
    success(res) {
      that.setData({
        savedFilePath: res.savedFilePath
      })
      wx.setStorageSync('savedFilePath', res.savedFilePath)
    },
  })
},
```

　　还需要在 file.js 的 onLoad()生命周期函数里将缓存中存储的路径赋值给本地缓存的路径
savedFilePath：

```
onLoad: function (options) {
  this.setData({
    savedFilePath: wx.getStorageSync('savedFilePath')
  })
},
```

　　编译之后，单击"请选择图片"按钮会触发 chooseImage()事件处理函数，然后调用上传图片的 wx.chooseImage()，这时会将图片上传到临时文件，并将取得的临时文件地址赋值给 tempFilePath。有了 tempFilePath，图片就能渲染出来了。

　　单击"保存图片到缓存"按钮会触发 saveImage()事件处理函数，调用保存文件的 wx.saveFile()，将 tempFilePath 里的图片保存到缓存（注意，tempFilePath 表示临时路径，是保存文件的必备参数），并将取得的缓存地址赋值给 savedFilePath，这时缓存保存的图片就渲染到页面了。然后再来调用缓存 wx.setStorageSync()，将缓存文件的路径保存到缓存的键 savedFilePath 里面。（要注意有些参数名称相同但是含义不同。）

　　可以使用 wx.getStorageSync()获取，wx.setStorageSync()保存到缓存里的数据，在 onLoad()里再把获取的缓存文件路径赋值给 savedFilePath。编译页面，看看临时文件与缓存文件的不同。临时文件会由于小程序的编译被清除掉，而数据缓存有 10 MB 的空间，只要用户不刻意删除，它就会一直存在。

　　**提示**　打开开发者工具调试面板的"Storage"标签页，可以直观地看到小程序的缓存记录，调试时可以留意，这一点非常重要。

## 7.3.2　将数据存储到缓存里

　　使用开发者工具新建的模板小程序（不使用云开发服务）里有一个日志页面 logs，这个日志页面虽然看起来简单，但是它包含着非常复杂的 JavaScript 知识，是一个非常好的学习参考案例，接下来对它进行一一解读。

### 1. 模块化与引入模块

　　在实际开发中，经常会用到对日期和时间的处理，但是使用 Date 对象获取的时间格式经常与我们想要展现的形式有很大差异，这时我们可以把对时间的处理抽离为一个单独的 js 文件，如 util.js（util 是 utility 的缩写，表示程序集、通用程序等意思），作为一个模块。

　　**提示**　把通用的模块放在 util.js 或者 common.js、把 util.js 放在 utils 文件夹，类似于把 CSS 代码放在 style 文件夹、把页面文件放在 pages 文件夹、把图片文件放在 images 文件夹。尽管文件夹或文件的名称可以任意修改，但是为了代码的可读性以及文件结构的清晰，推荐大家采用这种清晰明了的命名方式。

使用开发者工具在小程序根目录下新建一个 utils 文件夹，再在文件夹下新建 util.js 文件，在 util.js 里添加以下代码（也就是参考模板小程序的 logs 页面调用 util.js）：

```
const formatTime = date => {
  const year = date.getFullYear()          //获取年
  const month = date.getMonth() + 1         //获取月份，月份数值需加1
  const day = date.getDate()                //获取某月中的某一天
  const hour = date.getHours()              //获取小时
  const minute = date.getMinutes()          //获取分钟
  const second = date.getSeconds()          //获取秒

  return [year, month, day].map(formatNumber).join('/') + ' ' + [hour, minute,
second].map(formatNumber).join(':')   //后续会单独讲解这段代码的含义
}

const formatNumber = n => {            //格式化数字
  n = n.toString()
  return n[1] ? n : '0' + n
}

module.exports = {   //获取模块向外暴露的对象，使用 require()引用该模块时可以获取
  formatTime: formatTime,
  formatNumber: formatNumber
}
```

再在 file.js 里调用这个模块文件 util.js，也就是在 file.js 的 Page()对象前面使用 require()引入 util.js 文件（需要引入模块文件相对于当前文件的相对路径，不支持绝对路径）：

```
const util = require('../../utils/util.js')
```

然后在 onLoad()页面生命周期函数里输出看看这段时间处理的代码到底是什么效果，还要注意模块里的函数的调用方式：

```
onLoad: function (options) {
  console.log('未格式化的时间',new Date())
  console.log('格式化后的时间',util.formatTime(new Date()))
},
```

util.formatTime()就调用了模块里的函数，通过控制台输出的日志可以看到日期时间格式的不同，例如：

```
未格式化的时间 Mon Sep 02 2019 11:25:18 GMT+0800 (北京时间)
格式化后的时间 2019/09/02 11:25:18
```

显然格式化后的日期、时间的展现形式更符合日常习惯，而 9 这个数值被转化成了字符串"09"。这段格式化日期、时间的代码是怎么实现的呢？这里涉及高阶函数的知识。一般函数调用的是参数，而高阶函数会调用其他函数（也就是把其他函数作为参数）。

### 2. map 的应用

相信格式化数字的代码比较好理解。例如，对于"15 日"里的数字 15，n[1]表示 15 的第 2 位数字 5，如果为 true 会直接返回 n（也就是 15）；对于"9 月"里的数字 9，n[1]不存在（也就是没有第 2 位数），于是执行'0'+n 让它变成 09。formatNumber 是一个箭头函数。

```
const formatNumber = n => {  //格式化数字
  n = n.toString() //将数值类型转为字符串类型，不然不能拼接
  return n[1] ? n : '0' + n //三元运算符，如果字符串 n 的第 2 位存在也就是 n 为 2 位数，那么直
接返回 n；如果不存在就给 n 前面加 0
}
```

而格式化日期、时间则涉及 map，例如下面的这段代码就有 map：

```
return [year, month, day].map(formatNumber).join('/') + ' ' + [hour, minute,
second].map(formatNumber).join(':')
```

map 也是一个数据结构，它背后的知识非常复杂，我们只需了解它的功能。如果想对数组里的每一个值进行函数操作并且返回一个新数组，就可以使用 map。

上面这段代码就是对数组[year, month, day]和[hour, minute, second]里的每一个数值都进行格式化数字的操作，这一点可以在 file.js 的 onLoad()里输出以查看效果：

```
onLoad: function (options) {
  console.log('2019 年 9 月 2 日 map 处理后的结果', [2019,9,2].map(util.formatNumber))
  console.log('上午 9 点 13 分 4 秒 map 处理后的结果', [9, 13, 4].map(util.formatNumber))
},
```

从控制台输出的结果可以看到数组里面的数字被格式化处理。2 位的数不处理，不是 2 位的数在前面加 0，而且返回的结果是数组。至于数组的 join()方法，就是将数组元素拼接为字符串，以分隔符分隔。上述代码中[year, month, day]分隔符为/，[hour, minute, second]的分隔符为:。

### 3. 将数据存储到缓存里

回头看 logs 的缓存案例，在小程序 app.js 的生命周期函数 onLaunch()里添加以下代码，也就是在小程序初始化的时候就进行记录：

```
//声明 logs 为获取缓存里的 logs 记录，没有记录时 logs 就为空数组；||为逻辑与
var logs = wx.getStorageSync('logs') || []

//unshift()是数组的操作方法，它会将一个或多个元素添加到数组的开头，这样最新记录就放在数组的
   最前面，这里是把 Date.now()获取到的时间戳放在数组的最前面
logs.unshift(Date.now())

//将 logs 数据存储到缓存指定的键（也就是 logs）里面
wx.setStorageSync('logs', logs)
console.log(logs)
console.log(Date.now())
```

若不断编译，logs 数组里面的记录则会不断增加，增加的记录都是时间戳。那么如何把缓存里面的记录渲染到页面呢？

在 file.wxml 里添加以下代码，由于 logs 是数组，我们使用列表渲染。注意数组的 index 值，由于 index 是从 0 开始记录，给 index 加 1，符合日常使用习惯。

```
<view wx:for="{{logs}}" wx:for-item="log">
  <view>{{index + 1}}. {{log}}</view>
</view>
```

然后在 file.js 的 data 里初始化 logs：

```
data: {
  logs: []
},
```

然后在 file.js 的生命周期函数 onLoad() 里把缓存里的记录取出来并通过 setData() 赋值给 data 里的 logs：

```
onLoad: function () {
  this.setData({
    logs: (wx.getStorageSync('logs') || []).map(log => {
      return util.formatTime(new Date(log))
    })
  })
},
```

结合前面了解的 map、模块化知识就不难理解上面的这段代码了。缓存有同步 API 和异步 API 的区别，大家可以结合之前我们了解的同步和异步的知识，看看缓存的同步 API 与异步 API 的区别。

> **提示** 缓存的好处非常多，例如，标记用户的浏览文章、播放视频的进度（设置一个特别的样式，避免用户不知道看到哪里了）、保存用户的登录信息（用户登录一次，可以很长时间不用再登录）、选择自定义的模板样式（用户保存自己喜欢的样式，下次打开小程序样式还是一样）、保存经常使用的图片（保存在缓存，下次打开小程序加载速度更快）等。

## 7.4 云存储快速入门

可以将图片、文档、音/视频、文件等数据存储到云存储里，云存储默认支持 CDN 加速，并提供免费的 CDN 域名。CDN 会将云存储的内容分发至最接近用户的服务节点，直接由服务节点快速响应，有效降低用户访问延迟。

> **提示** 云存储与云开发的用户身份验证是无缝集成的，用户在小程序端上传文件时会提供该用户的身份标识 Open ID，以及云存储默认的权限是"所有用户可读，仅创建者可读写"，因此在使用云存储时

要注意以下几点：一要初始化云开发环境，二要注意小程序端上传文件和管理端（控制台和云函数）上传文件的不同，三要注意云存储的权限问题。

## 7.4.1 上传文件到云存储

要在小程序端把图片上传到云存储，需要会使用 wx.cloud.uploadFile()，它可以把本地资源（也就是临时文件夹里的文件）上传到云存储。在 7.1 节里我们了解了如何上传图片并获取图片的临时路径，cloud Path 包含文件上传到云存储的目录以及文件名。

### 1. 上传文件到云存储的案例

使用开发者工具在 file.wxml 里添加以下两个组件：一个是绑定了事件处理函数的 button 组件，另一个是用来渲染上传之后图片的 image 组件：

```
<button bindtap="chooseImg">选择并上传图片</button>
<image mode="widthFix" src="{{imgurl}}"></image>
```

然后在 file.js 的 data 里初始化 imgurl，这里的 imgurl 是一个空字符串：

```
data: {
  imgurl: "",
},
```

然后在 file.js 里添加事件处理函数 chooseImg()：

```
chooseImg: function () {
  const that = this
  wx.chooseImage({
    count:1,
    sizeType: ['compressed'],
    sourceType: ['album', 'camera'],
    success: function (res) {
      console.log("上传文件的临时路径列表",res.tempFilePaths) /
      const filePath = res.tempFilePaths[0] //上传第一张图片
      const cloudPath = `${Date.now()}-${Math.floor(Math.random(0, 1) * 1000)}`+
filePath.match(/.[^.]+?$/)[0]
      wx.cloud.uploadFile({
        cloudPath,
        filePath,
        success: res => {
          console.log('上传成功后获得的 res：', res)
          that.setData({
            imgurl:res.fileID
          })
        },
        fail:err=>{
          console.log(err)
        }
```

```
      })
    }
  })
},
```

保存编译后，单击"选择并上传图片"按钮上传一张图片，在控制台里可以看到 res.tempFilePaths 是一个数组格式，而 wx.cloud.uploadFile() 的 filePath 是一个字符串，所以在上传时，第一张图片的路径（字符串）赋值给了 filePath。

### 2. 扩展名的处理

一个文件由文件名和扩展名构成，如 tcb.jpg 和 cloudbase.png，.jpg 表示图片是 JPG 格式，.png 表示图片是 PNG 格式。将文件上传到云存储时，如果文件名相同且扩展名相同就会出现覆盖，如果随意更改文件的扩展名，大多数文件可能会打不开。所以云存储的路径 cloudPath 中需要把文件名和扩展名处理好。

当把图片上传到小程序的临时文件夹后，可以查看一下临时路径。临时路径的文件名已经不是原来的文件名，会变成一段长字符，但文件的格式还是原来的文件格式：

```
http://tmp/wx7124afdb64d578f5.o6zAJs291xB-a5G1FlXwylqTqNQ4.esN9ygu5Hmyfccd41d05
2e20322e6f3469de87f662a0.png
```

cloudPath 要表示输入文件的路径，就需要填写文件名和文件扩展名，这应该怎么处理呢？可以使用如下方式：

```
const cloudPath = 'my-image' + filePath.match(/.[^.]+?$/)[0]
```

也就是把上传的所有图片命名为 my-image，保留原来的扩展名（也就是文件格式不变）。上述代码里的 filePath.match(/.[^.]+?$/)[0] 是字符串的正则处理，可以在开发者工具的控制台输入以下命令了解它的功能，执行后可以得到临时文件的扩展名为 .png。

```
const filepath="http://tmp/wx7124afdb64d578f5.o6zAJs291xB-a5G1FlXwylqTqNQ4.
esN9ygu5Hmyfccd41d052e20322e6f3469de87f662a0.png"
filepath.match(/.[^.]+?$/)[0]
```

### 3. 文件名的处理

要上传的图片、音/视频、文档等文件，格式种类很多，不能随意更改，可以通过上面介绍的对扩展名的处理，获取文件原本的格式。如果文件的数量很多，把所有文件都命名为 my-image 的做法会导致当文件的扩展名相同时文件被覆盖。如果不希望文件被覆盖，就需要给文件起不同的名字，可以使用如下方式：

```
const cloudPath = `${Date.now()}-${Math.floor(Math.random(0, 1) * 1000)}` +
filePath.match(/.[^.]+?$/)[0]
```

给文件名加上时间戳和一个随机数，时间戳以 ms 计算，而随机数是 1000 内的正整数，除非 1 s（1 s=1000 ms）上传几十万张照片，不然文件名是不会重复的。

编译之后，再次上传一张图片就会输出上传成功的 res 对象，里面包含图片在云存储里的 File ID，因为部分小程序组件（如 image、video、cover-image 等）和接口（如 getBackgroundAudioManager()、createInnerAudioContext()、previewImage()等）支持传入云文件的 File ID，所以可以直接使用 File ID 把图片在小程序端渲染出来。

### 7.4.2 下载和删除云存储里的文件

在小程序端下载和删除云存储里的文件调用的是 wx.cloud.downloadFile()和 wx.cloud.deleteFile()，这两个接口只需要传入云存储里的文件的 File ID 就可以。例如，可以在控制台调用这些接口：

```
wx.cloud.downloadFile({
    fileID: 'cloud://xly-xrlur.786c-xly-xrlur-1300446086/1571902980622-737.xls'
//换成云存储里文件的 File ID
})
.then(res => {
  console.log(res.tempFilePath)
}).catch(error => {
  console.log(error)
})

wx.cloud.deleteFile({
    fileList: ['cloud://xly-xrlur.786c-xly-xrlur-1300446086/1571902980622-737.xls',
'cloud://xly-xrlur.786c-xly-xrlur-1300446086/1572315793628-366.png'],//换成云存储里文件
的 File ID
}).then(res => {
  console.log(res.fileList)
}).catch(error => {
  console.log(error)
})
```

从云存储里下载的文件会被存储到小程序的临时路径，可以说小程序的临时路径是图片上传和下载的"过渡存储空间"。图片上传和下载都需要先经过它，而不是直接上传。在小程序端删除文件的时候，注意文件的默认权限是"所有用户可读，仅创建者可读写"，所以如果用户不是通过小程序上传的文件，在小程序端是删除不了的。也就是说，如果用户的文件是通过控制台或云函数上传的，由于该文件没有上传者 Open ID，就无法识别谁是创建者。

### 7.4.3 云函数上传图片到云存储

云开发不仅可以在小程序端上传文件到云存储，还可以通过云函数（也就是云端）上传图片到云存储（会涉及 Node.js 的知识）。注意云函数上传图片的 API cloud. downloadFile()属于服务端 API，与小程序端 wx.cloud.uploadFile()有一些不同，先来看看下面的案例。

使用开发者工具右击云函数根目录（也就是 cloudfunctions 文件夹），选择"新建 Node.js

云函数", 将云函数命名为 uploadimg, 右击 uploadimg 文件夹, 选择"硬盘打开", 然后复制一张图片 (如 demo.jpg) 粘贴进去, 文件结构如下:

```
uploadimg 云函数目录
├── index.js
├── package.json
├── demo.jpg
```

然后打开 index.js, 在其中添加以下代码, 其中的 fs、path 是 Node.js 的内置模块 (内置模板不需要 npm install 就可以使用), 先简单了解即可:

```
const cloud = require('wx-server-sdk')
const fs = require('fs')
const path = require('path')
cloud.init({
env: cloud.DYNAMIC_CURRENT_ENV,
})
exports.main = async (event, context) => {
const fileStream = fs.createReadStream(path.join(__dirname, 'demo.jpg'))
return await cloud.uploadFile({
cloudPath: 'tcbdemo.jpg',
fileContent: fileStream,
})
}
```

关于上述代码, 有以下几点说明。

- 在 Node.js 里, 所有与文件相关的操作都是通过核心模块 fs 实现的。包括目录的创建、删除、查询以及文件的读取和写入, 上述代码中的 createReadStream() 方法的作用类似于读取文件。
- path 模块提供了一些用于处理文件路径的 API, 例如, 上述代码的 join() 方法用于连接路径。
- __dirname 指当前模块的目录名, 右击 uploadimg 文件夹, 选择"在外部终端窗口中打开", 执行 npm install 安装依赖, 再单击 uploadimg 云函数目录, 选择"上传并部署: 所有文件"(这时图片也一并上传到了云端)。

可以直接在开发者工具控制台执行以下事件处理函数, 通过调用 wx.cloud.callFunction() 在小程序端调用 uploadimg() 云函数, 从而调用 uploadFile()API 将云端的图片上传到云存储里面, 可以打开云开发控制台的云存储查看是否有 tcbdemo.jpg 这张图片。

```
uploadimg() {
  wx.cloud.callFunction({
    name: 'uploadimg',
    success: res => {
      console.log(res)
    }
  })
},
```

注意，通过云函数上传到云存储的图片是没有上传者 Open ID 的。在云存储里查看这张图片的详细信息，会看到上传者的 Open ID 为空。

## 7.4.4 获取文件在云存储的 HTTPS 链接

上传图片到云存储成功后会返回文件在云存储的 File ID，而图片的下载地址可以使用 File ID 换取云存储空间指定文件的 HTTPS 链接（云存储提供免费的 CDN 域名）。

- 公有读的文件获取的 HTTPS 链接不会过期。例如，默认情况下的权限就是公有读，获取的链接永久有效。
- 私有读的文件获取的 HTTPS 链接为临时链接。例如，可以结合用户身份认证和安全规则设置文件的权限为仅文件的上传创建者或管理员可读，此时只有通过云开发身份验证的用户才有权限换取临时链接。
- 有效期可以动态设置，超过有效期再请求临时链接时会被拒绝，这保证了文件的安全性。
- 一次最多可以读取 50 个文件，如果需要读取云存储里更多的文件就需要分批处理。

例如，在小程序端调用 wx.cloud.getTempFileURL()方法，只需要传入文件的 File ID，就可以换取云存储空间指定文件的 HTTPS 链接，这个 HTTPS 链接可以在浏览器里打开，也可以作为图床来使用：

```
wx.cloud.getTempFileURL({
    fileList: ['cloud://xly-xrlur.786c-xly-xrlur-1300446086/1571902980622-737.xls',
'cloud://xly-xrlur.786c-xly-xrlur-1300446086/1572315793628-366.png'],
  })
  .then((res) => {
    console.log(res.fileList);
  });
```

## 7.4.5 File ID 是云存储与数据库的纽带

不经过数据库，直接把文件上传到云存储里，文件的上传、删除、修改、查询是无法和具体的业务对应的，如文章/商品的配图、表单图片附件的添加与删除，都需要图片等与文章、商品、表单的 ID 一一对应才能进行管理（在数据库里才能对应）。而文章、商品、表单又可以通过数据库与用户的 ID、其他业务联系起来，可见数据库在云存储的管理上扮演着极其重要的角色。

每一个上传到云开发的文件都有一个全网唯一的 File ID，将 File ID 传入云存储的 API 就可以对文件进行下载、删除、获取文件信息等操作，非常方便。云存储与数据库就是通过 File ID 来取得联系的，数据库只记录文件在云存储的 File ID。调用云存储的上传文件、下载文件、删除文件等 API，可以访问数据库相应的 File ID，对文件进行记录的增删改查操作，这样云存储就可以被数据库管理了。

# 7.5  创建个人相册

当要开始创建一个实际的小程序项目时，除了要考虑原型设计（产品经理的工作）与页面的重构（UI 设计与前端开发的工作），还需要考虑各个功能与对应的页面、组件等之间的交互逻辑关系以及这些功能的背后所依赖的各项数据。逻辑关系最终转化为项目的文件结构，各种函数、模块、组件，以及一个个 API。各项数据最终转化为数据库的结构设计、数据字典等。接下来就以创建个人相册的项目为例，来具体进行讲解。

## 7.5.1  数据库的设计

和 Excel 表、MySQL 等关系数据库以行和列、多表关系来设计表结构不同的是，云开发的数据库是基于文档设计的。它可以在一个记录里嵌套多层数组和对象，把需要的数据都嵌入一个文档里，而不是分散到多个不同的集合中。

例如，我们通过一个相册小程序，来记录用户信息以及用户创建的相册和文件夹。因为相册和文件夹可以创建很多个，所以它们可以放在数组对象中，而每一个相册对象和文件夹对象里都可以存储一个照片列表和文件列表。其实我们发现在云开发数据库里一个元素的值是数组，数组里又嵌套对象，对象里又有元素是数组是非常常见的现象。

以下是相册小程序的数据库设计，包含了一个用户的信息，以及该用户上传的所有文件和照片等信息：

```
{
  "_id": "",   //自动生成的 ID，也可以自定义。云数据库无法像 MySQL 一样 ID 自增，自定义时要注意
_id 的唯一性
  "_openid": "oUL-m5FuRmuVmxvbYOGuXbuEDsn8",   //用户在当前小程序的 Open ID
  "nickName": "李东 bbsky",   //用户的昵称，可以将用户的微信昵称存储在这个属性中
  "avatarUrl": "https://thirdwx.qlogo.cn/mmopen/vi_32/77Vejpiabfr62gPczlm4SicRq
QxE1RBCs29NrdPqZZMtRu1uO47VichN1mrguRaNict5urtyyS3mFlkfGicH3bicoibMQ/132",   //用户的
头像链接，同样可以来自微信的 userInfo 信息
  "albums": [        //相册，用来存储照片
    {
      "albumName": "风景",   //相册名称
      "coverURL": "",//相册封面地址，可以从相册里随机取一张照片或取第一张照片
      "photos": [      //照片的数组，存储一个相册里的多张照片
        {
          "comments": "云开发线下活动合影",//照片的备注或描述
          "fileID": "" //照片的地址，可以是云存储的 File ID 或 HTTPS 链接
        }
      ]
    }
```

```
    ],
    "folders": [      //文件夹，用来存储各种文件
      {
        "folderName": "工作周报",//文件夹名称
        "files": [        //文件的数组，存储文件夹里的多个文件
          {
            "name": "25 周工作总结",   //文件名
            "fileID": "cloud://xly-xrlur.786c-xly-xrlur-1300446086/1571902980622-
737.xls", //文件的地址，可以是云存储的 File ID 或 HTTPS 链接
            "comments": "第 25 周工作的内容，主要包括小程序的宣传运营"//文件备注、描述
          }
        ]
      }
    ]
  }
```

在开始开发一个项目之前，就先规划好类似于上述代码的数据库设计，这样开发的时候就能清楚有哪些字段，字段用的是什么数据类型，字段与字段之间有什么联系。回答了这些问题，再来思考这些数据怎么获取，要通过什么函数、什么 API 或什么交互来获取。例如，用户的信息可以来自 wx.getUserInfo()的 userInfo，也可以根据情况在用户登录之后自定义信息。

如果使用的是关系数据库，通常会建立 user 表来存储用户信息、建立 albums 表来存储相册信息、建立 folders 表来存储文件夹信息、建立 photos 表来存储照片信息、建立 files 表来存储文件信息。相信大家通过这个案例对云数据库是面向文档的数据库这个概念有了一个大致的了解。

> **提示** 云开发的数据库可以把数据分散到不同集合，这需要视不同的情况处理。将每个文档所需的数据都嵌入一个文档内部的做法，被称为**反范式化**（denormalization）；而将数据分散到多个不同的集合，不同集合之间相互引用被称为**范式化**（normalization）。也就是说反范式化文档里包含子文档，而范式化文档的子文档则是存储在另一个集合之中。

## 7.5.2　UI 与文件结构

一般来说，制作一个小程序首先需要梳理清楚项目的产品需求，如大致的页面结构是什么样，包含哪些功能，页面设计大致是什么风格，页面间的跳转、组件的触发等交互是怎样进行的。然后根据这些产品需求制作原型图，再根据原型图制作设计稿，最后才是开发环节。虽然自己独立开发不必这么复杂，但是小程序的原型图也是要做到"成竹在胸"才行。

### 1．文件结构

当我们制作好设计稿后，就可以规划 UI 使用什么框架（如 WeUI、Vant Weapp、ColorUI、iView、Lin UI 等），规划封装哪些函数、模块、组件，规划使用哪些云函数及相应的功能、云存储的文件目录，以及规划项目的文件结构等。

```
project
├── cloudfunctions //云函数根目录
│   └── folder //云函数
├── miniprogram //小程序目录
│   └── pages      //存放页面,页面的创建方法可以参考本书第一部分的教程
│       └── folder
│       └── file
│       └── album
│       └── photo
│       └── user
│   └── images    //存放图片元素
│   └── style     //存放封装好的样式
│   └── utils     //存放封装的模块
│   └── components //存放封装好的组件
│   └── app.js
│   └── app.json
│   └── app.wxss
└── project.config.json
```

既要将设计稿的交互逻辑转化为过程逻辑,也就是使用哪些生命周期函数、事件处理函数,会调用哪些 API,会遵循怎样的流程,也要思考设计稿背后数据的逻辑,这些数据会是什么类型,会存储在什么位置,这些数据会如何被函数增删改查,还要思考抽象的逻辑,即如何将相同功能的函数或相似功能的页面模块封装成一个组件。过程、数据、抽象这三大逻辑,是将设计稿转化为实际的代码最核心的工作。

### 2. 引入 WeUI 拓展

在 2.4 节我们介绍过如何引入 WeUI,作为官方的 UI 框架,WeUI 支持更简单的引入方式以及更丰富的实用组件。WeUI 的使用方法在官方技术文档的"拓展能力"标签页有比较完善的介绍。

在 app.json 里添加 useExtendedLib 的配置就能引入 WeUI 了,使用这种方式不会计入代码包大小,不需要使用 import(也可以右击 miniprogram,打开终端,执行 npm install weui-miniprogram 后再引入):

```
{
  "useExtendedLib": {
    "weui": true
  }
}
```

当需要在页面(如 folder.wxml)中使用组件时,只需把要用到的组件在相应页面的 json 文件(这里为 folder.wxss 文件)里引入即可(虽然引入了不使用的组件也没有影响,但是建议只引入要用到的组件):

```
{
  "usingComponents": {
```

```
    "mp-dialog": "/miniprogram_npm/weui-miniprogram/dialog/dialog",
    "mp-toptips": "/miniprogram_npm/weui-miniprogram/toptips/toptips"
  },
  "navigationBarTitleText": "文件夹列表"
}
```

可以在 folder.wxml 里添加以下代码来验证组件是否引入成功（模拟器的小程序的前端展示可以看得到内容即可）：

```
<mp-toptips msg="组件引入成功,提示 5 秒后消失" type="error" show="true" delay="5000">
</mp-toptips>
<mp-form id="form" rules="{{rules}}" models="{{formData}}">
  <mp-cells title="单选列表项">
    <mp-checkbox-group prop="radio" multi="{{false}}" bindchange="radioChange">
      <mp-checkbox wx:for="{{radioItems}}" wx:key="value" label="{{item.name}}"
value="{{item.value}}" checked="{{item.checked}}"></mp-checkbox>
    </mp-checkbox-group>
  </mp-cells>
</mp-form>
<mp-dialog title="WeUI 引入成功" show="true" bindbuttontap="" buttons="{{[{text: '
确定'}]}}">
    <view>看得到这个界面说明 WeUI 拓展引入成功</view>
</mp-dialog>
```

## 7.5.3　建立用户与数据的联系

打开云开发控制台的“数据库”标签页，新建一个 clouddisk 集合，并使用安全规则修改它的权限为“所有人可读，仅创建者可读写”，即 {"read": true,"write": "doc._openid == auth.openid" }。使用开发者工具新建一个 folder 页面（更加建议在页面文件结构规划的时候就把这些页面创建好），然后在 folder.js 的页面生命周期函数 onLoad() 里添加以下代码：

```
    this.checkUser()
```

在 Page() 对象里添加以下代码，这段代码的意思是如果 clouddisk 里没有用户创建的数据，那就在 clouddisk 里新增一条记录；如果有数据，就返回数据：

```
const app = getApp()
async checkUser() {
  //判断 clouddisk 是否有当前用户的数据，注意这里默认带了 where({_openid:"当前用户的
openid"}) 的条件
  const userData = (await db.collection('clouddisk').where({
    _openid:'{openid}' //一定要开启安全规则,如不开启安全规则,{openid}就会失效。如果没有
开启安全规则,数据库查询自带 Open ID 的权限,就不需要写这个条件了
  }).get()).data
  console.log("当前用户的数据对象",userData)

  //如果当前用户的数据 data 数组的长度为 0, 说明数据库里没有当前用户的数据
  if(userData.length === 0){
```

```
    //如果没有当前用户的数据，就新建一个数据框架，其中_id和_openid会自动生成
    await db.collection('clouddisk').add({
      data:{
        //nickName和avatarUrl可以通过getUserInfo来获取，这里不多介绍
        "nickName": "",
        "avatarUrl": "",
        "albums": [ ],
        "folders": [ ]
      }
    })
    wx.switchTab({     //如果数据库不存在用户，除了在数据库创建一条空记录，还要跳转到user页
面，尽管用户已经登录了，还是需要借助button的open-type="getUserInfo"来获取用户的信息
      url: '/pages/user/user'
    })
  }else{ //如果有数据，就做两件事情：一是使用setData()提供页面渲染数据，二是将数据存储到全局
对象中
    this.setData({
      userData
    })
    app.globalData.userData = userData
    console.log('用户数据',userData)
  }
},
```

> **提示** 无论使用简易权限控制，还是使用安全规则，在这里都不需要事先获取用户的 Open ID，因为如果使用简易权限控制，对数据库进行增删改查时都会自带 where({_openid:'{openid}'})条件；而如果使用安全规则，可以直接使用这个条件，不需要知道用户的 Open ID 具体是什么。也就是说，没有必要先用云函数返回用户的 Open ID，省去这个操作，能提升小程序的加载速度并节省云开发资源。

根据数据库的设计，一个用户只能创建一条记录，用户创建的相册、文件夹，上传的照片、文件都会存储到这条记录里。当用户打开小程序的时候执行 checkUser()函数，如果是新用户就在数据库里创建一条记录，否则就会返回数据并将数据传递到 Page 对象的 data 里。

> **提示** 在创建记录时，建议事先将一些字段预填充（也就是在 add()的 data 里添加一些必要的字段，如 nickName 等），方便后续可以直接使用 update()的更新指令给字段更新数据。

## 7.5.4 获取用户信息并存储到数据库

由于云开发的免鉴权，当用户打开小程序时就有了一个独一无二的 Open ID，也就是自动登录了。不过只有 Open ID，在展示时没有用户的头像和昵称等信息，用户交互体验可能不够好。所以可以把用户的头像和昵称等信息获取之后存储到数据库，以后这些信息可以只来自于数据库，不再需要用户的授权。不过微信用户可能会经常修改自己的昵称和头像，需要用户手动同步更新时就需要用户授权，还可以让用户自定义头像和昵称，也就是对数据库进行增删改查操作。

### 1．获取用户信息

使用开发者工具新建一个 user 页面（最好是在规划页面文件结构时就创建好），然后在
user.wxml 里添加以下代码，通过组件来获取用户的信息：

```
<button open-type="getUserInfo" bindgetuserinfo="getUserInfo" lang="zh_CN"> 单 击
获取用户信息</button>
<image src="{{avatarUrl}}"></image>
<view>{{city}}</view>
<view>{{nickName}}</view>
```

在 user.js 的 data 里初始化 avatarUrl、nickName 和 city。在没有获取到用户信息时，用一张
默认图片作为头像，昵称显示为用户未登录，city 显示为未知：

```
data: {
  avatarUrl: '',   //可以预填充一张用户未登录的灰色图片
  nickName:"用户未登录", //预填充，提醒用户登录
  city:"未知",      //预填充
},
```

然后在 user.js 文件里添加以下代码，事件处理函数 getUserInfo()可以输出 event 对象，
open-type="getUserInfo"的组件的 event 对象的 detail 里就有 userInfo：

```
getUserInfo: function (event) {
  console.log('getUserInfo 输出的事件对象', event)
  let { avatarUrl, city, nickName}= event.detail.userInfo
  this.setData({
    avatarUrl,city, nickName
  })
},
```

将获取的 avatarUrl、nickName、city 通过 this.setData()赋值给 data。编译之后单击"获取用
户信息"按钮。首先弹出授权对话框询问用户，当用户确认之后，就会显示用户的信息。

### 2．获取用户高清头像图片

我们发现获取到的头像图片不是很清晰，这是因为默认的头像图片大小为 132px×132px（见
UserInfo 用户头像说明），如果把 avatarUrl 链接后面的 132 修改为 0 就能获取到大小为
640px×640px 的头像图片了：

```
getUserInfo: function (event) {
  let { avatarUrl, city, nickName}= event.detail.userInfo
  avatarUrl = avatarUrl.split("/")
  avatarUrl[avatarUrl.length - 1] = 0;
  avatarUrl = avatarUrl.join('/');
  this.setData({
    avatarUrl,city, nickName
  })
},
```

### 3. 在页面加载时显示用户信息

在获得用户授权和用户信息的情况下，刷新页面或进行页面跳转，用户的个人信息还是不会显示，这是因为 getUserInfo()事件处理函数在单击组件时才会触发，而我们需要在页面加载时也能触发组件获取用户信息。

可以在 user.js 的 onLoad()生命周期函数里添加以下代码，在用户授权之后来调用 wx.getUserInfo() API：

```
wx.getSetting({
  success: res => {
    if (res.authSetting['scope.userInfo']) {
      wx.getUserInfo({
        success: res => {
          let { avatarUrl, city, nickName } =res.userInfo
          this.setData({
            avatarUrl, city, nickName
          })
        }
      })
    }
  }
});
```

> **提示**　上述代码为了方便，只写了一些实现功能的基础代码。在实际的项目开发中，可以把函数封装起来，既可以将函数写到页面的 js 文件里，使用 this.functionName()来调用，又可以把函数写到独立的模块文件（如 utils/util.js）里，使用 module.exports 和 require 引入。是否封装以及封装到哪种程度，在开发之前可以做大致的规划。

### 4. 将用户信息更新到云存储

可以在 getUserInfo()函数里调用 uploadMsg()函数将获取的用户信息更新并保存到数据库里，这样小程序就不用再通过 wx.getUserInfo()来获取用户的信息了。因为 wx.getUserInfo()在一段时间后或在用户清空授权等情况下又需要用户授权同意才能获取用户信息，而将用户信息存到数据库里，用户只需要授权一次就够了。

```
//往 getUserInfo()里添加调用函数的代码
getUserInfo: function (event) {
  //可以添加到 this.setData()的后面
  this.uploadMsg(avatarUrl, city, nickName)
},

async uploadMsg(avatarUrl, city, nickName){
  const result = await db.collection('clouddisk').where({
    _openid:'{openid}'
  }).update({
```

```
        data:{
          avatarUrl,city, nickName
        }
      })
      console.log("更新结果",result)
    }
```

> **提示**　avatarUrl 保存的是用户头像图片的链接，这个链接来自微信服务器，它不是永久有效的，会在用户更新头像的时候失效。可以根据功能的需要将用户的头像图片下载并存储到云存储，将数据库的 avatarUrl 字段设置为云存储的 File ID 或 HTTPS 链接就可以了。头像下载的方法可以参考 10.5 节的内容。

## 7.5.5　获取相册/文件夹数据

数据在小程序全栈项目的开发中始终扮演着重要角色，所以在开发时一定要梳理清楚数据的来源、数据的存储方式，以及数据与流程、函数之间的关系。

### 1. 页面的数据获取流程

当打开小程序或小程序的首页（folder 页面）时，先请求数据库，获取用户在该数据库的所有数据（由于这个数据库结构比较简单，所以这里的"所有数据"只是一条记录）并存储到 app.js 的 globalData 里。这样无论用户打开哪个页面，页面都可以使用 getApp().globalData 来获取数据。当然其他页面的数据也可以从数据库里获取，但是与从 globalData 获取数据相比会增加数据库的请求次数。相册小程序的数据获取流程如图 7-2 所示。

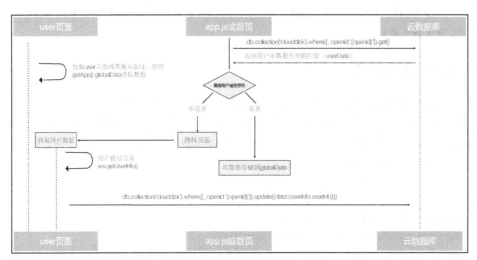

图 7-2　相册小程序的数据获取流程

> **提示**　根据业务和功能的不同，小程序数据的获取和存储方式、页面的加载跳转逻辑、页面组件与用户的交互方式等也会有所不同。但是再复杂的功能，都可以拆解成使用 JavaScript（含 API）对数据库、

缓存、本地文件、云存储、全局变量等里面的数据进行增删改查的操作。

#### 2. 获取相册/文件夹数据

在首页 folder.js 里，如果用户在数据库里有数据，可以把数据存储到全局对象 globalData 里，而用于渲染展示相册、文件夹信息的 folder、album 等页面，都可以从 globalData 里获取数据。例如，可以在 album.js 里写以下代码：

```
const app = getApp()
Page({
  data: {
    userData:{}
  },

  onLoad: function (options) {
    this.setData({
      userData:app.globalData.userData
    })
    console.log(this.data.userData)
  },

})
```

**提示** 由于个人相册只是一个功能比较简单的小项目，因此我们在设计数据库时，将单个用户的相册（含照片）、文件夹（含文件）的数据都存储到一个记录里面（也就是反范式化设计）。如果希望用户存储的照片、文件数量在几万个以上或存储更多内容（如文章、评论），这可能导致一个记录的大小有好几兆字节（记录上限不能超过 16 MB），数据库的性能会受到影响。

## 7.6 相册/文件夹管理

在小程序端创建一个相册/文件夹，需要考虑 3 个问题：一是相册/文件夹在云存储里是怎么创建的；二是相册/文件夹在数据库里采用什么样的表现形式；三是小程序端页面应该怎么交互才算是创建了一个相册/文件夹。将小程序端要展示的交互界面（功能）转化为函数的逻辑（含 API）与数据类型是应用开发的核心。

### 7.6.1 相册/文件夹的表现形式

存储多张照片的相册或存储多种不同类型的文件的文件夹在 UI 上可能有非常酷炫的图标展示，但是在数据库里可能就只对应了简单的字段信息而已。因此在开发小程序时，要思考复杂的 UI 交互功能怎么尽可能转化为简单的字段（一个或多个）以及字段用哪种数据类型来对应 UI 交互功能背后的数据。

### 1. 相册/文件夹在数据库里的表现形式

尽管相册/文件夹在小程序端的页面交互看起来非常复杂，但是它在数据库里的形式可能非常简单。根据 7.5.1 节的数据库设计，创建一个相册/文件夹，在数据库里只是把该相册/文件夹的名称更新到该用户在数据库的记录对应的字段（albumName、folderName）里：

```
"albums": [
  {
    "albumName": "风景",
    "photos": [ ]
  },
  {
    "albumName": "家庭",
    "photos": [ ]
  }
],
"folders": [
  {
    "folderName": "工作周报",
    "files": [ ]
  },
  {
    "folderName": "电子书",
    "files": [ ]
  }
]
```

能够将 UI 交互里的元素（如分类、标题、图标、图片、时间、标签、按钮等）转化为数据库的集合、记录、字段，以及字段数据类型的设计是开发小程序非常关键的一步。前端设计在数据里的体现如图 7-3 所示。

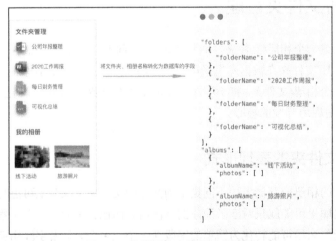

图 7-3　前端设计在数据里的体现

注意，UI 设计里的图标也好，文件夹/相册创建、更新的时间也好，都可以根据功能开发的需求在用户的记录中添加相应的字段。而相册的封面图片，在记录里的存储形式是云存储的 Open ID（或 HTTPS 链接），也就是字符串类型。

### 2．云存储的二级目录

在云存储里应该怎样创建二级目录呢？可以在调用 wx.cloud.uploadFile()接口时在 cloudPath 的前面加一个文件路径，例如：

```
const cloudPath = `cloudbase/${Date.now()}-${Math.floor(Math.random(0, 1) * 1000)}`
+ filePath.match(/.[^.]+?$/)[0]
```

也就是说直接在 cloudPath 里添加二级目录即可，上述代码会自动在云存储里创建一个 cloudbase 的二级目录。

如果使用用户创建的相册/文件夹名称作为云存储的二级目录可能存在两个问题：一是二级目录不推荐使用中文名称（文件夹和文件名），二是用户创建的相册/文件夹名称可能会重复。比较好的方式是使用用户的 Open ID 作为云存储的二级目录名来区分不同用户，而用户在小程序端创建的文件夹和相册名称可以不体现在云存储的文件结构上（也可以体现，但非必要），也就是说一个用户所有的照片、文件可以放在一个文件夹里。而且存储在云存储的相册名、文件夹名也建议修改为时间戳、随机数构成的名称。

用户在小程序端创建的相册/文件夹（文件结构、名称），无论是在数据库还是在云存储的文件夹结构上并没有直接的体现。哪个用户创建了哪些相册/文件夹以及每个相册/文件夹里都有一些什么文件，都是使用数据库来进行联系和管理的。

## 7.6.2 相册/文件夹的渲染

7.5.5 节已经在 folder.js 中通过数据库请求的方式获取了相册/文件夹的数据 userData（也就是用户在集合里的整个记录），并把 userData 赋值给了 app.js 的全局对象 globalData。在渲染数据到页面之前，可以使用云开发控制台"数据库"标签页里的"高级操作"往数据库里添加一些"假数据"。

要将数据渲染到页面，就要善于通过输出的方式来了解数据库有没有返回数据，返回了哪些数据，返回的数据是什么结构、什么类型的，尤其是文档数据库（返回的数据有多层嵌套）。处理数据时要勤于输出来查看结果，不能主观猜测，图 7-4 所示是返回的当前用户的数据对象。

这里的 userData 就是一个数组，通过符号的[]以及展开的数据结构就能了解，而在 folder 页面要渲染的是 userData 数组第 1 项里的 folders 数组里的值，folder.wxml 页面的渲染代码如下：

```
<block wx:for="{{userData[0].folders}}" wx:for-item="folder" wx:key="item">
    <view>文件名：{{folder.folderName}}</view>
    <view>文件夹内文件数量：{{folder.files.length}}</view>
</block>
```

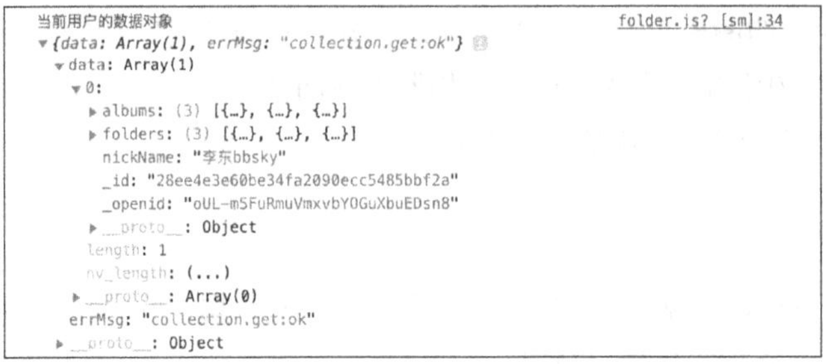

图 7-4　返回的当前用户的数据对象

　　而相册 album 和文件夹 folder 在数据渲染的处理方式是一样的，只是在 UI 设计的外观（CSS 代码）和交互（事件处理函数）上有所不同。这里的 folder.files.length 用到的是 JavaScript 的 Array 的属性。

　　由于数据库里是没有数据的，所以小程序端页面渲染是空白的，不过借助 JavaScript 函数、数据库脚本或云开发控制台等方式就能往数据库里添加一些模拟的"假数据"。例如，在云开发控制台的"数据库"标签页里的高级操作脚本里运行如下代码：

```
db.collection('clouddisk').where({
    //注意由于管理端（如云开发控制台）没有用户的登录态，因此不能使用'{openid}'，可以使用_id或填
写自己的 Open ID
    _openid:'oUL-m5FuRmuVmxvbYOGuXbuEDsn8' //换成自己的 Open ID
})
.update({
  data:{
    "albums": [{
      "albumName": "风景",
      "photos": [ ]
      }],
    "folders": [{
      "folderName": "工作周报",
      "files": []   //空文件夹，只有文件夹名
    },
    {
      "folderName": "电子书",
      "files": [{    //有两个文件
        "name": "傲慢与偏见",
        "fileID": "",
        "comments": "中英双语版"
      },{
        "name": "史记",
        "fileID": "",
        "comments": "史圣司马迁，二十四史之首"
      }]
    }]
  }
})
```

## 7.6.3　UI 交互与相册/文件夹的创建

在梳理一个 UI 交互的功能（如相册/文件夹的创建）时，开发者既需要站在开发的角度梳理数据的构成以及如何通过过程、函数来操作这些数据，又需要站在用户的角度来思考界面的外观与用户体验。

### 1. UI 交互与 WeUI 组件

尽管从开发的角度讲，可以直接往数据库里添加数据并渲染到前端，不过对于用户而言，在小程序端除需要使用 CSS 代码美化页面以外，还需要一定的交互。例如，在创建文件夹时，我们希望通过单击一个按钮，弹出一个"新建文件夹"窗口，在这个窗口里输入文件夹名称，单击"确定"就可以创建文件夹，创建文件夹之后，这个弹出的窗口将自动关闭。

这些交互可以通过 JavaScript 控制 WeUI 封装好的组件、小程序 API 等来完成：

```
//在 folder.wxml 里添加以下代码
<button bindtap="showDialog">新建文件夹</button>
<mp-dialog title=" 新建文件夹" show="{{dialogShow}}" bindbuttontap="createFolder"
buttons="{{buttons}}">
    <input name="name" placeholder='请输入文件夹名' auto-focus value= '{{inputValue}}'
bindinput='keyInput'></input>
</mp-dialog>

//在 folder.json 里引入 WeUI 封装的一些组件，可以视情况将没有用到的部分组件删掉
{
  "usingComponents": {
    "mp-cells": "/weui-miniprogram/cells/cells",
    "mp-cell": "/weui-miniprogram/cell/cell",
    "mp-slideview": "/weui-miniprogram/slideview/slideview",
    "mp-dialog": "/weui-miniprogram/dialog/dialog",
    "mp-form": "/weui-miniprogram/form/form",
    "mp-toptips": "/weui-miniprogram/toptips/toptips"
  },
  "navigationBarTitleText": "文件夹列表"
}

//在 folder.js 里添加以下代码
Page({
  data: {
    userData:[],
    dialogShow:false,
    showOneButtonDialog: false,
    buttons: [{text: '取消'}, {text: '确定'}],
    oneButton: [{text: '确定'}],
    inputValue:""
  },
```

```
onLoad: function (options) {
},
showDialog(){
  this.setData({
    dialogShow:true
  })
},
```

通过 7.5.1 节的分析可知，在小程序端创建相册/文件夹，只需要更新数据库的字段，而不需要操作云存储。

### 2. 使用 push 更新操作符

在 folder.js 里添加以下代码，首先需要获取 input 里面输入的文件名，然后将文件名使用更新操作符 push 到数据库的 folders 字段，这就相当于创建了一个文件夹：

```
keyInput(e) {
  this.setData({ inputValue: e.detail.value })
},

async createFolder(e){
  const folderName = this.data.inputValue
  if(e.detail.index === 0){
    this.setData({
      dialogShow:false
    })
  }else{
    this.setData({
      dialogShow:false
    })
    const result = await db.collection("clouddisk").where({
      _openid:'{openid}' //换成自己的Open ID
    })
    .update({
      data:{
        folders:_.push([{"folderName":folderName,files:[]}])
      }
    })
    console.log("数据更新结果",result)
    wx.reLaunch({
      url: '/pages/folder/folder'
    })
  }
},
})
```

> **提示**　每个用户都会在数据库里创建一个记录，而在用户对数据库进行增删改查时，通常都会使用.where({_openid:'{openid}'})让用户只能操作属于自己的那个记录。所以用户只能看到自己创建的相册/文件夹，也只能对自己创建的相册/文件夹有操作权限，用户与用户之间不会出现冲突。这种数据库的设

计方式只适用于对权限有要求的场景，如果你希望用户 A 上传的相册/文件夹能被其他用户看到（查询），或用户 B 能够操作（增加或删除）用户 A 上传的相册/文件夹，就需要调整一下权限了。

# 7.7 照片文件管理

当用户在小程序端随机选择一个相册/文件夹，小程序怎么处理才能让用户看到与之相应的照片/文件列表页面呢？当用户在这个列表的页面上传照片/文件时，又是怎么将照片/文件上传到指定的列表里并保存文件名的呢？维系用户（含权限）、相册/文件夹、照片/文件三者之间关系的核心仍然是数据库，这些看似复杂功能的背后也同样是 JavaScript 对不同数据类型数据的操作。

## 7.7.1 数组的索引与交互

想要在页面交互里单击某个相册/文件夹链接，就能打开与之相应的照片/文件的列表页面，首先需要让链接携带包含该相册/文件夹唯一 id 的参数，然后在列表页能够获取这个参数，再根据这个唯一 id 来查找相应的照片/文件的数据并渲染到页面上。

由于在设计数据库时，并没有给每个相册/文件夹设置 id 这个字段，因此可以借助数组的索引。userData 里的 folders、albums 就是数组，每个相册/文件夹的索引值都是有序且唯一的。

再来回顾一下链接携带参数以及提取参数的知识。在 folder.wxml 页面的组件的链接里添加 /pages/file/file?index={{idx}}，再在 file.js 的生命周期函数 onLoad() 的 options 中将参数提取出来。

在 folder.wxml 里通过链接携带 index 参数，注意这个 index 与列表渲染相关：

```
<block wx:for="{{userData[0].folders}}" wx:for-index="idx" wx:for-item="folder"
wx:key="item">
    <mp-cell link hover url="/pages/file/file?index={{idx}}" value="{{folder.
folderName}}"
        footer="{{folder.files.length}}">
    </mp-cell>
</block>
```

在 file.js 生命周期函数 onLoad() 的 options 里，可以提取链接携带的 index：

```
const app = getApp()
Page({
  data: {
    folderIndex: null,
    folderData:[]
  },

  onLoad: function (options) {
    this.setData({   //将获取到的index赋值给folderIndex
```

```
      folderIndex: parseInt(options.index),   //将字符串转为 Number 类型
    })

    const index = parseInt(options.index)
    this.setData({   //根据获取到的 index, 将该 index 的 folders 数据赋值给 folderData
      folderData: app.globalData.userData[0].folders[index]
    })
    console.log("赋值内容", this.data.folderData)
  },

})
```

```
//从这里可以判断打开的到底是列表里的第几个相册/文件夹, 注意数组是从 0 开始计数的
<text>你打开的是第{{folderIndex+1}}个文件夹</text>
```

```
//渲染数据指定 id 的文件夹内的文件列表到页面
<block wx:for="{{folderData.files}}" wx:for-index="idx" wx:for-item="file"
wx:key="item">
  <mp-cell hover value="{{file.name}}"></mp-cell>
</block>
```

## 7.7.2　上传单个文件到文件夹

大家可能都在其他小程序体验过文件上传的功能，这个功能在交互上虽然看起来简单，但是其代码业务逻辑包含以下 3 个步骤。

（1）把文件上传到小程序的临时文件，并获取临时文件地址以及文件的名称。

（2）将临时文件上传到云存储指定云文件里，并获取文件的 File ID。

（3）将文件在云存储的 File ID 和文件的名称更新到数据库。

### 1. 上传文件到小程序的临时文件

使用开发者工具在 **file.wxml** 里添加以下代码：

```
<form bindsubmit="uploadFiles">
  <button type="primary" bindtap="chooseMessageFile">选择文件</button>
  <button type="primary" formType="submit">上传文件</button>
</form>
```

然后在 **file.js** 里添加以下代码：

```
chooseMessageFile(){
  const files = this.data.files
  wx.chooseMessageFile({
    count:5,
    success: res => {
      console.log('选择文件之后的 res',res)
      let tempFilePaths = res.tempFiles
      for (const tempFilePath of tempFilePaths) {
```

```
      files.push({
        src: tempFilePath.path,
        name: tempFilePath.name
      })
    }
    this.setData({ files: files })
    console.log('选择文件之后的files', this.data.files)
  }
  })
},
```

## 2. 将临时文件上传到云存储

```
uploadFiles(e) {
  const filePath = this.data.files[0].src
  const cloudPath = `cloudbase/${Date.now()}-${Math.floor(Math.random(0, 1) *
1000)}` + filePath.match(/.[^.]+?$/)
  wx.cloud.uploadFile({
    cloudPath,filePath
  }).then(res => {
    this.setData({
      fileID:res.fileID
    })
  }).catch(error => {
    console.log("文件上传失败",error)
  })
},
```

## 3. 将文件信息存储到数据库

```
addFiles(fileID) {
  const name = this.data.files[0].name
  const _id= this.data.userData.data[0]._id
  db.collection('clouddisk').doc(_id).update({
    data: {
      'folders.0.files': _.push({
        "name":name,
        "fileID":fileID
      })
    }
  }).then(result => {
    console.log("写入成功", result)
    wx.navigateBack()
  }
  )
}
```

> **提示** 尽管已经往文件夹里上传了文件，但是这个文件却没有及时地渲染出来。这是因为为了减少页面对数据库的请求，我们只在 folder 页面的 onLoad() 生命周期函数里查询了一次数据库，其他页面都是通过 app.globalData 来获取数据，也就是如果不重新加载 folder 页面，数据就不会及时更新。要将用户上

传的文件及时渲染出来，有两种方式：一是通过页面的生命周期函数触发数据库的 get() 查询；二是将新上传的文件使用 concat() 添加到 app.globalData 里或放到缓存里，不去请求数据库。第二种方式在 UI 交互上，用户同样可以看到新文件被及时渲染，但是事实上这个文件不是来自数据库的，也不是真正最终的查询结果。这种"假象"非常适用于对交互、效率有一定要求的场景。

　　本章除了介绍开发相册小程序的基础知识，还讲解了相册小程序核心功能的开发。要开发一个完整的项目，需要开发者能够透过"眼花缭乱"的交互看到背后的本质：看似复杂的功能，都只是由程序在操作简单的数据结构。

　　在开始编写一个项目的代码前，要先学会功能的拆解，然后动手写代码，以"传照片到相册并渲染到小程序上"为例。在写代码前需要对下面这些问题做到"成竹在胸"才不至于迷茫。

　　（1）照片和相册、用户之间是什么关系？怎么用数据库的记录或字段来体现？

　　（2）照片的描述、链接以及相册的名称、相册内照片数量等在数据库的字段里是什么数据类型？

　　（3）添加、修改、删除照片等增删改查操作是怎么和数据库请求的增删改查操作，函数对字符串、数组、对象等的增删改查操作联系到一起的？

　　（4）从照片的上传到渲染到小程序上经过了哪些步骤？会用到哪些 API？

# 第 8 章

# 前后端交互与博客小程序

数据和文件是小程序开发中非常重要的元素，数据和文件或是在小程序的页面进行渲染，或是在页面间传递，或与本地手机交互。本章以博客小程序为例，介绍数据和文件如何与远程服务器、云存储、云函数以及云数据库的数据和文件进行"对话"，从而将 API、数据库里面的数据渲染到博客小程序，并通过阅读、点赞、收藏等功能讲解数据库的设计。

## 8.1 获取网络数据

小程序的数据既可以来自自建的数据库，也可以来自网络。本节会介绍如何在小程序端和云函数端通过 HTTP 请求的方式获取网络数据。

### 8.1.1 网络数据 API

很多程序的 API 是预先写好的，开发者不需要对底层有太多了解，只需要按照技术文档设计参数传递就能实现非常复杂的功能。还有一类 API 则把数据资源开放出来，开发者可以通过 HTTP 的方式使用这些数据。

#### 1. 了解网络数据 API

复制以下链接地址，用浏览器打开，看看会返回什么结果（建议使用 Chrome 浏览器，并安装 JSON Viewer 插件，具体安装方法可以自行搜索）：

```
//知乎日报最新话题
https://news-at.zhihu.com/api/4/news/latest
```

```
//知乎日报某一个话题的内容
https://news-at.zhihu.com/api/4/news/9714883
```

可以看到返回的数据都是 JSON 格式的数据，相信大家对这个格式比较熟悉了。那如何把以上数据渲染到小程序页面上呢？

> **提示** 数据是一种资源，如新闻资讯、电商商品、公众号文章、股市行情、天气信息、地图信息、词典信息、快递信息、图书信息、音乐视频、财务公司信息等都是数据。数据也是一种商品、一种服务，

通常它的使用对象是开发者，有的数据是免费的，有的数据也会收取一定的费用。大家可以通过综合性 API 服务平台（如聚合数据 API）来对 API 服务有一个基础的了解。

### 2. API 资源推荐

推荐几个程序员经常使用的 API 资源，这些 API 可以用来开发网站、小程序、移动端（iOS、Android）、桌面端，也可以用于各种框架（如 Vue、React、Flutter 等）。数据一般都来自第三方的数据，获取的数据内容也是完全相同的，只是网站、小程序、移动端、桌面端等的解决方案不同罢了。

- 聚合 API：一个比较全面的综合性 API 服务平台。
- 极速数据 API：提供一些综合性的 API 服务。
- 和风天气 API：含天气预报、空气质量、实况天气等数据。
- GitHub API：GitHub 几乎是所有程序员都会使用的网站。
- 知乎日报 API：提供知乎文章数据。

**提示**　很多公司的开发平台提供了 API 调用的服务。例如，微信开放平台提供了微信账号体系的接入、腾讯云 API 中心提供了调用云资源的能力（包含服务器、物联网、人工智能等 API）、开源网站 WordPress 提供了 API 调用的服务。而对于特定的数据资源，可以通过爬虫等方式自建。

要渲染从 API 里获取的数据，首先要对 API 里的字段（属性）有一定的了解。例如，知乎日报的 API 字段如下：

- date——日期；
- stories——当日新闻；
- title——新闻标题；
- images——图像地址；
- id——url 与 share_url 中最后的数字为内容的 id；
- top_stories——界面顶部轮播的显示内容。

这些 API 字段可以通过 API 文档并结合 console.log()对比了解。在做数据渲染前就需要对 API 的字段有所了解。

## 8.1.2　小程序端获取网络数据

可以通过 wx.request()接口来获取外部网络的数据。不过，要注意域名校验与白名单的问题，更要经常通过输出的方式来了解获取的数据对象的结构与内容。

使用开发者工具新建一个 request 页面，然后在 request.js 里的 onLoad()生命周期函数里添加以下代码：

```
onLoad: function (options) {
```

```
wx.request({
  url: 'https://news-at.zhihu.com/api/4/news/latest', //知乎日报最新话题
  header: {
    'content-type': 'application/json' // 默认值
  },
  success(res) {
    console.log('网络请求成功之后获取到的数据',res)
    console.log('知乎日报最新话题',res.data)
  }
})
},
```

### 1．域名校验与白名单

编译之后，在控制台可以看到如下报错，意为你的域名不在域名白名单里面，这是因为小程序只可以与指定的域名进行网络通信。

```
request:fail url not in domain list
```

解决方法有两种：一是打开开发者工具的工具栏右上角的"详情"中的"本地设置"，勾选"不校验合法域名、业务域名、TLS 版本以及 HTTPS 证书"；二是可以在小程序的管理后台（注册小程序时的页面），单击"开发" → "开发设置"，在"request 合法域名"处添加该域名（如果不想把这个小程序发布上线，则没有必要添加）。

### 2．res 对象和 res.data 对象

编译之后，在控制台就可以看到输出的 res 对象，以及 res 里的 data 对象。res.data 的数据正是使用浏览器打开链接所得到的 JSON 数据，结合之前学到的数据渲染知识，相信大家对如何将数据渲染到页面不会感到陌生了。

在输出的 res 对象有一些参数（如 statusCode、header 等），这些参数的含义可以结合技术文档进行深入了解，学习时需要了解以下内容。

- statusCode：开发者服务器返回的 HTTP 状态码，指示 HTTP 请求是否成功，其中 200 表示请求成功，404 表示请求失败。
- header：开发者服务器返回的 HTTP 消息头，其中 Content-Type 为服务器文档的 MIME（Multipurpose Internet Mail Extensions，多用途互联网邮件扩展）类型，API 的 MIME 类型通常为"application/json; charset=UTF-8"，建议服务器返回值使用 UTF-8 编码（如果有服务器）。
- wx.request 只能发起 HTTPS 请求，默认超时时间为 60 s，最大并发限制为 10 个。

### 3．数据的来源与重要性

通过对各类 API 的实践，相信大家对文章、资讯、天气、位置等数据以及这些数据中时间、标题、描述、链接等元素有了一定的了解。无论是开发小程序，还是开发网页/网站、移动端，

数据都是最为重要的构成部分。

数据可以来自外部的 API 服务，通过调用这些 API，可以实现非常丰富的功能，如天气服务、语音识别、图像处理、最新资讯新闻、地址位置识别等；数据也可以来自用户，如用户填写表格、发表文章评论、上传图片文件等，这些数据可以存储到数据库和云存储里；数据还可以存储到数据库、云存储供其他人调用。

大家在进行数据实践的过程中，要对数据有字段级别的了解。例如，知乎文章的 json 文件里有哪些字段，这些字段会用在哪里，实现哪些功能；当我们要实现某个功能的时候，应该创建什么字段，字段的数据类型应该是什么，这对开发一个小程序来说非常重要。

### 8.1.3　云函数端获取网络数据

云函数端也能请求网络上的一些 API，云函数无法使用 wx.request()这样的接口，不过它可以借助于自带的 request 或第三方模块（如 axios）来处理，更多具体的操作可以阅读第 10 章。

使用开发者工具，创建一个云函数（如 axios()），然后在 package.json 增加 axios 最新版的依赖并用 npm install 安装：

```
"dependencies": {
  "wx-server-sdk":"latest",
  "axios": "latest"
}
```

然后在 index.js 里添加以下代码（在 8.1.2 节里，在小程序端调用过知乎日报的 API，下面还以知乎日报的 API 为例）：

```
const cloud = require('wx-server-sdk')
cloud.init({
  env: cloud.DYNAMIC_CURRENT_ENV,
})
const axios = require('axios')
exports.main = async (event, context) => {
  const url = "https://news-at.zhihu.com/api/4/news/latest"
  try {
    const res = await axios.get(url)
    return res.data;
  } catch (e) {
    console.error(e);
  }
}
```

## 8.2　渲染网络数据到页面

本节会介绍如何将从网络获取到的数据渲染到页面，以及根据单击的文章实现跨页面的渲染，最后实现一个简单的知乎日报小程序。

## 8.2.1　将数据渲染到页面

现在我们已经从知乎日报的 API 取得了数据，而且渲染数据的方法以及如何实现跨页面渲染在 3.5 节中已经有所介绍。现在结合知乎日报的 API 来实践，使用开发者工具在 request.wxml 里输入 WeUI 的列表样式（需要引入 WeUI 框架）：

```
<view class="page__bd">
  <view class="weui-panel weui-panel_access">
    <view class="weui-panel__bd" wx:for="{{stories}}" wx:for-item="stories" wx:
key="*item">
      <navigator url="" class="weui-media-box weui-media-box_appmsg" hover-class=
"weui-cell_active">
        <view class="weui-media-box__hd weui-media-box__hd_in-appmsg">
          <image class="weui-media-box__thumb" mode="widthFix" src="{{stories.
images[0]}}" style="height:auto"></image>
        </view>
        <view class="weui-media-box__bd weui-media-box__bd_in-appmsg">
          <view class="weui-media-box__title">{{stories.title}}</view>
        </view>
      </navigator>
    </view>
  </view>
</view>
```

然后在 request.js 的 data 里声明 date、stories、top_stories 的初始值（使用的变量和 API 的字段尽量保持一致，这样就不容易混乱）：

```
data: {
  date:"",
  stories:[],
  top_stories:[],
},
```

在 onLoad()生命周期函数里将数据通过 setData()方式赋值给 data：

```
onLoad: function (options) {
  let that=this
  wx.request({
    url: 'https://news-at.zhihu.com/api/4/news/latest',
    header: {
      'content-type': 'application/json'
    },
    success(res) {
      let date=res.data.date
      let stories=res.data.stories
      let top_stories = res.data.top_stories
      that.setData({
```

```
            date,stories,top_stories
          })
      }
    })
  },
```

编译之后，就能看到知乎日报的数据渲染在页面上了。

> **小任务**  top_stories 中是界面顶部轮播的显示内容。制作一个 swiper 轮播，将 top_stories 里的内容渲染到轮播上。

打开开发者工具调试器的"AppData"标签，就能看到从网络 API 里获取的数据，也可以在此处编辑数据，并及时地反馈到页面上。如果 AppData 里有数据，可以确认页面已经取得 res 对象里的 data 数据，如果数据没有渲染到页面，说明列表渲染可能有误。通过这种方式可以找出页面渲染存在的问题。

## 8.2.2  详情页数据渲染

在 8.2.1 节获取的只是知乎日报的最新文章列表，那文章里面的内容呢？通过 API 文档以及通过链接访问的结果来看，只需要取得文章的 id，就能从 API 里获取文章的详情页内容：

```
https://news-at.zhihu.com/api/4/news/9714883   //9714883 是文章的 id
```

使用开发者工具新建一个 story 页面，然后在 story.wxml 里添加以下代码：

```
<view class="page__bd">
  <view class="weui-article">
    <view class="weui-article__h1">{{title}}</view>
    <view class="weui-article__section">
      <view class="weui-article__section">
        <view class="weui-article__p">
          <image class="weui-article__img" src="{{image}}" mode="widthFix"
style="width:100%" />
        </view>
        <view class="weui-article__p">
          {{body}}
        </view>
        <view class="weui-article__p">
          知乎链接：{{share_url}}
        </view>
      </view>
    </view>
  </view>
</view>
```

然后在 request.js 的 data 里声明 title、body、image、share_url 的初始值：

```
data: {
  title:"",
```

```
  body:"",
  image:"",
  share_url:"",
},
```

在 onLoad()生命周期函数里调用 wx.request()获取文章详情页的数据，并通过 setData()方式赋值给 data：

```
onLoad: function (options) {
  let stories_id=9714883
  let that = this
  wx.request({
    url: 'https://news-at.zhihu.com/api/4/news/'+stories_id,
    header: {
      'content-type': 'application/json'
    },
    success(res) {
      let title = res.data.title
      let body=res.data.body
      let image=res.data.image
      let share_url=res.data.share_url
      that.setData({
        title,body,image,share_url
      })
    }
  })
},
```

编译之后，发现数据虽然渲染出来了，但是存在"乱码"（是 HTML 标签），那要如何处理呢？这就涉及小程序的富文本（rich-text）解析。

### 8.2.3　HTML 标签解析 rich-text

只需要将富文本对象放在 rich-text 的 nodes 里，就能将富文本解析出来了。例如，将 8.2.2 节代码中的{{body}}替换成以下代码：

```
<rich-text nodes="{{body}}"></rich-text>
```

### 8.2.4　跨页面数据渲染

8.2.2 节中只是渲染了单篇文章的详情页，如何实现单击文章列表就能渲染与之相应的文章详情页呢？这就需要用到 3.5 节介绍过的跨页面数据渲染。

首先把 request 页面置于首页，然后使 request.wxml 里的 navigator 组件的链接携带文章的 id：

```
url="/pages/story/story?id={{stories.id}}"
```

当单击 request 页面的链接时，链接携带的数据就会传到 story 页面的生命周期函数 onLoad()

的 options 对象里，将 options 里的 id，赋值给 stories_id（也就是将文章 id 修改为 options.id）：

```
let stories_id=options.id
```

修改完成后再单击 request 页面的文章列表，不同的文章列表就会渲染不同的文章详情页。

# 8.3　文章列表与详情页

与第 7 章中的相册小程序相比，博客的属性间存在更复杂的关系，如文章的作者与文章的关系、文章的分类归属、用户的点赞/收藏/评论等行为与文章的关系、文章列表的上拉/下滑/单击与文章详情页的关系等。本节，我们会以开发博客小程序为例，介绍文档数据库的范式化设计，如何将一些复杂的交互功能进行拆解，以及如何使用事件函数、API 等处理前后端数据等内容。

## 8.3.1　数据库的范式化设计

博客的数据存在非常复杂的关系，如用户与文章、用户与评论、文章与评论等。如果用反范式化设计将所有的数据都内嵌到一个记录里不太合适，通常需要对数据库进行范式化设计，将不同的实体的数据存储到不同的集合里。

### 1. 交互功能与数据处理

小程序应用往往都会有非常丰富的交互功能，而这些看起来复杂的交互功能背后是一个个简单的字段。将复杂的交互功能拆解为一个个明确数据类型的字段是进行数据库设计的重要步骤。

图 8-1 大致列出了一个博客列表里的一篇博文在展示时需要显示的数据，其中比较明显的是标题、封面、发表时间等数据。这些数据都是对应这篇博文所在记录的字段，相信经过前面的学习对这些字段进行增删改查操作已经不算困难。

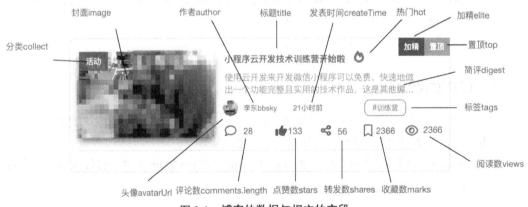

图 8-1　博客的数据与相应的字段

是否加精、置顶、热门等功能实质上就是布尔型的 true 和 false 切换，只是数据经过小程序端的处理之后给它们加了一些 CSS 的效果。在数据库里，它们的状态既可以用 elite、top、hot 这 3 个布尔型字段来存储，也可以用一个数组（如[true,true,false]）来存储。

还有一些数据，例如分类，不仅要展示首页博客列表的博文是什么分类，还要在其他页面展示博客不同分类的封面、标题、描述、文章数、总的访问量。为了后台管理的方便，新建一篇博文时，都会先创建分类，再在分类下面创建博文，显然将分类独立成集合进行数据的增删改查会更方便，效率更高。

一个应用的首页是用户访问频次最高的页面，它的加载性能也最需要考虑的，因此数据请求的链路越短、请求数越少、请求的方式越简单就越能提升用户的体验。如果小程序首页展示的是博客列表，而功能要求列表的每一篇博文除了显示博文的标题、封面、创建时间，还需要显示阅读数、评论数、点赞数、作者和作者的头像等种类繁多的数据，这时应该尽可能使用小程序端 SDK 获取数据，而不是调用云函数来返回数据。尽可能只用一次请求就将所需的数据获取到。尽可能将数据存储到一个记录里，而不是联表、跨表的方式等。

### 2．博客的数据库设计

为了讲解方便，这里只列出构成一个博客比较重要的 3 个集合（user 用于存储用户信息，post 用于存储文章，collect 用于存储分类）以及大致的数据结构。需要再次强调的是，云开发数据库的设计相对比较灵活。例如，下面代码把评论的数据（包括评论用户的头像）嵌入文章的集合里：

```
//user 用户信息集合，集合的权限为仅创建者可读写
{
  "_id":"user0001",
  "_openid":"用户的 openid",
  "nickName":"用户昵称",
  "avatarUrl":"头像链接",
  "isManager":true,
  "firstlogintime":"",
  "lastLoginTime":""
}
```

```
//post 文章集合，可以是所有用户可读写，因为评论时需要用户往记录里更新评论内容，这就需要使用安全
规则。不过更推荐的方式是使用云函数把用户的评论写入数据库，因为用户评论的内容都需先使用云函数安全审核
拓展功能
{
  "_id": "post0001",
  "_openid":"发布者的 openid",
  "author": 小明,
  "collect": ["分类的 id"],
  "title": "小程序云开发技术训练营开始啦",
  "image": "",
  "content": "<p>富文本内容</p>",
```

```
      "views":222,
      "comments": [{
        "id":"",
        "_openid":"评论用户的 openid",
        "avatarUrl":"",
        "content":"",
        "createTime":"",
      }],
      "favorites":46,
      "stars":37,
      "createTime": "2019-12-18",
      "timestamp":1576652266289
    }

    //collect 分类集合，所有人可读，仅管理员可写
    {
      "_id":"collect0001",
      "name":"活动",
      "desc":"重要活动信息",
      "img":"cloud://xly-xrlur.786c-xly-xrlur-1300446086/1572315793633-633.png"
    }
```

可以思考一下这样的设计适合什么场景，在什么情况下应该将评论的数据嵌入用户的集合里，什么情况下应该将评论作为一个单独的集合？当小程序应用需要经常展示用户的最新评论时，为了减少跨表查询的次数，可以将评论的数据嵌入用户的集合。如果评论的增删改查比较频繁，甚至需要联表时，就需要将评论独立成一个集合了。

### 3．内容管理

对云开发数据库来说，首先把各个集合以及集合里的记录规划好，方便在小程序端或云函数端对数端据进行增删改查时，清楚地了解应该新建什么字段、应该通过什么字段进行跨表查询等操作。但是就目前来说，数据库里面的内容是空的，这就需要事先导入数据文件、使用内容管理系统（Content Management System，CMS）或在云开发控制台使用"高级操作"给博客填充数据（也就是博客的具体内容）。

在学习时建议使用云开发控制台的"高级操作"，也就是复制博客的模拟数据，然后使用 db.collection('集合名').add({data: [复制的模拟数据对象]})）。在实际应用的过程中，更加推荐使用云开发"内容管理"的 CMS 拓展能力给博客填充数据。

## 8.3.2　联表查询与跨表查询

对相关联的两个集合，联表查询是使用聚合的 lookup()（只能在管理端进行）将两个集合的记录都返回，而跨表查询则是进行两次查询。例如，联表查询是一次性获取分类里所有文章的详情，而跨表查询是通过查询文章分类的集合获取某个文章的 id，再用这个 id 去文章详情的

集合查询该文章（单篇文章）的详情内容。

### 1. 联表、跨表与数据库设计

接下来以实际的例子对比不同数据库设计方案对增删改查操作的影响。例如，现在在首页的文章列表里除了要展示所有文章的封面、标题，还要展示文章所在的分类名，但是在 post 文章的记录里关于分类的字段 collect 只有分类的 id，分类名只能根据分类 id 去 collect 集合里获取，这样的数据库设计就需要使用 lookup() 才能让每篇文章显示它所对应的分类。而联表只支持云函数端的 SDK，不支持小程序端。

使用开发者工具新建一个云函数（如 blog_getdata()），然后在 index.js 里添加以下代码并上传部署到云端：

```
const cloud = require('wx-server-sdk')
cloud.init({
  env:cloud.DYNAMIC_CURRENT_ENV
})
const db = cloud.database()
const _ = db.command
const $ = db.command.aggregate
exports.main = async (event, context) => {
  const data = (await db.collection('post').aggregate()
  .lookup({
    from: 'collect',
    localField: 'collect',
    foreignField: '_id',
    as: 'category',
  })
  .limit(50)    //数量取决于对功能的权衡，如果 limit() 中的值太小，就可能需要多次调用云函数，
                //浪费资源；如果太大，一次请求的数据如果太多，首页加载就会变慢
  .end()).list
  return data
}
```

在小程序端新建一个博客的首页，如 blog，然后在 blog.js 里添加以下代码：

```
const app = getApp()
Page({
  data: {
    blogData:{},
  },

  async onLoad (options) {
    this.getData()
  },

  async getData(){
    const blogData = (await wx.cloud.callFunction({
      name:"blog_getdata"
```

```
      })).result

      this.setData({
        blogData
      })

      //获取一次数据链路比较长，还用到了云函数。为了让查看文章详情时不浪费资源，所以
      //把博客的数据存储到 globalData，减少云函数以及数据库的调用次数
      app.globalData.blogData = blogData
    },
  })
```

在 blog.wxml 里添加以下代码，将获取的数据渲染到小程序的页面：

```
<block wx:for="{{blogData}}" wx:for-index="idx" wx:for-item="blog" wx:key="item" >
<view class="weui-panel__bd">
  <navigator url="./../content/content?id={{blog.id}}" class="weui-media-box
weui-media-box_appmsg">
    <view class="weui-media-box__hd">
      <image class="weui-media-box__thumb" src="{{blog.image}}" alt></image>
    </view>
    <view class="weui-media-box__bd">
      <h4 class="weui-media-box__title"> {{blog.title}}</h4>
      <view class="weui-media-box__desc">{{blog.category[0].name}}</view>
    </view>
  </navigator>
</view>
</block>
```

这个案例需要关注的核心在于，在做数据库设计时，如果列表页的某个元素的值只能通过其他集合获取，那就要使用联表。这种范式化的设计方式在查询的时候，比直接将文章的分类名嵌套 post 集合要耗费更多资源。不过，如果是需要经常修改分类的数据，显然这种方式更容易，只需要直接修改 collect 集合就可以了。

```
//将文章的分类名嵌套 post 集合里
{
  "id":""
  "title":""
  "collect": [{"id":"分类的 id","name":"分类的名称"}],
}
```

如果将文章的分类名嵌套在 post 集合里，那么在创建文章的时候就需要同时把分类的 id 和分类的名称写进 collect 字段，会多操作一个步骤。这种方式虽然会增加数据库请求，但是只有在创建文章时多耗费数据库资源，用户在文章的查询频次远比管理员创建文章的频次多得多，所以用户的交互与功能需求是非常影响数据库的设计的。

想要了解文章对应的分类详情（如分类的名称、介绍等），就需要使用文章 post 记录里的分类集合 collect 的 id 来查询分类集合 collect 的数据。而要获取一个分类包含哪些文章，就需要根据分类集合 collect 的 id 来反查文章集合 post 里的数据，这是非常常见的应用场景，这时

候只需要根据两个集合之间的联系来查询即可，也就是文章集合 post 里有 collect 的 id。这种方式就是跨集合/跨表查询，跨表相比于联表会增加数据库查询的次数，而联表会用到聚合以及调用云函数，因此在设计数据库时需要注意根据实际需求来权衡。

### 2. 文章详情页的渲染

通过文章列表来跨页面渲染文章详情，需要做两件事：一是获取单击的文章的唯一标识（可以是文章在列表数组的 index，也可以是文章 id）；二是获取文章详情的数据（可以根据文章 id 从数据库获取，也可以将首页列表里的数据存储到 globalData，再在文章详情页将 globalData 指定 id 的文章详情数据取出来）。

使用开发者工具新建一个页面，名称为 content（与 blog.wxml 的 navigator 组件 url 属性值里的一致），然后在 content.js 里添加以下代码：

```
//在 content.js 里添加以下代码
const app = getApp()
Page({
  data: {
    contentData:{},
  },

  onLoad: function (options) {
    console.log(options)
    this.getContent(options)
  },

  getContent(options){
    const blogData = app.globalData.blogData
    console.log(blogData)
    const data = blogData.filter(blog => {
      if(blog.id == options.id){
        return blog
      }
    })
    console.log(data[0])
    this.setData({
      contentData:data[0]
    })
  },
})
```

在 content.wxml 里添加以下代码：

```
{{contentData.title}}
<rich-text nodes="{{contentData.content}}"></rich-text>
```

因为小程序并不支持知乎日报数据里的富文本包含的一些字符，所以渲染的效果并不好，可以结合正则表达式进行处理。

## 8.4　用户与文章交互

访问、点赞、收藏、转发、评论等行为产生的数据是小程序运营重要的数据信息来源，同时也是用户与小程序进行交互通用的方式。本节会介绍交互功能以及对于增删改查性能的权衡是如何影响数据库设计与数据处理方式的。

### 8.4.1　访问量与文章浏览量

获取小程序的用户访问量（UV）、页面的总浏览量（PV）、页面访问时长、受访页面的浏览量排行、实时统计等用户访问信息是小程序运营非常重要的指标（一般会借助于小程序助手或第三方数据统计工具查看），同时这些信息也是小程序交互功能的一部分，例如，在小程序端会展示每篇文章的访问量等。

访问量主要是与小程序页面的生命周期函数相关。例如，要记录用户在小程序停留时长，可以用 onLaunch()获取用户进入小程序的起始时间，用 onHide()获取用户离开小程序的结束时间。也可以通过小程序助手获取用户数据。

同理，文章的浏览量也与打开该文章的次数有关，可以在 onLoad()、onShow()或 onReady()里对文章的浏览量进行原子更新。这 3 个生命周期函数都可以调用，但是它们背后的含义却不同。例如，如果将数据库更新请求的代码放在 onLoad()生命周期函数内，只要用户打开页面就计数一次，但是可能存在用户由于网络不太好，事实上并没有看到文章内容的情况，因此误差会相对大一些。

可以在 content.js 里添加以下代码，使用 inc 原子更新给文章新增浏览量，这里需要注意的是，文章 post 集合的权限需使用安全规则修改为"所有用户可读写"：

```
const app = getApp()
const db = wx.cloud.database()
const _ = db.command
Page({
  onLoad: function (options) {
    this.updateViews(options)
  },

  async updateViews(options){
    const id = parseInt(options.id, 10) //注意 options.id 的数据类型
    await db.collection('post').where({
      id:id
    })
    .update({
      data:{
```

```
        views:_.inc(1)
      }
    })
  }
})
```

然后将浏览量的数据渲染在小程序端的文章列表页。例如，在 blog.wxml 里添加
{{blog.views}}：

```
<view class="weui-media-box__bd">
  <h4 class="weui-media-box__title"> {{blog.title}}</h4>
  <view class="weui-media-box__desc">{{blog.category[0].name}}  阅读量:
  {{blog.views}}</view>
</view>
```

值得注意的是，当单击其中一篇文章，然后单击左上角返回或单击小程序默认的底部 tabBar
标签页时，由于不会触发 blog 页面的 onLoad() 生命周期函数，也就不会重新请求数据库，阅读
量并不会刷新。也就是尽管用户已经单击阅读了页面，但是阅读量还是那么多，存在数据不一
致的情况。

## 8.4.2　数据一致性与缓存

由于没有重新请求数据库，因此数据会出现不一致的现象。如果是通过页面的重新加载来
触发生命周期函数重新请求数据库，页面的交互体验会特别糟糕。除浏览量以外，点赞量、收
藏量、转发量以及用户的评论等交互行为也有类似这样的问题，而且这些交互行为的使用频率
还特别高。如果都是通过请求数据库处理，例如点赞一次就重新请求数据库，这种处理方式无
疑会对资源造成比较大的浪费。点赞功能的交互如图 8-2 所示。

图 8-2　点赞功能的交互

用户点赞后，除了要对 post 集合的 stars 进行原子更新，还需要有如下操作。

（1）判断用户是否点赞了，如果点赞了，就不能再次点赞（会取消点赞），且用 CSS 样式
显示高亮的交互。

（2）不只要更新数据库的数据，还要将更新后的数据渲染出来。

### 1. 点赞的处理

可以修改页面 Page 内的 data 对象来处理点赞的功能。也就是点赞文章时不直接更新数据库，而是将点赞的数据先写进 data，这样用户点赞和取消点赞时，就能及时地显示点赞数的增减，用户的交互体验也会大大提升。由于点赞数并没有写进数据库，所以这是一个虚假的处理。可以在事后再请求数据库，也就是先渲染后更新数据库。

在 blog.wxml 里添加以下代码（只写了点赞的组件，文章列表的其他元素以及具体的样式可以自己写）：

```
<block wx:for="{{blogData}}" wx:for-index="idx" wx:for-item="blog" wx:key="item" >
  <view  bindtap="addStar" data-id="{{blog.id}}" >点赞: {{blog.stars}}</view>
</block>
```

然后在 blog.js 里添加 addStar() 事件处理函数。当单击点赞按钮时，就会获取相应的文章 id，并修改存储在 data 对象里的文章列表数据，修改之后再通过 setData() 来刷新数据：

```
async addStar(e){
  const id = e.currentTarget.dataset.id
  const blog = this.data.blogData
  await blog.filter(post=>{
    if(post.id == id){
      post.addStar = true
      let stars = post.stars||0 //由于 stars 字段并没有预先写在记录里，所以可能为
undefined
      post.stars = stars + 1
    }
  })
  this.setData({
    blogData:blog
  })
  //再通过 update()来更新点赞数也不迟，就不具体写了
},
```

### 2. 点赞与取消点赞

上文“点赞的处理”的案例中，用户只要单击点赞按钮，点赞数就会增加，一个用户可以点赞无数次。如果功能要求一个用户只能点赞一次，再单击点赞按钮就会取消点赞，这就需要在数据库里记录用户的点赞状态。如果将用户的点赞状态存储到 post 集合或 user 集合，它们的记录大致如下：

```
//将点赞状态存储到 post 集合
{
  _id:"post0001",
  stars:212,
  staruser:["","","",...] //点赞了该文章的用户列表
}
```

```
//将点赞状态存储到 user 集合
{
  _id:"user001",
  starpost:["","",""...]  //用户点赞了哪些文章
}
```

　　无论是存储到 post 集合还是 user 集合，在处理时都会十分麻烦。例如，如果存储到 post 集合，当获取文章列表时，就要判断当前用户的 Open ID 是否在每篇文章的 staruser 数组里；如果存储到 user 集合，查询文章列表时就需要额外请求 user 集合的数据。这两种方式都需要遍历，前者不适用于一篇文章有成千上万点赞的情况，后者不适用于用户点赞了几万篇文章的情况。当然，我们可以给点赞设置一个专门的集合。这些都取决于功能的规划，不同的小程序要区别对待。

　　还有一种方式，可以将当前用户点赞了哪些文章都放到小程序端来处理，而不存储到数据库，毕竟用户点赞或取消点赞的行为都是在小程序端发生的，也就是只修改存储在小程序端的 blogData 里的数据：

```
//修改前面的 addStar()事件处理函数
await blog.filter(post=>{
  if(post.id == id){
    post.addStar = true
    let stars = post.stars||0
    post.stars = stars + 1
    let star = post.star || false
    post.star = !star
  }
})
```

　　如果只修改页面 Page 的 data 对象，那么当页面刷新的时候数据就会丢失。对于阅读量、点赞量这种存储到数据库里的数据来说会被刷新，但是点赞的状态却因为没有存储到数据库而在刷新页面时丢失。这种方式的生命周期短，用户体验也不好，所以可以使用缓存来保存点赞的状态。缓存除了可以用来保存点赞的状态，还可以用来保存文章的数据，让用户在没有网络或无法联网的情况下打开小程序时仍然是有数据的。这里不再赘述。

## 8.4.3　收藏数与用户收藏

　　收藏数和阅读数在原理上是一致的，都是通过原子更新 inc 来更新 post 记录的 favorites 字段的值，只是阅读数是用页面的生命周期函数触发，而收藏数是用户手动触发。不过有时候还需要展示用户收藏了哪些文章、或者一篇文章有哪些用户收藏（点赞、转发是一样的处理方式），就需要结合用户集合 user 与文章集合 post 来处理了。

　　展示用户收藏了哪些文章是根据用户的 Open ID 查询匹配的记录的文章，而一篇文章有哪些用户收藏是根据文章的 id 来查用户。在进行数据库设计的时候，可以把前者（展示用户收藏

了哪些文章）设计为将用户收藏的文章嵌套到该用户的记录里，将后者（一篇文章有哪些用户收藏）设计为将用户的信息嵌套到文章的记录里。用户收藏功能的交互如图 8-3 所示。

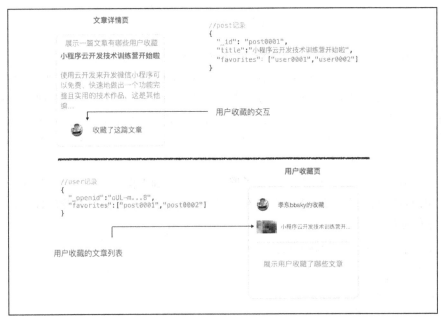

图 8-3　用户收藏功能的交互

如果数据库设计的是将用户收藏的文章嵌套到该用户的记录里，当用户单击收藏文章的按钮（或其他组件）时，就需要做两件事：一是原子更新 post 集合的收藏量字段 favorites，二是需要更新 user 集合的 favorites（表示用户收藏的文章的 id）。可以在 content.js 里添加以下代码：

```
async addFavor(){
  const id = this.data.contentData.id
  await db.collection('post').where({ //更新收藏数字段
    id:id
  })
  .update({
    data:{
      favorites:_.inc(1)
    }
  })

  await db.collection('user').where({ //更新用户收藏的文章的 id
    _openid:'{openid}'
  }).update({
    data:{
      favorites:_.push(id)
    }
  })
}
```

可以思考一下这样的数据库设计与将用户的收藏信息采用范式化设计独立出一个 favorites 集合，在数据库的增删改查上有什么不同。软件项目开发中最为核心的是程序的逻辑和对数据的操作，本章除了介绍如何在小程序端以及云函数端获取网络 API 和数据库的数据，还以博客小程序为例介绍了数据库的设计以及一些交互功能的实现。

不同的用户对博客小程序的 UI 设计、功能需求等都会有所不同。例如，如何让博客有不同的用户角色（如作者、管理员、编辑），如何让博客拥有一个后台管理页面（可以对博客的文章进行增删改查），如何实现评论的多层级关联与显示，等等，这里就不一一讲解了。

# 第 9 章

## 表单与问卷小程序

前面几章提到的数据是从数据库、网络获取的已有数据，或者是事先准备好的数据，而本章会介绍如何让用户提交数据。计算器、用户注册、表单收集、发表文章、评论、选择某个选项等都需要对用户提交的数据进行获取，表单用于收集不同类型的用户输入。

本章将会以图 9-1 所示的问卷与问答小程序为例，讲解小程序是如何通过问卷里的选择题、文本题等形式获取用户填写的数据，又是如何渲染和存储这些数据的。

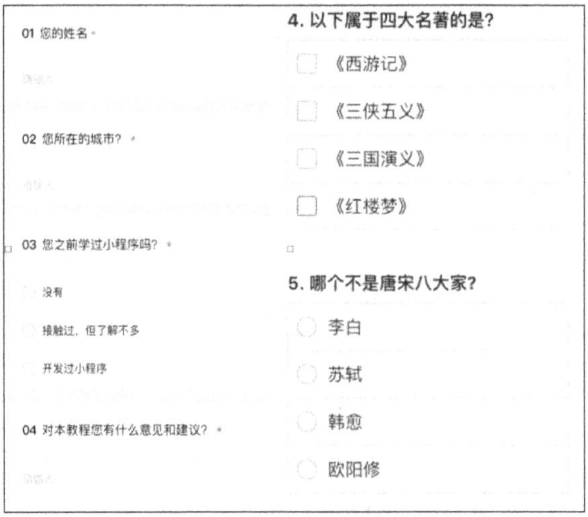

图 9-1　问卷与问答小程序

## 9.1　表单的基础知识

表单的核心是监听用户单击表单组件的行为以及获取表单组件里的数据并对数据进行处理，接下来将通过几个简单的案例来了解表单里最常用的 button 组件和 input 组件。

### 9.1.1　设置导航栏标题

动态设置导航栏标题是一个非常简单的 API，在技术文档里面可以了解到，只要给

wx.setNavigationBarTitle()的 title 属性赋值，就能改变小程序页面的导航栏标题。下面会使用多种方法来调用这个 API，既可让大家复习前面知识，也可让大家了解 API 调用方法有什么不同。wx.setNavigationBarTitle()的属性如表 9-1 所示。

表 9-1 wx.setNavigationBarTitle()的属性

| 属性 | 类型 | 必填 | 说明 |
| --- | --- | --- | --- |
| title | string | 是 | 页面的标题 |
| success | function | 否 | 接口调用成功的回调函数 |
| fail | function | 否 | 接口调用失败的回调函数 |
| complete | function | 否 | 接口调用结束的回调函数（调用成功、失败都会执行） |

### 1．onLoad()调用 API

结合前面的知识，可以在页面的生命周期函数里调用 API。使用开发者工具新建一个 form 页面，然后在 form.js 的 onLoad()里添加代码：

```
onLoad: function (options) {
  wx.setNavigationBarTitle({
    title:"onLoad()触发修改的标题"
  })
},
```

### 2．button 调用 API

也可以通过 button 组件，触发事件处理函数来调用 API。在 form.wxml 里添加以下代码：

```
<button type="primary" bindtap="buttonSetTitle">设置标题</button>
```

然后在 form.js 里添加 buttonSetTitle()事件处理函数：

```
buttonSetTitle(e){
  console.log(e)
  wx.setNavigationBarTitle({
    title: "button 触发修改的标题"
  })
},
```

然后单击"设置标题"，button 就会触发事件处理函数重新给 title 赋值，页面的标题就由"onLoad 触发修改的标题"变成了"button 触发修改的标题"，同时单击组件会收到一个事件对象 e，通过 console.log()输出事件对象 e，发现并没有什么特别有用的信息。

### 3．使用表单修改标题

如何才能根据用户提交的数据对标题的内容进行修改呢？这就涉及表单的知识了。小程序中一个完整的数据表单的收集通常包含 form 表单组件、输入框组件（input 组件）或选择器组件、button 组件。

使用开发者工具在 form.wxml 里添加以下代码：

```
<form bindsubmit="setNaivgationBarTitle">
  <input type="text" placeholder="请输入页面标题并单击设置即可" name="navtitle">
  </input>
  <button type="primary" formType="submit">设置</button>
</form>
```

数据表单涉及的组件比较多（至少 3 个），相应的参数以及参数的类型也比较多，本章有几个非常重要的知识点，可以结合上面的代码来理解。

- 表单的核心在于表单组件 form，输入框组件 input 和 button 组件要在 form 内，form 也会收集内部组件提交的数据。
- 绑定事件处理函数的不再是 button 而是 form，form 的 bindsubmit 与 button 的 formType="submit" 是一对，单击 button 实现的按钮，就会执行 bindsubmit 的事件处理函数。
- input 是输入框，用户可以在里面添加信息。
- name 表示 input 组件的名称，与表单数据一起提交。

在 form.js 里添加事件处理函数 setNaivgationBarTitle()，同时输出事件对象 e：

```
setNaivgationBarTitle(e) {
  console.log(e)
  const navtitle = e.detail.value.navtitle
  wx.setNavigationBarTitle({
    title:navtitle
  })
},
```

编译之后，在开发者工具的模拟器里输入任意文本，单击"设置"按钮，可以发现导航栏标题都会显示为输入的值。在控制台里查看一下事件对象。此时的事件对象的 type 属性为 submit（以前的为 tap），在 input 输入框输入的值就存储在 detail 对象的 value 属性的 name 里，这里就是 detail.value.navtitle。

单击 button 组件会执行 form 绑定的事件处理函数 setNaivgationBarTitle()，输出事件对象 e，将在 input 输入框输入的值赋给 navtitle，最后传入 wx.setNavigationBarTitle()，赋值给 title。注意此例有两个 setNaivgationBarTitle()，一个是事件处理函数，另一个是 API。前者可以任意命名，后者由小程序官方"写死"，不可更改。

> **提示**　对数据表单来说，使用 console.log() 输出事件对象可以让开发者对表单提交的数据有一个非常清晰的了解，使用赋值以及 setData() 可以有效地把表单收集的数据渲染到页面。

也可以让变量 title 与 setNavigationBarTitle() 的属性 title 同名，这样 title:title 可以简写为 title：

```
setNaivgationBarTitle(e) {
  const title = e.detail.value.navtitle
```

```
wx.setNavigationBarTitle({
  title     //等同于 title:title
  })
},
```

## 9.1.2 输入框 input

小程序的输入框 input 主要用来处理文本和数字的输入，下面结合技术文档来了解一下输入框 input 的 type、name、placeholder 等属性。

使用开发者工具在 form.wxml 里添加以下代码，一个 form 组件里面可以包含多个选择器或输入框组件，提交数据时会提交 form 里面输入的所有数据：

```
<form bindsubmit="inputSubmit">
  <input type="text" name="username" placeholder="请输入你的用户名"></input>
  <input password type="text" name="password" maxlength="6"
   placeholder="请输入 6 位数密码"   confirm-type="next" />
  <input type="idcard" name="idcard" placeholder="请输入你的身份证账号" />
  <input type="number" name="age" placeholder="请输入你的年龄" />
  <input type="digit" name="height" placeholder="请输入你的身高"/>
  <button form-type="submit">提交</button>
</form>
```

然后在 form.js 里添加事件处理函数 inputSubmit()，主要是为了输出 form 事件对象：

```
inputSubmit:function(e){
  console.log('提交的数据信息:',e.detail.value)
},
```

因为 input 输入框属性类型的不同，手机键盘也会有比较大的差异，所以需要单击"预览"，用手机微信扫描二维码在手机上体验（也可以启用真机调试），各项参数的含义如下。

- input 输入框支持的 type 值有 text（文本输入）、number（数字输入）、idcard（身份证输入）、digit（小数点输入）等。
- placeholder 用于设置输入框为空时的占位符（也就是默认值）。
- maxlength 用于设置最大输入长度。
- password 和 disabled 都是布尔值，使用方法和 video 组件里面的 boolean 属性一样。

在开发者工具的控制台可以看到输出的事件对象里的 value 对象，属性名即输入的 name 名，属性值即输入的数据。如果 input 组件没有 name，就获取不到用户提交的数据了。

> **小任务** 给 input 输入框配置 confirm-type，分别输入 send、search、next、go、done，然后单击"预览"，用手机微信扫描二维码体验。注意输入内容不同时，手机键盘显示的不同。

## 9.1.3 存储数据到手机本地

尽管提交了数据，但是当小程序重新编译之后，所有的数据都会被重置，也就是提交的数据并没有保存。小程序存储数据有 3 种方式：一是保存在本地手机上，二是存储到缓存里，三是存储到数据库。下面介绍如何将数据存储到手机。

### 1. 添加手机联系人

使用开发者工具在 form.wxml 添加以下代码，注意输入的 name 要和 wx.addPhoneContact() 里的属性名对应。下面只举几个属性的例子，更多属性可以按照技术文档添加：

```
<form bindsubmit="submitContact">
  <view>姓氏</view>
  <input name="lastName" />
  <view>名字</view>
  <input name="firstName" />
  <view>手机号</view>
  <input name="mobilePhoneNumber" />
  <view>微信号</view>
  <input name="weChatNumber" />
  <button type="primary" form-type="submit">创建联系人</button>
  <button type="default" form-type="reset">重置</button>
</form>
```

然后在 form.js 里添加以下代码（注意添加手机联系人的 API 在手机上使用有"奇效"）：

```
submitContact:function(e) {
  const formData = e.detail.value
  wx.addPhoneContact({
    ...formData,
    success() {
      wx.showToast({
        title: '联系人创建成功'
      })
    },
    fail() {
      wx.showToast({
        title: '联系人创建失败'
      })
    }
  })
},
```

编译之后，单击开发者工具栏的"预览"，用手机微信扫描二维码，然后在 input 输入框输入数据并单击"创建联系人"，就可以把数据存储到手机通讯录里了。

> **提示**　多写回调函数 success()、fail()，并在里面添加消息提示框 wx.showToast() 能够大大增强用户的体验。在编程时多写 console.log() 和回调函数，可以让我们对程序的运行进行诊断，这一点非常重要。

### 2. 对象的扩展运算符

在 3.8.3 节中已经介绍了对象的扩展运算符，它可以取出对象里所有可遍历的属性，复制到新的对象中。为了可以理解得更加清楚，可以进行"输出对比"：

```
submitContact:function(e) {
  const formData = e.detail.value
  console.log('输出 formData 对象',formData)
  console.log('扩展运算符输出', { ...formData })
},
```

尽管输出的结果好像并没有区别，但是 formData 是一个变量，把对象赋值给它，它的输出结果就是一个对象。而{ ...formData }本身就是一个对象，相当于把 formData 对象里的属性和值复制到了新的对象里面。

## 9.1.4 input 绑定事件处理函数

尽管在 form 表单里也有 input 组件，但是绑定事件处理函数的是 form 组件，input 组件只提供 value 值，而 input 文本输入组件本身也是可以绑定事件处理函数的。从技术文档里可以了解到，input 可以绑定事件处理函数的属性有 bindinput（键盘输入时触发）、bindfocus（输入框聚焦时触发）、bindblur（输入框失焦时触发）等。下面主要介绍 bindinput。

使用开发者工具在 form.wxml 里添加以下代码，这里使用 input 的 bindinput 绑定的事件处理函数 bindKeyInput()（函数名可以自己命名）：

```
<view>你输入的是：{{inputValue}}</view>
<input bindinput="bindKeyInput" placeholder="输入的内容会同步到 view 中"/>
```

在 Page 的 data 里添加 inputValue 的初始值：

```
data: {
  inputValue: '你还没输入内容呢'
},
```

编译之后可以看到 data 里的值渲染到了页面，这是第 2 章学过的知识。

再在 form.js 里给 input 绑定的事件处理函数 bindKeyInput()添加以下代码（声明一个和 data 里的属性相同的变量名 inputValue 并赋值，setData()可以简写）：

```
bindKeyInput: function (e) {
  const inputValue = e.detail.value
  console.log('响应式渲染',e.detail)
  this.setData({
    inputValue
  })
},
```

编译之后再在 input 里面输入内容，注意，此时输入的内容会实时渲染到页面上，无论是添加内容还是删除内容，都可以做出同步响应。而且在控制台也可以看到每输入或删除一个字符的实时输出结果，其中 cursor 表示聚焦时的光标位置。

> **提示** 回忆一下数据渲染的方式，可以直接初始化写在 Page 的 data 里来渲染，也可以使用页面生命周期函数和 button 来触发事件处理函数从而用 setData() 改变数据来渲染，还可以用 form 表单收集数据来渲染，但是这些数据渲染的方式都没有做到响应式（也就是在不刷新页面的情况下，数据会根据你的修改实时渲染）。

## 9.1.5 剪切板

在 9.1.3 节中，添加手机联系人是把收集到的数据存储到手机的通讯录里。而剪切板则是把数据存储到手机的剪切板里。

使用开发者工具在 form.wxml 添加以下代码：

```
<input type="text" name="copytext" value="{{initvalue}}"
 bindinput="valueChanged"> </input>
<input type="text" value="{{pasted}}"></input>
<button type="primary" bindtap="copyText">复制</button>
<button bindtap="pasteText">粘贴</button>
```

然后在 Page 的 data 里添加 initvalue、pasted 的初始值：

```
data: {
  initvalue: '填写内容复制',
  pasted: '这里会粘贴复制的内容',
},
```

然后在 form.js 中添加 input 绑定的事件处理函数 valueChanged()、button 组件绑定的两个事件处理函数 copyText() 和 pasteText()：

```
valueChanged(e) {
  this.setData({
    initvalue: e.detail.value
  })
},

copyText() {
  wx.setClipboardData({
    data: this.data.initvalue,
  })
},

pasteText() {
  const self = this
  wx.getClipboardData({
    success(res) {
      self.setData({
        pasted: res.data
      })
    }
  })
},
```

在 input 里面输入内容，内容会被渲染到页面。单击"复制"按钮，copyText()事件处理函数会调用 API 把数据赋值给剪切板的 data（注意这里的 data 不是 Page 页面的 data，是 wx.setClipboardData() API 的属性）。而单击"粘贴"按钮，事件处理函数 pasteText()会调用接口，把回调函数 res 里面的数据赋值给 Page 页面 data 里的 pasted，而且页面在没有刷新的情况下会实时地把 data 里的 pasted 渲染出来。

> **小任务**　上面用到的是 input 的 value 属性，将 value 改成 placeholder，对比一下两者有什么不同。前面介绍过，可以把数据存储到手机的剪切板里，使用"预览"在手机微信里打开小程序复制其中的内容之后，再到微信聊天界面，使用"粘贴"看看效果。或者在手机上复制一段内容，然后打开小程序单击"粘贴"，看看有什么效果。

# 9.2　表单组件与组合

9.1 节已经介绍了 form、input，本节会介绍更多不同类型的表单组件以及如何从单一的表单组件或多个表单组件的组合里获取数据，以及这些数据又是如何渲染到小程序页面并控制页面的显示的。

## 9.2.1　表单组件快速入门

form 表单有很多不同类型的组件，在学习时不必过于在意这些类型，而是要了解这些组件"携带"的数据的类型以及如何获取组件里的数据。

### 1．表单组件的综合案例

一个完整的数据收集表单，除了可以提交 input 文本框里面的数据，还可以提交开关选择器按钮（switch）、滑动选择器（slider）、单选按钮（radio）、多选按钮（checkbox）等组件里的数据。

这些开关、滑动、单选、多选等表单组件也常用于移动端应用、桌面端应用以及 Web 页面，使用开发者工具在 form.wxml 里添加以下代码：

```
<form bindsubmit="formSubmit" bindreset="formReset">
  <view>开关选择器按钮 switch</view>
  <switch name="switch"/>
  <view>滑动选择器按钮 slider</view>
  <slider name="process" show-value ></slider>
  <view>文本输入框 input</view>
  <input name="textinput" placeholder="文本输入框输入的内容" />
  <view>单选按钮 radio</view>
  <radio-group name="sex">
    <label><radio value="male"/>男</label>
```

```
    <label><radio value="female"/>女</label>
  </radio-group>
  <view>多选按钮 checkbox</view>
  <checkbox-group name="gamecheck">
    <label><checkbox value="game1"/>王者荣耀</label>
    <label><checkbox value="game2"/>欢乐斗地主</label>
    <label><checkbox value="game3"/>连连看</label>
    <label><checkbox value="game4"/>刺激战场</label>
    <label><checkbox value="game5"/>穿越火线</label>
    <label><checkbox value="game6"/>天天酷跑</label>
  </checkbox-group>
  <button form-type="submit">提交</button>
  <button form-type="reset">重置</button>
</form>
```

然后在 form.js 里添加事件处理函数 formSubmit()和 formReset()：

```
formSubmit: function (e) {
  console.log('表单携带的数据为: ', e.detail.value)
  const {switch,process,textinput,sex,gamecheck} = e.detail.value
},
formReset: function () {
  console.log('表单重置了')
}
```

编译之后，在开发者工具的模拟器里使用选择器组件和文本输入组件做出选择以及输入一些数据，然后单击"提交"按钮。在控制台中可以看到事件对象 e 的 value 对象记录了提交的数据。也就是说，表单组件提交的数据都存储在事件对象 e 的 detail 属性下的 value 对象里。

- **switch 属性**：记录开关选择的值，是一个布尔值，true 表示开，false 表示关。
- **sex 属性**：记录 name 为 sex 的单选按钮的值，它只记录单选选择的那一项的值。
- **process 属性**：记录 name 为 process 的滑动选择器的值，show-value 为布尔值，显示当前 value 值，数据类型为 Number。
- **textinput 属性**：记录 name 为 textinput 的文本输入框的值。
- **gamecheck 属性**：记录 name 为 gamecheck 的多选组件的值，数据类型为数组。

表单携带的数据如图 9-2 所示。

图 9-2　表单携带的数据

### 2. 获取 form 数据

form 表单可以将用户在组件 switch、input、checkbox、slider、radio、picker 里输入的内容提

交。当用户单击 form 表单中 form-type（或 formType）的值为 submit 的 button 组件时，会触发 bindsubmit 绑定的事件处理函数 formSubmit()，用户提交的内容就保存在对象 e.detail.value 里。

注意，在<form></form>里的 switch、input、checkbox、slider、radio、picker 等组件都需要名字（name），这样用户在每个组件填写的相应值可以通过 const {name} = e.detail.value 取出。这些组件都有自己的值（value），也就是这些组件单独使用时不需要 name 就可以在事件对象的 detail 里取到值，而组合使用时，则必须加 name 才能取到值。大家可以把 name 都取消掉，看看结果如何。

在这里先来介绍一下扩展运算符的概念，它的写法很简单，就是...，接下来用案例的方式让大家先了解它的作用。上面的 gamecheck 记录了勾选的多选项的值，它是一个数组。可以在 formSubmit()事件处理函数输出选项值，给上面的 formSubmit()函数添加以下语句：

```
formSubmit: function (e) {
  const gamecheck=e.detail.value.gamecheck
  console.log('直接输出的 gamecheck',gamecheck)
  console.log('拓展运算符输出的 gamecheck',...gamecheck)
},
```

然后填写表单提交数据，从控制台可以看到直接输出的 gamecheck，它是一个数组，展开也有索引值。而使用扩展运算符输出的 gamecheck，是将数组里的值都遍历了出来，这就是扩展运算的作用，大家可以先简单了解。

只要知道 form 表单存储的数据在哪里，就能够结合前面的知识把数据取出来，不同的数据类型需要区别对待，所以掌握如何使用 JavaScript 操作不同的数据类型很重要。

### 3. 表单的重置

单击"重置"按钮，即会重置表单里的数据，并不需要 formReset()事件处理函数做额外的处理。还可以在 formReset()事件处理函数里处理一些交互事件：

```
formReset: function () {
  wx.showToast({
  title: '成功',
  icon: 'success',
  duration:2000})
}
```

也可以删掉重置的事件处理函数 formReset()，以及 form 组件 bindreset="formReset"，只需要将 button 的 form-type 设置为 reset，就可以达到重置的效果代码如下：

```
<button form-type="reset">重置</button>
```

### 4. value 与 placeholder

input、textarea、editor 等组件有 placeholder 属性，该属性用于设置占位符，可以起到提示的作用（注意 placeholder 与 value 的不同）。而几乎所有组件都有 value 属性，通过给 value 属性赋值，可以实现将数据渲染到组件（不适用于单选按钮、多选按钮）。例如：

```
//在 form.wxml 里添加以下代码
<input name="name" placeholder="请输入你的姓名" value="{{userData.name}}" />
<textarea name="desc" value="{{userData.desc}}" placeholder="请简短介绍一下你自己"
auto-height auto-focus />
<input name="email" value="{{userData.email}}" placeholder="请输入你的邮箱" />


//在 form.js 的 data 里添加以下数据
data:{
  userData:{
    name:"李东 bbsky",
    desc:"致力于互联网技术技能的普及",
    email:"344169902@qq.com"
  }
}
```

## 9.2.2　slider 响应设置颜色

slider（滑动选择器）也可以绑定事件处理函数，如 bindchange()是完成一次拖动后触发的事件，bindchanging()是拖动过程中触发的事件。

先回顾一下事件对象里 "data-×××" 携带的数据和表单组件携带的数据的区别。data-×××的数据存储在事件对象里的 currentTarget 下的 dataset 里的属性名里（也就是 data-color 的值存储在 e.currentTarget.dataset.color 里），而表单组件的数据则是存储在事件对象的 detail 里（也就是 e.detail.value 里）。

使用开发者工具在 form.wxml 里添加以下代码，这里既会涉及 data-×××携带的数据，也会涉及表单组件携带的数据：

```
<view style="background-color:rgb({{R}},{{G}},{{B}});width:300rpx;height:300rpx">
</view>
<slider data-color="R" value='{{R}}' max="255" bindchanging='colorChanging'
show-value>红色</slider>
<slider data-color="G" value='{{G}}' max="255" bindchanging='colorChanging'
show-value>绿色</slider>
<slider data-color="B" value='{{B}}' max="255" bindchanging='colorChanging'
show-value>蓝色</slider>
```

然后在 Page 的 data 里添加 R、G、B 的初始值（不了解 RGB 颜色值的学习者可以搜索了解一下，它们的取值在 0～255）。这里的 R、G、B 初始值既是 background-color 的 3 个颜色的初始值，也是滑动选择器的初始值，把它设置为绿色（小程序技术文档的 VI 色）：

```
data: {
  R:7,
  G:193,
  B:96,
},
```

然后在 form.js 里添加 slider 组件绑定的事件处理函数 colorChanging()：

```
colorChanging(e) {
  console.log(e)
  let color = e.currentTarget.dataset.color
  let value = e.detail.value;
  this.setData({
    [color]: value
  })
},
```

编译之后，当滑动 slider，view 组件的背景颜色也会随之改变。当滑动 slider 时，colorChanging()因为滑动会不断触发（类似于英文里的"ing"的状态，实时监听），就会在控制台里输出多个值。e.detail.value 为拖动的值，e.currentTarget.dataset.color 始终只有 3 个结果 R、G、B，[color]: value 表示把值赋给 R、G、B 这 3 个参数。

## 9.2.3　picker 组件

picker 组件样式上比较复杂，它携带的数据的类型也比较复杂，在学习时要多使用输出的方式来了解返回的事件对象。

### 1．获取 picker 组件的数据

picker（滚动选择器）的样式看起来非常复杂，不过小程序已经把它封装好了，开发者通常只需要用几行简单的代码就可以制作非常复杂而且类别多样的滚动选择器。

使用开发者工具在 form.wxml 里添加以下代码，就能从底部弹起一个日期的滚动选择器。里面的文字可以任意填写，类似于 button、navigator 组件里的文字，单击即可执行相应的事件。

```
<picker mode="date" value="{{pickerdate}}" start="2017-09-01" end="2022-09-01"
bindchange="bindDateChange">
  选择的日期为：{{pickerdate}}
</picker>
```

picker 组件主要有 mode 属性、start 属性和 end 属性。

- mode 属性：滚动选择器有几种模式，不同的模式可以弹出不同类型的滚动选择器，上述代码的 mode 属性的是 date（日期选择），其他模式大体相似。
- start 属性和 end 属性：这是日期的滚动选择器特有的属性，表示有效日期的开始和结束，使其只能在一定范围内滚动。

更多属性与属性值的含义可参考技术文档。

然后在 Page 的 data 里添加 pickerdate 的初始值：

```
data: {
  pickerdate:"2019-8-31",
},
```

然后在 form.js 中添加 picker 组件绑定的事件处理函数 bindDateChange()，先输出看看 picker 组件的事件对象：

```
bindDateChange: function (e) {
  console.log('picker 组件的 value', e.detail.value)
},
```

编译之后，当弹起滚动选择器时，日期选择器默认会指向初始值 2019 年 8 月 31 日。当滑动选择一个日期并确定之后，就可以在控制台里看到选择的日期，存储这个日期数据的变量是一个字符串。

**小任务**　如何从选择的日期（如 2019-10-21）里取出年、月、日（也就是 2019、10、21）呢？这就涉及字符串的操作了，还记得字符串的操作吗？可以查看 MDN 技术文档中 JavaScript 标准库下的 String，取出具体数字的方法有很多种，大家知道应该怎么处理了吗？

### 2．picker 组件的渲染

和其他表单组件一样，可以通过给 value 属性赋值来将数据渲染到 picker 组件。当用户使用 picker 组件选择时间、地点等时，就会触发 picker 组件绑定的事件处理函数，事件处理函数又通过 setData() 修改 data 里的值，这样就可以将用户选择的时间或地点实时渲染在 picker 组件里。

使用开发者工具在 form.wxml 里添加以下代码：

```
<picker name="birth" mode="date" value="{{userData.birth}}" start="1970-01-01"
end="2005-01-01" bindchange="birthChange">
  <view>你的生日: {{userData.birth}}</view>
</picker>

<picker name="region" mode="region" bindchange="regionChange" value="{{userData.
region}}" custom-item="{{customItem}}">
  <view class="picker">
    当前选择:{{userData.region[0]}},{{userData.region[1]}},{{userData.region[2]}}
  </view>
</picker>
```

然后在 form.js 里添加以下代码：

```
Page({
  data:{
    userData:{
      birth:"1995-01-01",
      region:["广东省","深圳市","福田区"],
    }
  },
  async onLoad(){

  },
```

```
birthChange(e){
  console.log("生日选择",e.detail.value)
  this.setData({
    "userData.birth":e.detail.value
  })

},

regionChange(e){
  console.log("地址选择",e.detail.value)
  this.setData({
    "userData.region":e.detail.value
  })
}
})
```

# 9.3　表单的提交与渲染

几乎所有的应用都有用户资料管理这一功能，它允许用户随时修改自己的资料。这个功能包含将表单数据提交到数据库，再从数据库获取数据并渲染到小程序端的完整过程。

## 9.3.1　表单的提交

要将用户填写的表单里的数据提交到数据库中，首先需要掌握如何获取表单的数据，然后将获取的数据通过创建记录或更新记录的方式存储到数据库。

### 1．获取表单数据

要将表单里面的数据提交到数据库，首先要了解不同的表单组件在用户提交表单后返回的数据的结构，其次，这些数据是怎么和一个个表单组件联系起来的。在 9.2 节里介绍过，用户填写在表单里的数据通常都会保存在 bindsubmit 绑定的事件处理函数 formSubmit() 的 e.detail.value 里，每个组件的数据都可以通过该组件的 name 来获取。

使用开发者工具新建一个 user 页面，然后在 user.wxml 里添加以下代码，这里罗列了一些常用的表单组件：

```
<form bindsubmit="formSubmit">
  <view>姓名</view>
  <input name="name" placeholder="请输入你的姓名" />
  <view>你的个人简介：</view>
  <textarea name="desc" placeholder="请简短介绍一下你自己" auto-height auto-focus />
  <view>联系方式</view>
    <input name="email" placeholder="请输入你的邮箱" />
    <view>婚姻状况</view>
```

```
    <radio-group name="marriage">
      <label><radio value="1" />单身</label>
      <label><radio value="2" />未婚</label>
      <label><radio value="3" />已婚</label>
    </radio-group>

    <picker name="birth" mode="date" start="1970-01-01" end="2005-01-01"
bindchange="birthChange" >
        <view>你的生日：{{userData.birth}}</view>
    </picker>

    <picker name="region" mode="region" bindchange="regionChange"
value="{{userData.region}}" custom-item="{{customItem}}">
        <view class="picker">当前选择：{{userData.region[0]}}，{{userData.region[1]}}，
{{userData. Region [2]}}</view>
    </picker>

    <view>训练营学习进度</view>
    <slider name="process" show-value></slider>
    <view>请勾选你喜欢的话题：</view>
    <checkbox-group name="talks">
      <label><checkbox value="talk1"/>前端</label>
      <label><checkbox value="talk2"/>后端</label>
      <label><checkbox value="talk3"/>开发工具</label>
      <label><checkbox value="talk4"/>小程序</label>
      <label><checkbox value="talk5"/>iOS</label>
      <label><checkbox value="talk6"/>Android</label>
    </checkbox-group>
  <view>是否接收新消息通知：</view>
  <switch name="message"/>
  <button form-type="submit">提交</button>
</form>
```

然后在 user.js 里输入 formSubmit()事件处理函数，以及为了让在生日和地址的 picker 组件里选择的日期和地址能够实时渲染在前端，用到了 birthChange()、regionChange()事件处理函数，下面需要重点关注的是填写表单之后，表单返回的事件对象：

```
const db = wx.cloud.database()
const _ = db.command
Page({
  data:{
    userData:{
      birth:"1995-01-01",
      region:["广东省","深圳市","福田区"],
    }
  },
  async onLoad(){
  },

  async formSubmit(e) {
```

```
    console.log('表单携带的事件对象',e)
    console.log('表单携带的数据为: ', e.detail.value)
  },

  birthChange(e){
    console.log("生日选择",e.detail.value)
    this.setData({
      "userData.birth":e.detail.value
    })

  },

  regionChange(e){
    console.log("地址选择",e.detail.value)
    this.setData({
      "userData.region":e.detail.value
    })
  }
})
```

填完数据后，单击"提交"按钮，就能在控制台看到如下日志。可以看到表单收集的数据都在事件处理函数的 e.detail.value 对象里，数据的属性 key 与表单组件的 name 是一一对应的。图 9-3 所示为提交表单的数据对象。

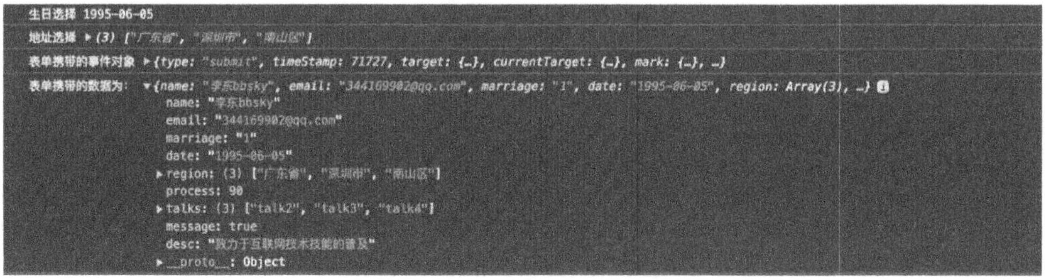

图 9-3　提交表单的数据对象

## 2. 记录的创建

将用户填写的表单数据存储到数据库之前，需要先梳理清楚数据库的设计。例如，使用集合 user 来存储所有用户的信息，每个用户在 user 集合里有且仅有一个记录，用户填写的表单数据都会存储到记录里：

```
{
  "_id":"e656fa635f74524d00d9f6a45c1c7644",
  "_openid":"oUL-m5FuRm...sn8",
  "name":"李东 bbsky",
  "desc":"致力于互联网技能的普及",
  "email":"344169902@qq.com",
  "marriage":"1",
```

```
    "process":97.0,
    "birth": "2000-01-01",
    "region":["广东省", "深圳市", "南山区"],
    "talks":["talk2","talk3","talk4"],
    "message":true,
}
```

打开云开发控制台的"数据库"标签页，新建一个集合 user 并自定义权限（使用安全规则）为"仅创建者可读写"。可以在用户登录小程序时先判断该用户是否在数据库有记录，如果没有就创建，可以在 user.js 的 onLoad()生命周期函数里添加以下代码：

```
async onLoad(){
  const that = this
  const data = (await db.collection('user').where({
    _openid:'{openid}'
  }).get()).data

  console.log("获取的用户信息",data)
  console.log(data.length)
  if(data.length === 0){ //如果没有用户记录就创建记录
    db.collection('user').add({
      data:{
        //一些数据可以从 getUserInfo 里获取并新增到数据库
      }
    })
  }

  const userData = data[0]
  console.log(userData)
  that.setData({ //将获取的用户数据使用 setData()赋值给 data
    userData:Object.assign(that.data.userData,userData) //将 data 里原有的 userData
对象和从数据库里取出来的 userData 对象合并。避免数据库里的 userData 为空时，setData()会清空 data
里的 userData 值
  })
  console.log("userData 的数据",this.data.userData)
},
```

### 3. 用户数据的提交

当用户提交表单的数据时，可以直接使用数据库 update()请求将 e.detail.value 里的整个对象更新到用户的记录里，不需要做额外的处理，这时候每个表单组件的 name 就转化成了数据库记录里的字段名：

```
async formSubmit(e) {
  console.log('表单携带的数据为：', e.detail.value)
  const result = await db.collection('user')
  .where({
    _openid:'{openid}'   //获取用户在集合里的记录（只有一条记录）
  })
```

```
  .update({
    data:e.detail.value
  })
  console.log(result)
},
```

## 9.3.2　表单的渲染

将数据渲染到表单，可以通过设置 value 的值来实现，用户在每个表单组件提交的数据都可以通过 name 来获取，这样在渲染时，就可以使用{{userData.组件的 name}}来渲染每个组件的值了。

### 1．表单数据的渲染

在 9.3.1 节里将用户在表单填写的数据更新到了数据库，并且在获取数据库里的表单数据之后将其赋值给了 data 里的 userData，在 form.wxml 使用{{userData.组件的 name}}就能将数据给渲染出来了，代码如下：

```
<input name="name" placeholder="请输入你的姓名" value="{{userData.name}}" />
<textarea name="desc" placeholder="请简短介绍一下你自己" value="{{userData.desc}}"
 auto-height auto-focus />
<input name="email" placeholder="请输入你的电子邮箱" value="{{userData.email}}"/>
<slider name="process" show-value value="{{userData.process}}"></slider>
<switch name="message" checked="{{userData.message}}" />
```

其中 switch 没有 value 属性，填写 checked 属性即可。

### 2．单选和多选的渲染

单选或多选组件的选择状态都是通过修改 checked 属性值为 true 或 false 来实现的，用户提交的单选的数据结果为 radio-group 的 name 和选择 radio 的 value 构成的键值对。如 marriage:2，表示选择的是第 2 项，这样就能通过比较来判断用户是否选择了这个选项：

```
<radio-group name="marriage">
  <label><radio value="1" checked="{{userData.marriage==1}}" />单身</label>
  <label><radio value="2" checked="{{userData.marriage==2}}" />未婚</label>
  <label><radio value="3" checked="{{userData.marriage==3}}" />已婚</label>
</radio-group>
```

当用户勾选了多选的其中几个选项时，所提交的数据结果为 checkbox-group 的 name 和选项的数组构成的键值对。例如 talks:["talk5","talk4","talk6"]表示用户先勾选了 talk5、再勾选了 talk4，最后勾选了 talk6，要把数据给渲染出来可以使用 wxs 脚本：

```
<wxs module="check">
var getBoolean = function(array,value) {
  if(array.indexOf(value) === -1){
```

```
      return false
    }else {
      return true
    }
  }
  module.exports.getBoolean = getBoolean
</wxs>

<checkbox-group name="talks" >
    <label><checkbox value="talk1" checked="{{check.getBoolean(userData.talks,
'talk1')}}" />前端</label>
    <label><checkbox value="talk2" checked="{{check.getBoolean(userData.talks,
'talk2')}}" />后端</label>
    <label><checkbox value="talk3" checked="{{check.getBoolean(userData.talks,
'talk3')}}" />开发工具</label>
    <label><checkbox value="talk4" checked="{{check.getBoolean(userData.talks,
'talk4')}}" />小程序</label>
    <label><checkbox value="talk5" checked="{{check.getBoolean(userData.talks,
'talk5')}}" />iOS</label>
    <label><checkbox value="talk6" checked="{{check.getBoolean(userData.talks,
'talk6')}}" />Android</label>
  </checkbox-group>
```

## 9.4 问卷小程序

问卷调查、投票、活动报名、考试测评、预约等都是"产品"名词，它们背后使用的技术都是类似的，都是将基础的表单组件以"搭积木"的形式来组装，这些表单组件（积木）的顺序、描述、类型、值等信息都会被存储到数据库。

### 9.4.1 问卷的数据库设计

前面几节的 form 表单都是将表单组件在 wxml()里罗列出来，但问卷/问答要求表单组件是被数据库控制的，而不是直接在 wxml()里写好的，也就是单选题、多选题、填空题等都是由数据库控制的。不仅如此，连问卷/考题的交互逻辑也是由数据库控制的，什么时候翻页、跳转，什么时候开始或结束等，这些复杂的功能在数据库里对应的可能只是一个简单的字段。

要设计问卷的数据库，首先要将一个完整的问卷拆分成一个个表单组件，综合分析各类表单组件返回的数据对象的结构以及多种不同类型的选项的特征，再将表单组件整理成为数据库的字段。图 9-4 所示为问卷的数据库设计。

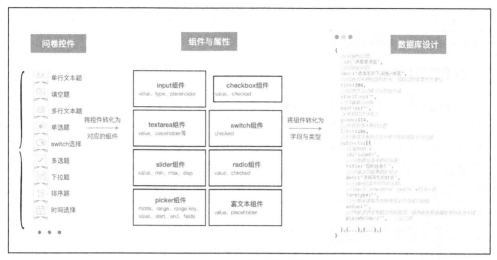

**图 9-4　问卷的数据库设计**

　　将问卷控件（单选题、多选题、填空题等）、交互逻辑（必选、翻页、跳转）、功能（开始时间、截止时间、回答人数上限）等转化为相应的函数与数据库的数据是做应用开发非常重要的环节。

```
{
  _id:"",
  _openid:"",
  title:"云开发训练营调查表",          //问卷的标题
  desc:"问卷调查，聊一聊对云开发的看法", //问卷的说明
  time:300,                //问卷或考题的限制时长，可以以 s 或 ms 为单位
  starttime:"",            //问卷开始时间
  endtime:"",              //问卷截止时间
  grade:114,               //考题的总分统计
  limit:100,               //问卷回答人数的上限
  //问卷或考卷的交互也要转化为字段
  subjects:[{
    subid:"sub001",            //组件的 id
    subtitle:"您的姓名？",        //问卷题目或考题的标题
    subdesc:"请填写您的姓名",      //问卷选项或考题的描述
    formtype:"",          //form type 的值为组件的名称，如 input、checkbox、radio、slider 等
    subvalue:"",          //小程序端填写表单所提交的值或初始值
    placeholder:"",       //占位符
    //问卷选项或考题之间的交互逻辑也要转化为字段
  },{...},{...},]
}
```

## 9.4.2　不同形式题目的渲染与提交

　　尽管问卷不同形式题目背后的数据类型大同小异，但是在前端渲染时，要注意题目与组件

的对应关系。例如，单行文本题、多行文本题数据类型都是 String，但是在前端却对应着 input 组件、textarea 组件，可以使用 formtype 字段的值来控制。

### 1. 问卷模板的创建

在设计数据库时，可以把问卷的模板（空的问卷记录）和用户填写的问卷（每个用户都有一个记录）放在同一个集合里（如 quiz），但是需要注意的是问卷的模板的权限是"所有人可读仅管理员可写"，而用户填写的问卷的权限是"仅创建者可读写"。这就要求 quiz 集合的权限为"所有人可读写"，这种权限范围过大，一般不推荐，更建议使用云函数将用户提交的数据存储到数据库，这时集合的权限可以设置为"所有人可读，仅创建者可读写"。

例如，可以将如下记录导入 quiz 集合（更加建议使用云开发控制台数据库的"高级操作"里的脚本），将以下代码里的数据对象赋值给数据库 add() 里的 data 属性，也就是 db.collection ("quiz").add({data:{代码里的 data 数据对象}})：

```
{
  "id":"quiz-001",
  "title":"云开发训练营调查表",
  "desc":"问卷调查，聊一聊对云开发的看法",
  "_openid":"",
  "subjects":[{
    "id":"sub001",
    "subtitle":"您的姓名",
    "subdesc":"请在下方填入您的真实姓名",
    "formtype":"input",
    "option":"请在下方填入您的真实姓名",
    "subvalue":null
  },{
    "id":"sub002",
    "subtitle":"您的婚姻状况",
    "subdesc":"请选择您的性别",
    "formtype":"radio",
    "option":["未婚","单身","已婚"],
    "subvalue":null
  },{
    "id":"sub003",
    "subtitle":"您感兴趣的话题",
    "subdesc":"请选择您比较感兴趣的话题",
    "formtype":"checkbox",
    "option":["前端","后端","小程序","移动端","物联网","游戏开发","开发工具"],
    "subvalue":null
  }]
}
```

### 2. 问卷的渲染

使用开发者工具新建一个页面（如 quiz），然后在其中输入以下代码，在 onLoad() 生命周期函数里请求数据库，获取 quiz 里的问卷模板数据：

```
const db = wx.cloud.database()
const _ = db.command
Page({
  data:{
    quiz:{}
  },
  async onLoad(){
    this.getQuiz()
  },
  async getQuiz(){
    const quiz = (await db.collection('quiz').where({
      id:"quiz-001"
    }).get()).data[0]
    this.setData({
      quiz
    })
    console.log(this.data.quiz)
  }
})
```

然后判断 formtype、option 的值，并将获取到的模板数据渲染到对应的组件：

```
<view>{{quiz.title}}</view>
<view>{{quiz.desc}}</view>
<form bindsubmit="formSubmit">
  <block wx:for-items="{{quiz.subjects}}" wx:for-index="idx" wx:for-item="subject"
wx:key="item">
    <view>{{idx+1}}、{{subject.subtitle}}</view>
    <view>{{subject.subdesc}}</view>
    <block wx:if="{{subject.formtype == 'radio'}}">
      <radio-group name="{{subject.id}}">
        <block wx:for-items="{{subject.option}}" wx:for-index="subid" wx:for-item=
"option" wx:key="item">
          <label>
            <radio value="{{subid+1}}" />{{option}}</label>
        </block>
      </radio-group>
    </block>
    <block wx:if="{{subject.formtype == 'input'}}">
      <input name="{{subject.id}}" placeholder="{{subject.option}}" />
    </block>
    <block wx:if="{{subject.formtype == 'checkbox'}}">
      <checkbox-group name="{{subject.id}}">
        <block wx:for-items="{{subject.option}}" wx:for-index="subid" wx:for-item=
"option" wx:key="item">
          <label><checkbox value="{{subid}}" />{{option}}</label>
        </block>
      </checkbox-group>
    </block>
```

```
  </block>
  <button form-type="submit">提交</button>
</form>
```

### 3. 问卷的提交

问卷提交前，可以先根据实际的需求校验一下。如果一个用户只能提交一次，这时候就需要先查询数据库是否有用户的记录，如果有就不能再提交。如果用户可以提交多次，获取用户提交的记录，然后更新即可，最后一次提交会覆盖前面的提交。除此之外，还需要校验用户填写的内容是否规范，如不能为空等。

```
//将用户提交的数据传递给云函数，让云函数来处理，大家可以自行试写这个 quiz()云函数
async formSubmit(e){
  const quiz = e.detail.value
  console.log("用户提交的数据",quiz)
  wx.cloud.callFunction({
    name:"quiz",
    data:quiz
  }).then(res=>{console.log(res)})
},
```

表单的使用场景十分广泛，例如官方网站、商城、博客等的后台管理，用户的注册登录、聊天对话、咨询留言等。凡是需要用户主动提交数据的交互功能，通常都会使用表单。本章以问卷为例讲解了表单的数据如何获取、渲染并存储到数据库。要开发出一个功能完整而实用的问卷或答题小程序，会涉及很多逻辑交互（如答题倒计时、自动打分、得分排名等），这里就不介绍了。

# 第三部分

# 云开发进阶

# 第 10 章

# 用云函数实现后端能力

云函数的运行环境是 Node.js，在云函数中使用 Node.js 内置模块以及使用 npm 安装第三方依赖可以帮助开发者更快地开发。借助一些优秀的开源项目，可以避免"重复造轮子"，相比于小程序端，云函数端能够大大扩展云函数的使用。接下来介绍在云函数里如何引入这些模块，来实现一些后端编程语言才具备的功能。

## 10.1 云函数的模块知识

云函数与 Node.js 息息相关，因此我们需要对云函数与 Node.js 的模块以及基础知识有基本的了解。下面只介绍一些基础概念，想深入地了解它的知识可以翻阅 Node.js 的官方技术文档。

### 10.1.1 Node.js 的内置模块

在前面我们已经接触过 Node.js 的 fs 模块、path 模块，它们是 Node.js 的内置模块。内置模块不需要使用 npm install 下载，可以直接使用 require()引入：

```
const fs = require('fs')
const path = require('path')
const url = require('url')
```

Node.js 的常用内置模块以及功能如下所示，它们都可以在云函数里直接使用。

- fs 模块：用于目录的创建、删除、查询以及文件的读取和写入。
- os 模块：提供一些基本的系统操作函数。
- path 模块：提供一些用于处理文件路径的 API。
- url 模块：用于处理与解析 URL。
- http 模块：用于创建一个能够处理和响应 HTTP 请求的服务器。
- querystring 模块：用于解析查询字符串。
- util 模块：util 模块主要用于支持 Node.js 内部 API，其中的大部分实用工具也可用于应用程序与模块开发。
- net 模块：用于创建基于流的 TCP 或 IPC 的服务器。

- dns 模块：用于域名的解析。
- crypto 模块：提供加密功能，包括对 OpenSSL 的哈希、HMAC（Hash-based Message Authentication Code，哈希消息认证码）、加密、解密、签名、以及验证功能的一整套封装。
- zlib 模块：可以用来实现对 HTTP 中定义的 gzip 和 deflate 内容编码机制的支持。
- process 模块：提供有关当前 Node.js 进程的信息并对其进行控制，作为全局变量，它始终可供 Node.js 应用程序使用，无须使用 require()，但也可以使用 require() 显式地访问。

## 10.1.2 Node.js 的全局对象

和 JavaScript 的全局对象（global object）类似，Node.js 也有一个全局对象（global），它以及它的所有属性（一些全局变量也是全局对象的属性）都可以在程序的任何地方访问。下面就来介绍 Node.js 在云函数里比较常用的全局变量。

### 1. dirname 和 filename

dirname 用于获取当前执行文件所在目录的完整目录名，Node.js 还有另外一个常用变量 filename，它用于获取当前执行文件的带有完整绝对路径的文件名。可以新建一个云函数（如 nodefile()），然后在 nodefile() 云函数的 index.js 里添加以下代码：

```
const cloud = require('wx-server-sdk')
cloud.init({
  env: cloud.DYNAMIC_CURRENT_ENV
  })
exports.main = async (event, context) => {
  console.log('当前执行文件的文件名', __filename );
  console.log('当前执行文件的目录名', __dirname );
}
```

将云函数部署上传之后，通过小程序端调用、本地调试或云端测试执行云函数，得到如下的输出结果：

```
当前执行文件的文件名 /var/user/index.js
当前执行文件的目录名 /var/user
```

**提示** 还记得云函数的输出日志可以在哪里查看吗？

由此可见云函数在云端（Linux 环境）放置在/var/user 文件夹里面。

### 2. module、exports 和 require

还有一些变量（如 module、module.exports、exports 等）实际上是模块内部的局部变量，它们指向的对象根据模块的不同而有所不同，但是由于它们通用于所有模块，也可以当成全局变量。

- module：用于对当前模块的引用。module.exports 用于指定一个模块所导出的内容（即可以通过 require()访问的内容）。
- require：用于引入模块、json 文件或本地文件。可以从 node_modules 引入模块，也可以使用相对路径引入本地模块，路径会根据__dirname 定义的目录名或当前工作目录进行处理。
- exports：表示该模块运行时生成的导出对象。如果按确切的文件名没有找到模块，则 Node.js 会尝试带上.js、.json 或.node 等扩展名再加载。

以/开头的模块采用的是文件的绝对路径方式，放到云函数里，如 require('/var/user/config/config.js')会加载云函数目录里的 config 文件夹里的 config.js。require('/var/user/config/config.js') 在云函数里的路径等同于相对路径的 require('./config/config.js')。当模块没有以/、./或../开头表示文件时，它必须是一个核心模块或加载自 node_modules 目录。

在 nodefile 云函数目录下面创建一个 config 文件夹，在 config 文件夹里创建一个 config.js 文件，nodefile 云函数的目录结构如下：

```
nodefile // 云函数目录
├── config //config 文件夹
│   └── config.js //config.js 文件
└── index.js
└── config.json
└── package.json
```

然后在 config.js 里添加以下代码，通常用以下方式声明一些比较敏感的信息或者比较通用的模块：

```
module.exports = {
  AppID: 'wxda99ae45313257046',   //可以是其他变量，这里只是参考
  AppKey: 'josgjwoijgowjgjsogjo',
}
```

然后在 nodefile()云函数的 index.js 里添加以下代码（并非实际代码，可以根据需求添加）：

```
//下面两句放在 exports.main 函数的前面
const config = require('./config/config.js')
const {AppID,AppKey} = config
//此处省略了部分代码
exports.main = async (event, context) => {
  console.log({AppID,AppKey})
}
```

将云函数的所有文件都部署上传到云端之后，执行云函数，可以看到 config/config.js 里的变量就被传递到 index.js 里了。这就说明在云函数目录之下不仅可以创建文件（前面创建过图片），还可以创建模块，通过 module.exports 和 require 来达到创建并引入的效果。

### 3. process.env 属性

process 对象提供有关当前 Node.js 进程的信息并对其进行控制。它有一个比较重要的属性 process.env，可以返回包含用户环境的对象。

以 nodefile() 云函数为例，打开云开发控制台，在云函数列表里找到 nodefile，然后单击"配置"在对话框的环境变量里添加一些环境变量，如 NODE_ENV、ENV_ID、NAME（因为是常量，建议用大写字母），它们的值为字符串，然后将 nodefile() 云函数的 index.js 代码改为如下：

```
const cloud = require('wx-server-sdk')
cloud.init({
  env: cloud.DYNAMIC_CURRENT_ENV
})

exports.main = async (event, context) => {
  return process.env //process 可以不必使用 require()
}
```

右击"云函数增量上传"之后，调用该云函数，然后在云函数返回的对象里可以看到除了有设置的变量，还有一些关于云函数环境的信息。因此可以把一些需要手动修改或者比较私密的变量添加到配置里，然后在云函数里调用。例如，想在小程序上线之后修改小程序的云开发环境，可以添加 ENV_ID 字段，之后根据情况来修改它的值：

```
const cloud = require('wx-server-sdk')
const {ENV_ID} = process.env
cloud.init({
  env: ENV_ID
})
```

## 10.1.3　wx-server-sdk 的模块

再来回顾一下 wx-server-sdk 这个第三方模块，它是云开发必备的核心依赖，云开发的诸多 API 都基于它。可以在给云函数安装了 wx-server-sdk 之后（也就是右击云函数，在终端执行了 npm install），在计算机中打开云函数的 node modules 文件夹。可以看到虽然只安装了一个 wx-server-sdk，却下载了很多个模块，这些模块都是通过 4 个核心依赖@cloudbase/node-sdk tcb-admin-node、protobuf.js、tslib 来安装的。

要想对 wx-server-sdk 有一个深入了解，可以研究一下最核心的@cloudbase/node-sdk（原 tcb-admin-node），具体可以参考@cloudbase/node-sdk 的 GitHub 官网。wx-server-sdk 附带了很多依赖（如@cloudbase/node-sdk、xml2js、request 等），这些依赖可以在云函数里直接引入。

```
const request = require('request')
```

request 模块虽然是第三方模块，但是已经通过 wx-server-sdk 下载了，在云函数里直接通过 require() 就可以引入。由于 wx-server-sdk 模块是每个云函数都会下载安装的，完全可以把它当成云函数的内置模块来处理，wx-server-sdk 附带的多个依赖也可以直接引入，不必再下载。在使用 npm install 安装完依赖之后，可以在 package-lock.json 里查看这些依赖的版本信息。

### 10.1.4　第三方模块

Node.js 生态所拥有的第三方模块是所有编程语言里最多的，比 Python、PHP、Java 还要多。借助于这些开源的模块，可以大大节省开发成本。这些模块在 npm 官网地址都可以搜索到，npm 官网的第三方模块大而全，哪些才是 Node.js 开发人员常用的优秀的模块呢？可以在 GitHub 上面找到"awesome-Node.js"，里面有非常全面的推荐。

在 awesome-Node.js 里，这些优秀的模块被分为近 50 个不同的类别，其中大多数都是可以用于云函数的，可见云函数的强大远不只停留在云开发的技术文档上。本章会选取一些比较有代表性的模块结合云函数进行讲解。

当要在云函数里引入第三方模块时，需要先在该云函数 package.json 里的 dependencies 里添加该模块并附上版本号（"第三方模块名": "版本号"）。版本号的表示方法有很多，使用 npm install 可下载相应的版本（只列举一些比较常见的）。

- latest：会下载最新版的模块。
- 1.2.x：等同于 1.2，会下载类似于 1.2.0、1.2.3、1.2.4 的版本。

例如，要在云函数里引入 lodash 的最新版，就可以去该云函数 package.json 里添加"lodash": "latest"。注意，是添加到 dependencies 属性里面，而且 package.json 的写法也要符合配置文件的格式要求，尤其要注意最后一项不能有逗号，以及不能在 json 配置文件里写注释：

```
"dependencies": {
  "lodash": "latest"
}
```

在用命令 npm install 的时候会生成一份 package-lock.json 文件，用来记录当前状态下实际安装的各个 npm 包的具体来源和版本号。不同的版本可能对运行的结果造成不一样的影响，所以通常用最新版本即可。

### 10.1.5　云函数的运行机制

云函数运行在服务端 Linux 环境中，一个云函数在处理并发请求的时候会创建多个云函数实例，每个云函数实例之间相互隔离，没有公用的内存或硬盘空间。因此每个云函数的依赖也是相互隔离的，每个云函数都要下载各自的依赖，无法做到复用。

云函数实例的创建、管理、销毁等操作由平台自动完成。每个云函数实例都在/tmp 目录下（这里是服务端的绝对路径/tmp，不是云函数目录下的./tmp）提供了一块 512 MB 的临时磁盘空间用于处理单次云函数执行过程中的临时文件读写需求。需特别注意的是，临时磁盘空间在云函数执行完毕后可能被销毁,不应假设在磁盘空间存储的临时文件会一直存在。如果需要持久化的存储,最好使用云存储。

云函数应是无状态的,也就是一次云函数的执行不依赖上一次云函数执行过程中在运行环境中残留的信息。为了保证负载均衡,云函数平台会根据当前负载情况控制云函数实例的数量,并且会在一些情况下复用云函数实例。这导致如果连续两次云函数调用都由同一个云函数实例运行,那么两者会共享同一个临时磁盘空间,但因为云函数实例随时可能被销毁,并且连续的请求不一定会落在同一个实例中(因为同时会创建多个实例),因此云函数不应依赖之前云函数调用中在临时磁盘空间遗留的数据。因此,云函数代码应是无状态的,下面是其他一些注意事项。

- 由于云函数是按需执行,云函数在 return 执行之后就会停止运行,和普通 node.js 本地运行的方式有些差异,这里要注意一下。
- 如果云函数需要处理一些文件的下载,可以把文件存储在服务器的临时目录/tmp 里,云函数的目录是没有写权限的。
- 云函数存在冷启动和热启动的问题。所谓冷启动就是云函数完整执行整个实例化,加载函数代码和 Node.js 代码,执行函数的整个过程;而热启动则是云函数实例和执行被复用,main()函数外的代码可能不会被执行。因此有些变量的声明不要写在 main()函数外面,当云函数被高并发调用时,main()函数外的变量可能会成为跨实例的"全局变量"。
- 不要在云函数异步流程中执行关键任务,也就是一些关键任务的函数前面要加一个 await,以免任务没有执行完,云函数就停止运行了。
- 由于云函数是无状态的,因此执行环境通常会从头开始初始化(冷启动)。当发生冷启动时,系统会对函数的全局环境进行评估。如果云函数导入了模块,那么在冷启动期间加载模块会增加延迟时间。因此正确加载依赖项且不加载云函数不使用的依赖项,可以缩短延迟时间以及部署云函数所需的时间。

## 10.2 文件系统的操作

云函数所在的服务端可以看成一个微型的 Linux 服务器,使用 Node.js 就能对服务端的文件或文件夹进行增删改查等操作。

### 10.2.1 读取云函数服务端的文件

通过 Node.js 的模块,可以实现云函数与服务端的文件系统进行一定的交互。例如,在 7.4.3 节就使用云函数将服务端的图片使用 fs.createReadStream()读取,然后上传到云存储。Node.js 的文件处理能力让云函数也能操作服务端的文件,如文件查找、读取、写入乃至代码编译。

　　还是以 nodefile() 云函数为例，使用微信开发者工具在 nodefile() 云函数下新建一个文件夹（如 assets），然后在 assets 文件夹里放入 demo.jpg 图片文件以及 index.html 网页文件等，目录结构如下所示：

```
nodefile // 云函数目录
├── config //config 文件夹
│   └── config.js //config.js 文件
├── assets //assets 文件夹
│   └── demo.jpg
│   └── index.html
└── index.js
└── config.json
└── package.json
```

　　然后在 nodefile() 云函数的 index.js 里添加以下代码，使用 fs.createReadStream() 读取云函数目录下的文件：

```
const cloud = require('wx-server-sdk')
const fs = require('fs')
const path = require('path')
cloud.init({
  env: cloud.DYNAMIC_CURRENT_ENV
})
exports.main = async (event, context) => {
  const fileStream = fs.createReadStream(path.join(__dirname, './assets/demo.jpg'))
  return await cloud.uploadFile({
    cloudPath: 'demo.jpg',
    fileContent: fileStream,
  })
}
```

## 10.2.2　文件操作模块介绍

　　10.2.1 节的案例使用了 Node.js 处理文件必不可少的 fs 模块，fs 模块可以实现文件的读取、创建、更新、删除、重命名等操作：

- 读取文件——fs.readFile()；
- 创建文件——fs.appendFile()、fs.open()、fs.writeFile()；
- 更新文件——fs.appendFile()、fs.writeFile()；
- 删除文件——fs.unlink()；
- 重命名文件——fs.rename()。

　　上面只列举了 fs 模块的一些方法，此外，fs.Stats 类封装了文件信息相关的操作、fs.Dir 类封装了和目录相关的操作、fs.Dirent 类封装了目录项的相关操作等，关于使用方法大家可以参考 Node.js 官方技术文档。

　　**提示**　Node.js fs 模块中的方法有异步和同步版本。例如，读取文件内容的方法有异步的 fs.readFile()

和同步的 fs.readFileSync()。异步方法中最后一个参数为回调函数，回调函数的参数里包含了错误信息。通常建议大家使用异步方法，它性能更高，速度更快，而且没有阻塞。

操作文件时，不可避免地都会用到 path 模块，path 模块提供了一些用于处理文件路径的 API，常用的 API 有：

- path.basename()——获取路径中文件名；
- path.delimiter()——返回操作系统中目录分隔符；
- path.dirname()——获取路径中目录名；
- path.extname()——获取路径中的扩展名；
- path.join()——路径结合、合并；
- path.normalize()——路径解析，得到规范化的路径格式。

Node 读取文件有两种方式：一是使用 fs.readFile()读取，二是使用 fs.createReadStream()读取。如果要读取的文件比较小，可以使用 fs.readFile()，将文件一次性读取到本地内存。如果读取一个大文件，例如，当文件大小超过 16 MB 的时候（文件越大耗能也就会越大），一次性读取就会占用大量的内存，效率比较低，这时候需要用流来读取。流表示将文件数据分割成一段段地读取，不会占用太大的内存，可以控制速度，效率比较高。无论文件是大是小，都可以使用 fs.createReadStream()来读取。

为了让大家看得更加明白，下面这个案例使用云函数读取云函数在云端的目录下有哪些文件（也就是列出云函数目录下的文件清单）：

```
const cloud = require('wx-server-sdk')
const fs = require('fs')
cloud.init({
    env: cloud.DYNAMIC_CURRENT_ENV
  })
exports.main = async (event, context) => {
  const funFolder = '.';//.表示当前目录
  fs.readdir(funFolder, (err, files) => {
    files.forEach(file => {
      console.log(file);
    });
  });
}
```

上述代码用到了 fs.readdir()方法，以异步的方式读取云函数在服务端的目录下面所有的文件。

> **提示**  需要注意的是，服务端云函数的目录文件夹**只有读权限，没有写权限**，不能把文件写入云函数目录文件夹里，也不能修改或删除里面的文件。但是每个云函数实例都在/tmp 目录下提供了 512 MB 的临时磁盘空间用于处理单次云函数执行过程中的**临时文件读写需求**，可以用云函数在/tmp 目录下进行文件的增删改查等操作。

## 10.2.3 操作临时磁盘空间

结合 Node.js 文件操作的知识，使用云函数在/tmp 目录下临时磁盘空间创建一个 txt 文件，然后将创建的文件上传到云存储：

```
const cloud = require('wx-server-sdk')
const fs = require('fs')
cloud.init({
    env: cloud.DYNAMIC_CURRENT_ENV
  })
exports.main = async (event, context) => {
  //创建一个文件
  const text = "云开发技术训练营 CloudBase Camp. ";
  await fs.writeFile("/tmp/tcb.txt", text, 'utf8', (err) => { //将文件写入临时磁盘
空间
    if (err) console.log(err);
    console.log("成功写入文件.");
  });

  //将创建的 txt 文件上传到云存储
  const fileStream = await fs.createReadStream('/tmp/tcb.txt')
  return await cloud.uploadFile({
    cloudPath: 'tcb.txt',
    fileContent: fileStream,
  })
}
```

上述代码中创建文件使用的是 fs.writeFile()方法，也可以使用 fs.createWriteStream()方法：

```
const writeStream = fs.createWriteStream("tcb.txt");
writeStream.write("云开发技术训练营. ");
writeStream.write("Tencent CloudBase.");
writeStream.end();
```

注意，创建文件的目录是一个绝对路径/tmp，而不是云函数的当前目录。也就是说，临时磁盘空间独立于云函数，不在云函数目录之下。

临时磁盘空间大小为 512 MB，可读可写，可以在云函数的执行阶段做一些文件的中转。但是临时磁盘空间在云函数执行完毕后可能被销毁，不应假设在磁盘空间存储的临时文件会一直存在。

## 10.2.4 云函数与 Buffer

Node.js Buffer 类的引入，让云函数也拥有操作文件流或网络二进制流的能力。云函数通过 downloadFile()接口从云存储里下载的数据的类型就是 Buffer，并且 uploadFile()接口可以将 Buffer 数据上传到云存储。Buffer 类在全局作用域中，因此无须使用 require('buffer')引入。使用

Buffer 还可以进行编码转换，例如，下面的案例将云存储的图片下载（数据类型是 Buffer）后通过 buffer 类的 toString()方法转换成 base64 编码，并返回到小程序端。使用开发者工具新建一个 downloading()云函数，然后在 index.js 里添加以下代码：

```
const cloud = require('wx-server-sdk')
cloud.init({
  env: cloud.DYNAMIC_CURRENT_ENV,
})
exports.main = async (event, context) => {
  const fileID = 'cloud://xly-xrlur.786c-xly-xrlur-1300446086/cloudbase/1576500
614167-520.png' //换成云存储内的一张图片的 File ID, 图片不能过大
  const res = await cloud.downloadFile({
    fileID: fileID,
  })
  const buffer = res.fileContent
  return buffer.toString('base64')
}
```

在小程序端创建一个事件处理函数 getServerImg()来调用云函数，将云函数返回的数据（base64 编码的图片）赋值给 data 对象里的 img，在页面的 js 文件里添加以下代码：

```
data: {
  img:""
},
getServerImg(){
  wx.cloud.callFunction({
    name: 'downloadimg',
    success: res => {
      console.log("云函数返回的数据",res.result)
      this.setData({
        img:res.result
      })
    },
    fail: err => {
      console.error('云函数调用失败: ', err)
    }
  })
}
```

在页面的 wxml 文件里添加一个 image 组件（注意 src 的地址）。当单击 button 时，就会触发事件处理函数调用云函数从而把获取的 base64 图片渲染到页面。

```
<button bindtap="getServerImg">单击渲染 base64 图片</button>
<image width="400px" height="200px" src="data:image/jpeg;base64,{{img}}"></image>
```

**提示**　云函数在处理图片时，将图片转成 base64 是有很多限制的。例如，图片不能过大，返回到小程序的数据大小**不能**超过 1 MB，而且这些图片最好是临时性的文件。通常建议大家以云存储为桥梁，将图像处理好后上传到云存储获取 File ID，然后在小程序端直接渲染 File ID 即可。

Buffer 可以和字符串、JSON 等互相转化，也可以处理 ASCII、UTF-8、UTF-16LE、UCS2、binary、Hex 等编码，还可以进行复制（copy）、拼接（concat）、查找（indexOf）、切片（slice）等操作。这些都可以应用到云函数里，就不一一介绍了，具体内容可以阅读 Node.js 官方技术文档。

> **提示**　通过云存储来进行大文件的传输从成本的角度上讲是有必要的。云函数将文件传输给云存储使用内网流量，速度快、"零费用"；小程序端获取云存储的文件使用 CDN，传输效果好，成本也比较低，大约为 0.18 元/GB；云函数将文件发送给小程序端消耗**云函数外网出流量**，成本相对比较高，大约为 0.8 元/GB。

## 10.3　云函数实用工具库

云函数经常需要处理一些非常基础的事情（如时间、数组、数字、对象、字符串、IP 等），自己"造轮子"的成本很高，这时候可以到 GitHub 的 awesome-Node.js 里去找别人写好的开源模块，直接下载引入即可。下面就列举一些比较实用的工具并结合云函数给出详细的案例。

### 10.3.1　时间处理

开发小程序时经常需要格式化时间，处理相对时间、日历时间以及时间的多语言问题时就可以使用比较流行的 moment.js 了，具体内容可以参考 moment 中文文档。

#### 1．云函数时间处理

使用开发者工具新建一个云函数，如 moment()，然后在 package.json 增加 moment 最新版（latest）的依赖：

```
"dependencies": {
  "wx-server-sdk": "latest",
  "moment": "latest"
}
```

将 index.js 里的代码做如下修改，将 moment 区域设置为中国，将时间格式化为"8 月 23 日　2021，4:13:29 下午"的样式以及相对当前时间"多少分钟前"：

```
const cloud = require('wx-server-sdk')
const moment = require("moment");
cloud.init({
  env: cloud.DYNAMIC_CURRENT_ENV,
})
exports.main = async (event, context) => {
```

```
moment.locale('zh-cn');
time1 = moment().format('MMMM Do YYYY, h:mm:ss a');
time2 = moment().startOf('hour').fromNow();
return  { time1,time2 }
}
```

**提示**  值得注意的是，云函数中的时区为 UTC+0，不是 UTC+8，格式化得到的时间和北京时间有 8 小时的时间差。如果在**云函数端将时间格式转换为字符串**，则需要给小时数加 8，这一细节需要注意，若不会处理则建议修改时区。

### 2. 云函数处理时区的两个方法

云函数处理时区可以使用 timezone 依赖，在 package.json 里增加 moment-timezone 最新版（latest）的依赖，然后修改上面相应的代码即可：

```
"dependencies": {
  "wx-server-sdk": "latest",
  "moment-timezone": "latest"
}
```

然后在云函数里使用如下代码，即可完成时区的转换。

```
const moment = require('moment-timezone');
time1 = moment().tz('Asia/Shanghai').format('MMMM Do YYYY, h:mm:ss a');
```

云函数的时区除了可以使用 moment 来处理，还可以通过在云开发控制台配置云函数的环境变量的方法来处理（添加一个字段 TZ，值为 Asia/Shanghai）。

## 10.3.2  加/解密 crypto

crypto 模块是 Node.js 的核心模块之一，它提供了安全相关的功能，包含对 OpenSSL 的哈希、HMAC、加密、解密、签名以及验证功能的一整套封装。由于 crypto 模块是内置模块，因此无须下载，可直接引入。

使用开发者工具新建一个云函数（如 crypto()），在 index.js 里添加以下代码，以 MD5 加密为例了解一下 crypto 支持哪些加密算法：

```
const cloud = require('wx-server-sdk')
cloud.init({
  env: cloud.DYNAMIC_CURRENT_ENV,
})
const crypto = require('crypto');
exports.main = async (event, context) => {
  const hashes = crypto.getHashes(); //获取 crypto 支持的加密算法种类列表

  //MD5 加密 CloudBase2020 返回十六进制数
  var md5 = crypto.createHash('md5');
```

```
var message = 'CloudBase2020';
var digest = md5.update(message, 'utf8').digest('hex');

return {
    "crypto 支持的加密算法种类":hashes,
    "md5 加密返回的十六进制数":digest
};
}
```

将云函数部署之后调用，从返回的结果可以了解到，crypto 模块支持 46 种加密算法。

### 10.3.3　lodash 实用工具库

lodash 是一个具有一致性、模块化与高性能特性的 JavaScript 实用工具库，通过降低 Array、Number、Objects、String 等数据类型的使用难度从而让 JavaScript 变得更简单。lodash 的模块化方法非常适用于遍历 Array、Object 和 String，对值进行操作和检测，以及创建符合功能的函数。

使用开发者工具新建一个云函数（如 lodash()），然后在 package.json 增加 lodash 最新版（latest）的依赖：

```
"dependencies": {
    "lodash": "latest"
  }
```

对 index.js 里的代码做如下修改，这里使用 lodash 的 chunk()方法来分割数组：

```
const cloud = require('wx-server-sdk')
var _ = require('lodash');
cloud.init({
  env: cloud.DYNAMIC_CURRENT_ENV,
})
exports.main = async (event, context) => {
  //将数组拆分为长度为 2 的数组
  const arr= _.chunk(['a', 'b', 'c', 'd'], 2);
  return arr
}
```

右击 lodash 云函数目录，选择"在外部终端窗口中打开"，用 npm install 安装模块之后右击"上传并部署所有文件"，通过前面介绍的多种方式来调用它即可获得结果。lodash 非常实用，它的源码也非常值得学习，更多相关内容则需要大家去 GitHub 和官方技术文档里深入了解。

> **提示**　在 awesome-Node.js 页面了解到还有 Ramba、immutable、Mout 等类似工具库，这些也非常推荐。借助于 GitHub 的 awesome-Node.js 清单，就能一手掌握"酷炫、好用"的开源项目。

## 『 10.4　Excel 文件处理 』

　　Excel 是比较常见的存储数据的方式，是日常办公的数据的载体，也是很多非技术人士常用的数据转移方式，使用得非常频繁。因此研究如何将 Excel/csv 文件的数据导入数据库，将数据库里的数据导出为 Excel/csv 文件是比较重要的。除了可以在云开发控制台里导入/导出 csv 文件外，还可以在云函数使用 Node.js 的一些模块来处理 Excel 文件。

### 10.4.1　读取云存储的 Excel 文件

　　可以在 GitHub 上搜索关键词 "Node Excel"，去筛选 "Star" 比较多，条件比较契合的工具。推荐使用 node-xlsx。

　　使用开发者工具新建一个云函数（如 node-excel），在 package.json 里添加最新版（latest）node-xlsx，并右击云函数目录选择 "在外部终端窗口中打开"，打开后执行命令 npm install 安装依赖：

```
"dependencies": {
  "wx-server-sdk": "latest",
  "node-xlsx": "latest"
}
```

　　然后在 index.js 里添加以下代码：

```
const cloud = require('wx-server-sdk')
cloud.init({
  env: cloud.DYNAMIC_CURRENT_ENV
})
const xlsx = require('node-xlsx');
const db = cloud.database()
exports.main = async (event, context) => {
  const fileID = 'cloud://xly-xrlur.786c-xly-xrlur-1300446086/school.csv' //你需
要将该 csv 的地址替换成你的云存储的 csv 地址
  const res = await cloud.downloadFile({
    fileID: fileID,
  })
  const buffer = await res.fileContent
  const sheets = await xlsx.parse(buffer);  //解析下载后的 Excel Buffer 文件，sheets
是一个对象，而 sheets['data'] 是数组，Excel 有多少行数据，sheets['data'] 里就有多少个数组
  const sheet = sheets[0].data  //取出第一张表里的数组，注意这里的 sheet 为数组
  const tasks = []
  for (let rowIndex in sheet) { //如果 Excel 第一行为字段名的话，从第二行开始读取
    let row = sheet[rowIndex];
    const task = await db.collection('schoolexcel')
    .add({
```

```
      data: {
        name: row[0],
        grade: row[1],
        class: row[2],
        chinese: row[3],
        math: row[4],
        english: row[5],
        computer: row[6]
      }
    })
    tasks.push(task) //task 是数据库 add()请求返回的值, 包含数据添加之后的_id, 以及是否添
加成功的信息
  }
  return tasks
}
```

上述代码有以下几点需要注意。

- 使用云函数处理的 Excel 文件的来源是云存储, 所以需要事先将数据 csv 文件上传到云存储, 在下面的代码里换成云存储 csv 地址(当然, File ID 也可以是在小程序端上传 Excel 文件返回的云文件地址)。

- 云函数会先从云存储里下载 csv 文件, 然后使用 node-xlsx 解析, 然后写入数据库, 这个文件用的是前面介绍过的各年级学生考试成绩数据, 上述代码只是写入了部分字段。

- 由于要读取数据的每一行, 并将读取的数据循环写入数据库, 因此把数据库的 add()请求放在循环里面, 一般情况下非常不推荐大家这么做。如果要这么做, 需要把云函数的超时时间设置得更长(如 20 s~60 s), 保证云函数执行成功, 不然会出现只导入了一部分的情况。

使用 xlsx.parse 解析 Excel 文件得到的数据是一个数组(也就是 sheets), 数组里的值是 Excel 每张工作表的数据, sheets[0].data 表示第一张工作表里面的数据。sheets[0].data 也是一个数组, 数组里的值表示 Excel 工作表的每一行数据。在解析文件后返回的对象里, 每个数组都表示 Excel 的一行数据:

```
[
  {
    name: 'Sheet1',
    data: [
      [Array], [Array],
      ... 233 more items
    ]
  }
]
```

> **提示** 不少开发者使用云函数往数据库里导入大量数据的时候, 使用的是 Promise.all()方法, 这个方法会出现并发的问题, 会显示 "[LimitExceeded.NoValidConnection] Connection num overrun" 错误。这是因为数据库的同时连接数是有限制的, 不同套餐内数据库的连接数不同, 如免费的连接数是 20。针对

这个问题还有其他解决方法，这里就不介绍了。还有尽管已经把云函数的超时时间设置到了 60 s，但是仍然出现了数据没有完全导入的情况，这是因为 Excel 文件过大或者一次性导入的数据太多，超出了云函数的极限，建议分割处理。Promise.all()方法只适用于数量达几百条的数据。

## 10.4.2　将数据库里的数据保存为 Excel 文件

node-xlsx 不仅可以解析 Excel 文件并从中取出数据，还能将数据生成 Excel 文件。因此可以将云数据库里面的数据取出来之后保存为 Excel 文件，再将保存的 Excel 文件上传到云存储。

可以将 node-excel 云函数修改为如下代码之后直接更新文件（因为依赖相同所以不需要安装依赖）。

```
const cloud = require('wx-server-sdk')
cloud.init({
  env: 'xly-xrlur'
})
const xlsx = require('node-xlsx');
const db = cloud.database()
const _ = db.command
exports.main = async (event, context) => {
  const dataList = await db.collection("schoolexcel").where({
    _id:_.exists(true)
  }).limit(1000).get()
  const data = dataList.data  //data 是获取到的数据数组，每一个数组都是一个 key:value 的
对象
  let sheet = [] // 其实最后就是把这个数组写入 Excel 文件
  let title = ['id','name','grade','class','chinese','math','english','computer']
//这是第一行
  await sheet.push(title) // 添加完列名，下面就是添加真正的内容了
  for(let rowIndex in data){ //
    let rowcontent = []  //声明每一行的数据
    rowcontent.push(data[rowIndex]._id) //注意下面与 title 里面的值的顺序对应
    rowcontent.push(data[rowIndex].name)
    rowcontent.push(data[rowIndex].grade)
    rowcontent.push(data[rowIndex].class)
    rowcontent.push(data[rowIndex].chinese)
    rowcontent.push(data[rowIndex].math)
    rowcontent.push(data[rowIndex].english)
    rowcontent.push(data[rowIndex].computer)
    await sheet.push(rowcontent) //将每一行的字段添加到 rowcontent 里面
  }
  const buffer = await xlsx.build([{name: "school", data: sheet}])
  return await cloud.uploadFile({
    cloudPath: 'school.xlsx',
    fileContent: buffer,
  })
}
```

对上述代码有以下几点说明。

- node-excel 云函数先将数据库里面的数据取出来。大家也可以根据自己的需要对数据进行筛选，云函数每次最多可以筛选 1000 条数据。如果超过 1000 条，需要再遍历处理。
- dataList.data 是数组，里面的格式是键值对，可以使用 dataList.data[index].key 的方式取出相应的 value，这种方式也支持嵌套子文档，例如 dataList.data[index].key.subkey 表示取出嵌套子文档里面的值。
- 云函数是先将 Excel 文件每一行的字段值（相当于 Excel 的每一个单元格的数据）使用数组的 push() 方法处理成一行数据，再将每一行的数组使用 push() 方法处理成一个表格，然后将表格写成 Excel Buffer 文件，最后将文件上传到云存储。

### 10.4.3 导入更多数据的方法

在 10.4.1 节已经了解到，要将 Excel 里面的数据导入数据库，可以将数据库新增请求 add() 放在循环里，但这种做法是非常低效的。即使是将云函数的超时时间设置为 60 s，仍然只能导入少量的数据。如果需要经常往数据库里导入数据，应该如何处理呢？答案是使用内嵌子文档的设计。

数据库的请求 add() 是往数据库里一条一条地增加记录，有多少条就会请求多少次，数据库的请求非常耗时、耗资源、耗性能，而且数据量比较大时成功率也很难把控。但是如果把要添加的所有数据作为一个数组添加到某个字段的值里时，只需要执行一次数据库请求的操作即可，例如某个集合可以设计为：

```
{
  school:[{...//几百个学生的数据
  }]
}
```

由于 school 是记录里的某个字段的值，因此可以使用更新操作符。使用 push 操作符往数组里添加数据，能大大提高数据导入的效率：

```
db.collection('school').doc(id).update({
  data: {
    school: _.push([数组])
  }
})
```

### 10.4.4 将 Excel 文件转成 json 文件

将 Excel 文件导入云开发的数据库，数据量大的时候会出现一些问题。可以将 Excel 文件转成 csv 文件，让 csv 文件的第一行为字段名（需要是英文），然后使用以下代码将 csv 文件转成 json 文件，下面是具体操作步骤。

（1）安装 Node.js 环境，然后使用 Visual Studio Code 新建 csv2json.js 文件，将下面的代码复制进来。

（2）在 Visual Studio Code 的资源管理器里右击 csv2json.js，选择"在外部终端窗口中打开"，然后执行命令 npm install csvtojson replace-in-file。

（3）把要转化的 csv 文件和 csv2json.js 文件放在同一个目录，这里换成你的文件即可，也就是将下面的 school.csv 换成你的 csv 文件。

（4）后面的代码无修改，然后打开 Visual Studio Code 终端，输入 node csv2json.js 并执行，会生成两个文件。一个是 json 文件，一个是可以导入云开发的数据库的 data.json。

```javascript
//用 Visual Studio Code 打开文件之后，执行上述操作步骤（2）
const csv=require('csvtojson')
const replace = require('replace-in-file');
const fs = require('fs')

const csvFilePath='school.csv' //把要转化的 csv 文件放在同一个目录，执行操作步骤（3）
//打开 Visual Studio Code 终端，执行操作步骤（4）
csv()
.fromFile(csvFilePath)
.then((jsonObj)=>{
  // console.log(jsonObj);
  var jsonContent = JSON.stringify(jsonObj);
  console.log(jsonContent);
  fs.writeFile("output.json", jsonContent, 'utf8', function (err) {
    if (err) {
      console.log("保存 json 文件出错.");
      return console.log(err);
    }

    console.log("json 文件已经被保存为 output.json.");
    fs.readFile('output.json', 'utf8', function (err,data) {
      if (err) {
        return console.log(err);
      }
      var result = data.replace(/}/,/g, '}\n').replace(/\[/,'').replace(/\]/,'')
      fs.writeFile('data.json', result, 'utf8', function (err) {
        if (err) return console.log(err);
      });
    });
  });
})
```

> **提示** 以上是一个脚本文件，是在本地运行的，不是在云函数端运行的。该脚本文件只是将 Excel 文件转成云数据库所需要的 JSON 格式，实用性其实并没有非常大。

## 10.5　HTTP 请求处理

在小程序端可以使用 wx.request() 与第三方 API 服务进行数据交互，那云函数除了可以直接给小程序端提供数据，能不能从第三方服务器获取数据呢？答案是肯定的，而且在云函数中使用 HTTP 请求访问第三方服务可以不受域名限制，既不需要像小程序端一样，要将域名添加到 request 合法域名里，也不受 HTTP 和 HTTPS 的限制。没有域名只有 IP 地址是可以的，所以云函数可以应用的场景非常多。它既能方便地调用第三方服务，也能够充当功能复杂的完整应用的后端。不过需要注意的是，云函数是部署在云端，有些局域网等终端通信的业务只能在小程序里进行。

> **提示**　Node.js 流行的 HTTP 库比较多，如 got、superagent、request、axios、request-promise、fech 等。推荐大家使用 axios，axios 是一个基于 promise 的 HTTP 库，可以在浏览器和 Node.js 环境中使用，下面也会以 axios 为例。

### 10.5.1　get() 请求

使用开发者工具创建一个云函数（如 axios()），然后在 package.json 增加 axios 最新版（latest）的依赖并用 npm install 安装：

```
"dependencies": {
  "wx-server-sdk":"latest",
  "axios": "latest"
}
```

然后在 index.js 里添加以下代码，在 8.1 节里，在小程序端调用过知乎日报的 API，下面还以知乎日报的 API 为例：

```
const cloud = require('wx-server-sdk')
cloud.init({
  env: cloud.DYNAMIC_CURRENT_ENV,
})
const axios = require('axios')
exports.main = async (event, context) => {
  const url = "https://news-at.zhihu.com/api/4/news/latest"
  try {
    const res = await axios.get(url)
    //const util = require('util')
    //console.log(util.inspect(res,{depth:null}))
    return res.data;
  } catch (e) {
    console.error(e);
  }
}
```

在小程序端调用 axios 云函数，就能返回从知乎日报里获取的最新文章和热门文章。云函数端获取知乎日报的数据不需要添加域名校验，比小程序端的 wx.request()方便很多。

注意，在上面的案例中，返回的不是整个 res（response 对象），而是 res 对象里的 data。直接返回整个 res 对象，会出现"Converting circular structure to JSON"错误。如果你想返回整个 res 对象，可以取消上面代码里面的注释。Node.js 的 util.inspect(object,[showHidden],[depth], [colors])是将任意对象转换为字符串的方法，通常用于调试和错误输出。

上述代码中 URL 的值是知乎日报的 API，可以返回 JSON 格式的数据，所以可以直接使用 axios.get()，axios 还可以用于爬取网页。例如，下面的代码爬取百度首页，并返回首页里的 <title></title>里的内容（也就是网页的标题）：

```
const cloud = require('wx-server-sdk')
cloud.init({
  env: cloud.DYNAMIC_CURRENT_ENV,
})
const axios = require('axios')
exports.main = async (event, context) => {
  try {
    const res = await axios.get("https://baidu.com")
    const htmlString = res.data
    return htmlString.match(/<title[^>]*>([^<]+)<\/title>/)[1]
  } catch (e) {
    console.error(e);
  }
}
```

> **提示** 如果想使用云函数作为爬虫后台抓取网页数据，可以使用 cheerio 和 puppeteer 等第三方开源依赖，这里就不多介绍。

## 10.5.2 post()请求

可以在云函数端发起 post()请求：

```
const now = new Date(); //在云函数格式是时间时，注意修改云函数的时区，方法在 10.3.1 节里有
详细介绍
const month = now.getMonth()+1 //月份值需要加 1
const day = now.getDate()
const key = "" //你的聚合 key
const url ="http://api.juheapi.com/japi/toh"

const cloud = require('wx-server-sdk')
cloud.init({
  env: cloud.DYNAMIC_CURRENT_ENV,
})
const axios = require('axios')
```

```
exports.main = async (event, context) => {
  try {
    const res = await axios.post(url,{
      key:key,
      v:1.0,
      month:month,
      day:day
    })
    // const res = await axios.post(`url?key=${key}&v=1.0&month=${month}&day=${day}`)
    return res
  } catch (e) {
    console.error(e);
  }
}
```

## 10.5.3 使用 axios 下载文件

要使用 axios 下载文件，需要将 axios 的 responseType 由默认的 json 修改为 stream，然后将下载好的文件上传到云存储里。也可以将下载好的文件写入云函数临时的 tmp 文件夹里，用于更加复杂的操作：

```
const cloud = require('wx-server-sdk')
cloud.init({
  env: cloud.DYNAMIC_CURRENT_ENV,
})
const axios = require('axios')
//const fs = require('fs');
exports.main = async (event, context) => {
  try {
    const  url = 'https://tcb-1251009918.cos.ap-guangzhou.myqcloud.com/weapp.jpg';
    const res = await axios.get(url,{
      responseType: 'stream'
    })

    const buffer = res.data
    //还可以将下载好的图片保存在云函数的临时文件夹里
    // const fileStream = await fs.createReadStream('/tmp/axiosimg.jpg')
    return await cloud.uploadFile({
      cloudPath: 'axiosimg.jpg',
      fileContent: buffer,
    })
  } catch (e) {
    console.error(e);
  }
}
```

# 10.6　云函数路由 tcb-router

tcb-router 是基于 Node.js koa 风格的云开发云函数轻量级的类路由库，可以用于优化前端（小程序端）调用服务端的云函数时的处理逻辑。使用 tcb-router 可以在一个云函数里集成多个功能相似的云函数（如针对某个集合的增删改查），也可以把后端的一些零散功能集成到一个云函数里，便于集中管理。

## 10.6.1　tcb-router 快速入门

在小程序端使用 wx.cloud. callFunction()调用云函数时，需要在 name 里传入要调用的云函数的名称，以及在 data 里传入要调用的路由的路径，并在云函数端使用 app.router 来写对应的路由的处理函数。

使用开发者工具创建一个云函数（如 router()），然后在 package.json 增加 tcb-router 最新版 latest 的依赖并用 npm install 安装：

```
"dependencies": {
  "wx-server-sdk":"latest",
  "tcb-router": "latest"
}
```

然后在 index.js 里添加以下代码。其中 app.use 表示该中间件适用于所有的路由，而 app.router('user')则适用于路由为字符串'user'的中间件，ctx.body 里的对象为返回到小程序端的数据，要通过 return app.serve()返回：

```
const cloud = require('wx-server-sdk')
cloud.init({
  env: cloud.DYNAMIC_CURRENT_ENV,
})
const TcbRouter = require('tcb-router');
exports.main = async (event, context) => {
  const app = new TcbRouter({event})
  const {OPENID} = cloud.getWXContext()

  app.use(async (ctx, next) => {//适用于所有的路由
    ctx.data = {} //声明 data 为一个对象
    await next();
  })

  app.router('user',async (ctx, next)=>{//路由为 user
    ctx.data.openId = OPENID
    ctx.data.name = '李东 bbsky'
    ctx.data.interest = ["爬山","旅游","读书"]
```

```
        ctx.body ={ //返回到小程序端的数据
          "openid":ctx.data.openId,
          "姓名":ctx.data.name,
          "兴趣":ctx.data.interest
        }
    })
    return app.serve()
}
```

在小程序端，用事件处理函数或者生命周期函数来调用创建好的 router()云函数，就能在 res 对象里获取云函数 router()返回的 ctx.body 里的对象：

```
wx.cloud.callFunction({
  name: 'router',
  data: {
    $url: "user", //路由为字符串 user，注意属性为 $url
  }
}).then(res => {
    console.log(res)
})
```

## 10.6.2　tcb-router 管理数据库的增删改查

使用 tcb-router 还可以管理数据库的集合，可以把一个集合（也可以是多个集合）的 add()、remove()、update()、get()等操作集成到一个云函数里。在 router()云函数里添加以下代码：

```
const cloud = require('wx-server-sdk')
cloud.init({
  env: cloud.DYNAMIC_CURRENT_ENV,
})
const TcbRouter = require('tcb-router');
const db = cloud.database()
const _ = db.command
const $ = db.command.aggregate
exports.main = async (event, context) => {
  const collection= "" //数据库的名称
  const app = new TcbRouter({event})
  const {adddata,deleteid,updatedata,querydata,updateid,updatequery} = event
  app.use(async (ctx, next) => {
    ctx.data = {}
    await next();
  });

  app.router('add',async (ctx, next)=>{
    const addresult = await db.collection(collection).add({
      data:adddata
    })
    ctx.data.addresult = addresult
    ctx.body = {"添加记录的返回结果":ctx.data.addresult}
```

```
    })

    app.router('delete',async(ctx,next)=>{
      const deleteresult = await db.collection(collection).where({
        id:deleteid
      }).remove()
      ctx.data.deleteresult = deleteresult
      ctx.body = {"删除记录的返回结果":ctx.data.deleteresult}
    })

    app.router('update',async(ctx,next)=>{
      const getdata = await db.collection(collection).where({
        id:updateid
      }).update({
        data:updatedata
      })
      ctx.data.getresult = getdata
      ctx.body = {"更新记录的返回结果":ctx.data.getresult}
    })

    app.router('get',async(ctx,next)=>{
      const getdata = await db.collection(collection).where(querydata).get()
      ctx.data.getresult = getdata
      ctx.body = {"查询记录的返回结果":ctx.data.getresult}
    })
    return app.serve();
}
```

然后在小程序端相应的事件处理函数里使用 wx.cloud.callFunction()传入相应的云函数、相应的路由$url 以及对应的 data 值即可：

```
//新增一条记录
wx.cloud.callFunction({
  name: 'router',//router()云函数
  data: {
  $url: "add",
  adddata:{
    id:"202006031020",
    title:"云数据库的最佳实践",
    content:"<p>文章的富文本内容</p>",
    createTime:Date.now()
    }
  }
}).then(res => {
  console.log(res)
})

//删除一条记录
wx.cloud.callFunction({
  name: 'router',
```

```
  data: {
    $url:"delete",
    deleteid:"202006031020"
  }
}).then(res => {
  console.log(res)
})

//查询记录
wx.cloud.callFunction({
  name: 'router',
  data: {
    $url:"get",
    querydata:{
      id:"202006031020",
    }
  }
}).then(res => {
  console.log(res)
})
```

关于 tcb-router 更多进阶用法，可以查看 tcb-router 在 GitHub 上的技术文档。下面是使用 tcb-router 时的一些说明。

- 通常情况下，不建议大家使用一个云函数来调用其他云函数。这种做法会导致云函数的执行时间增加，而且会耗费云函数的资源，可以使用 tcb-router 来处理需要跨云函数调用的情况。

- 值得注意的是，tcb-router 会把所有云函数集成在一个云函数里，建议不要把对并发有比较高要求的云函数放到一个 tcb-router 里面。每个云函数的并发数上限为 1000（每秒可以处理十万级别的请求），但是如果把大量不同的云函数都集成到一个云函数里面，这些云函数都会共享这 1000 个并发数，而且一些耗时比较长的云函数会严重"拖性能后腿"，所以要注意根据情况来抉择是否使用 tcb-router。

- 云函数有冷启动时间（例如，10 分钟以上没人调用这个云函数，再次调用这个云函数就会比较慢），把多个功能相似、并发不会特别高（低于每秒几千）的云函数使用 tcb-router 集成到一个云函数里，这样就可以减小冷启动的概率了。

# 第 11 章

# 云数据库的高阶用法

云开发的数据库是文档数据库，相比于关系数据库（如 MySQL），目前还没有一个类似于 phpMyAdmin、MySQL Workbench 等的可视化工具可以很方便地对数据进行可视化管理，那应该如何进行管理呢？相比于关系数据库，云开发数据库有哪些特点？它又有哪些优势？在使用过程中应该注意什么？它的数据模型应该如何设计？本章会对这些问题进行比较详细的阐述。

## 11.1 数据库的管理

在日常开发时可以使用数据库的高级操作（脚本）来对云开发数据库进行高效管理，云开发数据库也支持多种访问方式以及大多数数据库都必不可少的回档备份。

### 11.1.1 控制台数据库高级操作

在云开发控制台的数据库管理页中可以编写和运行数据库脚本，脚本可对数据库进行增删查改以及聚合的操作，语法与之前的 API 语法相似。通过数据库脚本的操作可以弥补云开发控制台可视化操作的不足。

数据库脚本已经有了以下全局变量，这样就可以直接在数据库脚本里使用 db、操作符_和聚合$了：

```
const db = wx.cloud.database()
const _ = db.command
const $ = db.command.aggregate
```

数据库脚本还支持表 11-1 所示的调用表达式。

表 11-1    数据库脚本的调用表达式

| 功能 | 支持性 | 表达式示例 |
|---|---|---|
| 获取属性 | 支持获取对象的合法属性，对象（如 db、_）、合法属性（如 db 的 collection 属性） | db.collection |
| 函数调用 | 支持 | db.collection() |
| new | 支持 | new db.Geo.Point(113, 23) |

续表

| 功能 | 支持性 | 表达式示例 |
|------|--------|-----------|
| 变量声明 | 支持变量声明，同时支持对象解构器的声明方式 | const Geo = db.Geo<br>const { Point } = db.Geo |
| 对象声明 | 支持 | const obj = { age: _.gt(10) } |
| 常量声明 | 支持 | const max = 10 |
| 负数 | 支持 | const min = -5 |
| 注释 | 支持 | // comment<br>/* comment */ |
| 其他 | 不支持 | |

## 11.1.2 数据库脚本的实际应用

云开发控制台的数据可视化管理和高级操作还可以实现很多类似于关系数据库 GUI 管理工具的功能，毕竟 GUI 管理的背后就是数据库的脚本操作，更多功能大家可以自己多探索，下面只简单介绍一些例子。

### 1. 批量删除一个集合内的多条记录

在开发的过程中，一个集合内可能有几百条甚至几千条记录需要全部删除，但是不想删掉该集合再重建，应该如何做呢？云开发控制台的可视化操作目前无法做到批量删除一个集合内的多条记录，但是可以通过控制台数据库高级操作的脚本来轻松进行批量删除，而且可以创建一个脚本模板，通过直接单击执行脚本模板即可实现长期复用。例如，要删除集合为 school 的所有记录：

```
db.collection('school')
  .where({
     _id: _.exists(true)
  })
  .remove()
```

由于 remove()请求只支持通过匹配 where()语句来删除，可以在 where()里设置一个只要存在_id 就删除的条件。由于基本每个记录都有_id，因此记录就能都被删除了。

### 2. 如何给集合内所有记录都新增一个字段

假设一个集合内有多条记录，由于数据库初期设计的问题，现在想给所有记录新增一个字段，像关系数据库和 Excel 一样进行新增一列的类似操作，应该怎么做呢？同样也可以通过控制台数据库高级操作的脚本。例如，想给 school 集合内的所有记录都新增一个 updateTime 字段，可以查询需要新增字段的记录，然后使用 update()请求，当记录内没有 updateTime 字段时即可新增：

```
const serverDate = db.serverDate
db.collection('school')
  .where({
    _id: _.exists(true)
  })
  .update({
    data: {
      updateTime: serverDate(),
    }
  })
```

### 3. 如何让记录按照自己预想的方式来排序

在小程序端批量上传了图片、文章，但是发现它们的显示顺序并不是按照上传顺序来进行排序，而有不少功能却非常依赖排序这个功能，应该怎么做呢？

批量上传或者按时间上传，记录的排序未按照上传的顺序排序是很正常的，查询到的数据的顺序一般也不会是控制台数据库显示的顺序，这也是非常正常的。如果对排序有需求，有两种处理方式：一种方式是在开发时就能设计好排序的字段，如想让文章按时间排序，就在小程序发表文章时设置一个字段来记录文章的发布时间；另一种方式是通过手动加字段自定义顺序，如轮播的顺序、文章置顶或调整顺序，若还没有开发相关功能，可以使用控制台来自定义。

### 4. 如何新增多条数据

使用数据库脚本可以实现一次性增加多条数据，但是用云函数无法实现一次增加多条数据到集合里。在语法上，这两者的差异在于，数据库脚本的 data 支持数组，而 API db.collection("").add({data:{}})里的 data 目前只支持对象：

```
db.collection('school')
  .add({
    data: [
      {
        "_id":"202003041020001",
        "name":"小明",
        "class":"四班",
        "grade":初三,
        "chinese":75,
        "math":90,
        "english":69,
        "computer":87,
      },
      {
        "_id":"202003041020002",
        "name":"小花",
```

```
            "class":"二班",
            "grade":初一,
            "chinese":83,
            "math":94,
            "english":79,
            "computer":86,
        }
    ]
})
```

## 11.1.3　数据库的导入/导出

可以使用云开发控制台以及腾讯云云开发网页控制台对数据库里面的数据进行导入/导出，在第 10 章中也介绍过如何使用云函数的后端功能对数据进行导入/导出。除此之外，还可以用本节中介绍的方法。

### 1. cloudbase-manager-node

当有很多图片、文件批量导入了云存储，想要批量获取这些图片、文件的 File ID，应该怎么做呢？如果数据库有几十个集合，数据库经常需要备份，每次都要一个个导出非常麻烦，有没有好的方法呢？要满足类似的需求，可以使用 cloudbase-manager-node。它的功能非常强大，它有比@cloudbase/node-sdk 更加丰富的接口。当然这些功能都需要开发人员结合接口进行一定的开发。

例如，想批量获取云存储文件的 File ID，可以使用 listDirectoryFiles(cloudPath:string):Promise<IListFileInfo[]>列出文件夹下所有文件的名称，也可以使用 downloadDirectory(options):Promise<void>下载文件夹。又如，想对所有集合的数据进行备份，可以使用 listCollections(options:object):object 获取所有集合的名称，然后使用 export(collectionName:string, file:object, options:object):object 接口将所有记录导出到指定的 json 或 csv 文件里。具体如何使用会在后面介绍。

如果想要将云存储里面的文件或文件夹下载备份，将本地计算机的文件或文件夹批量上传到云存储，可以使用 CloudBase CLI 工具。

### 2. HTTP API 中的数据库接口

HTTP API 是一种非常通用的数据库导入/导出方式，无论是哪个平台、哪种语法都可以使用 HTTP API 对云开发资源里的数据进行导入/导出，这里就不具体介绍代码细节了，可以使用以下接口实现导入：

```
POST https://api.weixin.qq.com/tcb/databasemigrateimport?access_token=ACCESS_TOKEN
```

可以使用以下接口进行导出：

```
POST https://api.weixin.qq.com/tcb/databasemigrateexport?access_token=ACCESS_TOKEN
```

### 11.1.4 使用回档进行数据备份

云开发提供了数据库回档功能，系统会自动开启数据库备份，并于每日凌晨自动进行一次数据备份，最长可保存 7 天。开发者可以在数据库操作错误或者出现其他情况时，在云开发控制台上通过新建回档任务将集合回档（还原）至指定时间点，实现部分数据找回，保证数据的安全。

回档期间，数据库的数据访问不受影响。回档完成后，开发者可在集合列表中看到原有数据库集合和回档后的集合。这样之前的数据就可以找回来了，还可以与已有集合里的数据进行比对。回档完成后，开发者可以根据情况，在集合列表中选择对应集合，右击后在弹出的菜单中选择"重命名"，看是否启用回档后的数据。

## ⌈ 11.2 安全规则 ⌋

安全规则是一个可以灵活地自定义数据库和云存储读写权限的权限控制方式。通过配置安全规则，开发者可以在小程序端、网页端精细化地控制云存储和集合中所有记录的增删改查权限，自动拒绝前端不符合安全规则的数据库与云存储请求，保障数据和文件安全。

### 11.2.1 {openid}变量

在 5.2.1 节中建议开发者使用安全规则取代简易权限控制。当使用安全规则之后，有一个重要的核心——{openid}变量，它无论在小程序端查询，还是 Web 端查询都是必不可少的（也就是说云函数、云开发控制台不受安全规则控制）。

#### 1. 查询写入都需明确指定 Open ID

{openid}变量在小程序端使用时无须先通过云函数获取用户的 Open ID，直接使用'{openid}'即可，而在查询时需要显式传入 Open ID。使用简易权限控制时不需要这么做，是因为查询时会默认给查询加上一条_openid 必须等于用户 Open ID 的条件。但是使用安全规则之后，就没有这个默认的查询条件了。

例如，在查询 collection 时，在 where()里面添加以下条件，{openid}变量就会附带当前用户的 openid：

```
db.collection('school').where({
  _openid: '{openid}', //安全规则里有 auth.openid 时都需要添加
})
```

更新、删除等数据库的写入请求也都需要在 where()里添加'_openid:'{openid}'（使用安全规

则后，在小程序端也可以进行批量更新和删除）：

```
db.collection('goods').where({
  _openid: '{openid}',
  category: 'mobile'
}).update({ //批量更新
  data:{
    price: _.inc(1)
  }
})
```

**提示**　开启安全规则之后，都需要在 where() 的查询条件里指定 _openid: '{openid}'，这是因为大多数安全规则里都有 auth.openid（也就是对用户的身份有要求），where() 的查询条件为安全规则的子集，所以都需要添加。当然也可以根据自己的情况，如果安全规则不要求验证用户的身份，也可以不添加 _openid: '{openid}'。

### 2. doc 操作需转为 where 操作

在执行 doc 操作 db.collection(' school').doc(id) 时，没法传入 openid，应该怎么控制权限呢？这时候，可以把 doc 操作都转化为 where() 操作，在 where() 查询里指定 _id 的值，这样就只会查询到一条记录了：

```
db.collection(' school').where({
  _id: 'tcb20200501',  //条件里面加 _id
  _openid: '{openid}', //安全规则里有 auth.openid 时都需要添加
})
```

至于其他的 doc 操作，都需要转化为基于 collection 的 where() 操作。也就是说，以后不再使用 doc 操作 db.collection('school').doc(id) 了。其中 doc.update()、doc.get() 和 doc.remove() 可以用基于 collection 的 update()、get()、remove() 取代，doc.set 可以被更新操作符 _.set 取代。当然安全规则只适用于前端（小程序端或 Web 端），后端不受安全规则的权限限制。

### 3. 嵌套数组对象里的 Open ID

用户在使用简易权限控制从小程序端往数据库里写入数据时，都会给记录 doc 里添加一个 _openid 的字段来记录用户的 Open ID，使用安全规则之后同样也是如此。在创建记录时，可以把 {openid} 变量赋值给非 _openid 的字段或者写入嵌套数组里，后台写入记录时发现该字符串会自动替换为小程序用户的 Open ID：

```
db.collection('posts').add({
  data:{
    books:[{
      title:"云开发快速入门",
      author:'{openid}'
    },{
```

```
        title:"数据库入门与实战",
        author:'{openid}'
      }]
    }
  })
```

以往要进行 Open ID 的写入操作时需要先通过云函数返回用户 Open ID，使用安全规则之后，直接使用{openid}变量即可。不过该方法仅支持 add()添加一条记录时，不支持 update()的方式。

## 11.2.2 安全规则的写法

使用安全规则之后，可以在控制台（开发者工具和网页）对每个集合以及云存储的文件夹分别配置安全规则（也就是自定义权限）。配置文件的格式是 json，仍然严格遵循 json 配置文件的写法（例如数组的最后一项后面不能有逗号、配置文件里不能有注释等）。

### 1. 粒度更细的增删改查

先来看简易权限控制中所有人可读、仅创建者可写、仅创建者可读写、所有用户可读、所有用户不可读写所对应的安全规则的写法。这个 json 配置文件的 key 表示操作类型，value 是一个表达式，也是一个条件，解析为 true 时表示相应的操作符合安全规则。

```
// 所有人可读，仅创建者可读写
{
  "read": true,
  "write": "doc._openid == auth.openid"
}

//仅创建者可读写
{
  "read": "doc._openid == auth.openid",
  "write": "doc._openid == auth.openid"
}

//所有人可读
{
  "read": true,
  "write": false
}

//所有用户不可读写
{
  "read": false,
  "write": false
}
```

简易权限控制只有 read（读）与 write（写），而使用安全规则之后，支持的权限操作除了有读与写外，还将写权限细分为 create（新建）、update（更新）、delete（删除）。也就是既可以只使用写，也可以细分为增、改、删。例如，下面的案例表示权限为所有人可读，创建者可写可更新，但是不能删除：

```
"read": true,
"create":"auth.openid == doc._openid",
"update":"auth.openid == doc._openid",
"delete":false
```

操作类型无外乎增删改查，不过安全规则的 value 是条件表达式，写法很多，这样安全规则也就更加灵活。值得一提的是，如果不给 read 或者 write 赋值，它们的默认值为 false。

### 2．所有用户可读可写的应用

安全规则还可以配置所有用户可读可写的权限，也就是如下的写法，让所有登录用户（用户登录之后才有 Open ID，即 Open ID 不为空）可以对数据进行读写：

```
{
  "read": "auth.openid != null",
  "write": "auth.openid != null"
}
```

> **提示**　在小程序端，可以把数据库集合的安全规则操作 read 和 write 都赋值为 true，即所有人可读可写。因为只要用户开启了云开发的小程序，就会免鉴权获取 Open ID，但是上面安全规则的写法通用于云存储、网页端。

让所有用户可读可写集合里的数据在很多方面都有应用，尤其是希望有其他用户可以对嵌套数组和嵌套对象里的字段进行更新时。例如，集合 posts 存储的是所有资讯文章，我们会把文章的评论嵌套在集合里。

```
{
  _id:"tcb20200503112",
  _openid:"用户 A", //用户 A 既是用户也是作者
  title:"云开发安全规则的使用经验总结",
  stars:223,
  comments:[{
    _openid:"用户 B",
    comment:"好文章，作者有心了",
  }]
}
```

当用户 A 发表文章时，会创建一条记录，如果用户 B 希望可以评论（往数组 comments 里更新数据）、点赞文章（使用 inc 原子更新 stars 的值），就需要对用户创建的记录可读可写（至少是可以更新），这在简易权限控制是无法做到的（只能使用云函数来操作）。有了安全规则之后，一条记录就可以被多个人同时维护，这样的场景在云开发数据库里比较常见（因为涉及嵌套数组、嵌套对象）。

**提示** 安全规则与where()查询里的条件是相互配合的,但是两者之间又有一定的区别。所有安全规则的语句指向的都是符合条件的文档记录,而不是集合。使用了安全规则的where()查询会先对文档进行安全规则的匹配(例如,小程序端使用where()查询不到记录,就会出现"errCode: -502003 database permission denied | errMsg: Permission denied"错误),然后进行条件匹配(例如,安全规则设置为所有人可读时,当没有符合条件的结果时,会显示查询的结果为0)。要注意无权查询和查询结果为0的区别。

### 3. 全局变量

要明白安全规则写法的含义,还需要了解一些全局变量。例如,前面提及的auth.openid表示登录用户的Open ID,而doc._openid表示当前记录的_openid字段,当用户的Open ID与当前记录的_openid值相同时,就对该记录有操作权限。全局变量还有now(当前时间戳)和resource(云存储相关)。安全规则的全局变量如表11-2所示。

表11-2 安全规则的全局变量

| 变量 | 类型 | 说明 |
| --- | --- | --- |
| auth | object | 用户登录信息,auth.openid 也就是用户的 Open ID,如果是在 Web 端它还有 loginType 登录方式、uid 等值 |
| doc | object | 表示当前记录的内容,用于匹配记录内容/查询条件 |
| now | number | 当前时间的时间戳,也就是以从计时原点开始计算的毫秒数 |
| resource | object | resource.openid 为云存储文件私有归属标识,标记所有者的 Open ID |

安全规则的表达式还支持运算符,如==(等于)、!=(不等于)、>(大于)、>=(大于等于)、<(小于)、<=(小于等于)、&&(与)、||(或)等。

## 11.2.3 身份验证

全局变量auth与doc、resource的组合使用可以让登录用户的权限依赖于记录的某个字段,auth表示的是登录用户,而doc、resource与云开发环境的资源相关,使用安全规则之后用户与数据库、云存储之间就有了联系。resource只有resource.openid,而doc不只有_openid,还可以有很多个字段,这就让数据库的权限有了很大的灵活性,因此后面更多是以doc全局变量为例。

### 1. 记录的创建者

auth.openid表示当前的登录用户的Open ID,记录doc里的Open ID可以让该记录与登录用户之间有紧密的联系,或者可以说让该记录有了身份的验证。一般来说,doc._openid表示该记录的创建者的Open ID,简易权限控制判断的是当前登录用户是否为该记录的创建者(或者为更加开放的权限)。

```
//登录用户为记录的创建者时，才有权限读
"read": "auth.openid == doc._openid",

//不允许记录的创建者删除记录（只允许其他人删除）
"delete": "auth.openid != doc._openid",
```

安全规则和 where()查询是配套使用的，如果指定记录的权限与创建者的 Open ID 有关，那么在前端的查询条件的范围就不能比安全规则的大（如果查询条件的范围比安全规则的范围大就会出现"database permission denied"）：

```
db.collection('集合id').where({
  _openid:'{openid}'   //有 doc._openid，因此查询条件里就需要有_openid 这个条件
  key:"value"
})
.get().then(res=>{
  console.log(res)
})
```

### 2. 指定记录的权限

指定记录的权限分两种情况，一种是把权限指定给某个人，另一种是把权限指定给某些人。下面就分别讲解一下。

（1）**把权限指定给某个人**。安全规则的身份验证不会局限于记录的创建者，登录用户的权限还可以依赖记录的其他字段，把记录的权限指定给某一个人（非记录的创建者）。例如，多个学生提交了作业之后，会由某一个老师审阅批改，老师需要有对该记录读写的权限。在处理时，可以在学生提交作业（创建记录 doc）时指定 teacher 的 Open ID，表示指定老师可以审阅批改，下面是文档的结构和安全规则示例：

```
//文档的结构
{
  _id:"handwork20201020",
  _openid:"学生的 openid", //学生为记录的创建者
  teacher:"老师的 openid" //该学生被指定的老师的 Open ID
}

//安全规则
{
  "read": "doc.teacher == auth.openid || doc._openid == auth.openid",
  "write": "doc.teacher == auth.openid || doc._openid == auth.openid",
}
```

让登录用户 auth.openid 依赖记录的其他字段，在功能表现上相当于给该记录指定了一个角色，如直属老师、批阅者、直接上级、任务的直接指派者等角色。

> **提示**　对于查询或更新操作，输入的 where()中的查询条件必须是安全规则的子集。例如，安全规则如果是 doc.teacher == auth.openid，而在 where()里没有 teacher:'{openid}'这样的条件，就会出现权限报错。

由于安全规则和where()查询需要配套使用，如果安全规则里有doc.teacher和doc._openid，在where()里就需要写安全规则的子集条件teacher:'{openid}'和_openid:'{openid}'。由于老师也是用户，可以传入如下条件让学生和老师共用一个数据库请求：

```
const db = wx.cloud.database()
const _ = db.command
  //一条记录可以同时被创建者(学生)和被创建者指定的角色(老师)读取
db.collection('集合id').where(_.or([
  {_openid:'{openid}' }, //与安全规则 doc._openid == auth.openid 对应
  {teacher:'{openid}' }  //与安全规则 doc.teacher == auth.openid 对应
]))
.get().then(res=>{
  console.log(res)
})
```

（2）**把权限指定给某些人**。上面的角色是一对一或多对一的指定，也可以是一对多的指定，即使用in或!(xx in [])运算符。下面是给一个记录指定多个角色（学生创建的记录，多个老师有权读写）：

```
//文档的结构
{
  _id:"handwork20201020",
  _openid:"学生的 openid", //学生为记录的创建者
  teacher:["老师 1 的 openid","老师 2 的 openid","老师 3 的 openid"]
}

//安全规则
{
  "read": "auth.openid in doc. teacher || doc._openid == auth.openid",
  "write": "auth.openid in doc.teacher || doc._openid == auth.openid",
}
```

需要再强调的是，前端（小程序端）的where()中的条件必须是安全规则的子集。例如，在小程序端针对老师进行如下查询（'{openid}'不支持查询操作符，需要后端获取）：

```
db.collection('集合id').where({
  _openid:'{openid}',
  teacher:_.elemMatch(_.eq('老师的 openid'))
}).get()
.then(res=>{
  console.log(res)
})
```

**提示** 前面实现了将记录的权限指定给某个人或某几个人，那如何将记录的权限指定给某类人呢？例如，打车软件的用户有司机、乘客、管理员、开发人员、运维人员、市场人员等，可以在数据库里新建一个字段来存储用户的类型，如{role:3}，用 1、2、3、4 等数字来标明用户的类型，或者用布尔类型如（{isManager:true}）来标明用户的类型。这个新增的字段可以在查询的集合文档里，也可以在一个单独的集合里（也就是存储权限的集合和要查询的集合是分离的，这需要使用 get() 函数跨集合查询）。

### 3．doc.auth 与文档的创建者

下面这个例子可以加深读者对安全规则的理解。例如，在记录里指定文档的 auth 为其他人的 Open ID，并配上与之相应的安全规则。即使当前用户就是该记录的创建者，并且记录有该创建者的_openid，用户也没有操作的权限。因为安全规则会对查询条件进行评估，只有符合安全规则，查询才会成功。不符合安全规则，查询就会失败。

```
//文档的结构，例如下面是一条记录
{
  _id:"handwork20201020",
  _openid:"创建者的 Open ID",
  auth:"指定的 auth 的 Open ID"
}

//安全规则
{
  "权限操作": "auth.openid == doc.auth" //权限操作为 read、write、update 等
}

//前端查询，如果不符合安全规则，即使是记录的创建者也没有权限
db.collection('集合 id').where({
  auth:'{openid}'
})
```

## 11.2.4　安全规则常用场景

简易权限控制不能在前端实现记录跨用户的写权限（含 update、create、delete），也就是说，记录只有创建者可写。因为文档数据库中的记录使用反范式化嵌套，所以可以承载的信息非常多。B 用户操作 A 用户创建的记录，尤其是使用更新操作符 update 更新字段以及内嵌字段的值，这样的场景是非常常见的。除此之外，仅安全规则可以实现前端对记录的批量更新和删除。

例如，可以把评论、收藏、点赞、转发、阅读量等信息内嵌到文章的集合里。以往在小程序端（只能通过云函数）不能让 B 用户对 A 用户创建的记录进行操作，如点赞、收藏、转发时用更新操作符 inc 更新次数，不能直接用更新操作符将评论通过 push 写入记录里：

```
{
  _id:"post20200515001",
  title:"云开发安全规则实战",
  star:221, //点赞数
  comments:[{      //评论和子评论
    content:"安全规则确实是非常好用",
    nickName:"小明",
    subcomment:[{
      content:"我也这么觉得",
      nickName:"小军",
    }]
```

```
    }],
    share:12, //转发数
    collect:15 //收藏数
    readNum:2335 //阅读量
}
```

开启安全规则，就可以直接在前端让 B 用户修改 A 用户创建的记录，这样用户阅读、点赞、评论、转发、收藏文章等时，就可以直接使用更新操作符对文章进行字段级别的更新：

```
"read":"auth.openid != null",
"update":"auth.openid != null"
```

这个安全规则相比于"所有人可读，仅创建者可读写"，开放了更新数据的权限。如果不使用安全规则，把更新数据的操作放在云函数里进行处理不仅处理速度慢，而且会消耗较多云函数的资源。

```
db.collection('post').where({
  _id:"post20200515001",
  openid:'{openid}'
}).update({
  data:{
    //更新操作符的应用
  }
})
```

## 11.2.5　数据验证 doc 的规则匹配

可以把访问权限的控制信息以字段的形式存储在数据库的集合文档里，而安全规则可以根据文档数据动态地允许或拒绝访问。也就是说，doc 的规则匹配可以让记录的权限动态依赖于记录的某一个字段的值。

doc 规则匹配的安全规则针对整个集合，而且要求集合里的所有记录都有相应的权限字段。只有在权限字段满足一定条件时，记录才能被增删改查，因此 doc 规则匹配是一个将集合的权限范围按照条件要求"收窄"的过程。where()查询的条件不能比安全规则规定的范围大（查询条件为安全规则子集），配置了安全规则的集合里的记录只有有权限和没有权限两种状态。

> **提示**　需要再强调的是使用 where()查询时要求查询条件是安全规则的子集。在进行 where()查询前会先解析规则与查询条件进行校验，如果 where()中的条件不是安全规则的子集就会出现权限报错。不能把安全规则看成一个筛选条件，它是一个保护记录数据安全的不可逾越的规则。

### 1. 记录的状态权限

doc 的规则匹配特别适合每个记录存在多个状态或每个记录都有一致的权限条件（要么全部是，要么全部否），而只有一个状态或满足条件才能被用户增删改查时的情形。例如，文件审批生效（之前存在审批没有生效的多个状态）、文章的发布状态为 public（之前为 private 或其他状态）、商品的上架（在上架前有多个状态）、文字图片内容的安全检测不违规（之前在进行后置校验）、消息是否撤回、文件是否删除等，由于每个记录都需要标记权限，因此只有符合条件的记录才有被增删改查的机会。

例如，资讯文章的字段如下，每个记录对应着一篇文章，status 存储着文章的多个状态。如果希望只有状态为 public 的文章才能被用户查阅到，可以使用安全规则"read": "doc.status=='public'"。而对于"软删除"，即文章假删除，被删除只是作为一个状态，文章还是在数据库里。

```
{
  _id:"post2020051314",
  title:"云开发发布新能力，支持微信支付云调用",
  status:"public"
},
{
  _id:"post2020051312",
  title:"云函数灰度能力上线",
  status:"edit"
},
{
  _id:"post2020051311",
  title:"云开发安全规则深度研究",
  status:"delete"
}
```

而在前端（小程序端）与之对应的数据库查询条件则必须为安全规则的子集。也就是说，安全规则不能作为查询的过滤条件。安全规则会对查询进行评估，如果查询不符合安全规则设置的约束（非子集），那么前端的查询请求没有权限读取文档：

```
db.collection('集合 id').where({
  status:"public"   //不能不写这个条件，而指望安全规则匹配筛选
}).get()
.then(res=>{
  console.log(res)
})
```

### 2. 记录禁止为空

有时候需要对某些记录有非常严格的要求——禁止为空，如果记录为空一律不予被前端增删改查。例如，已经上架的 shop 集合里的商品列表，有些核心数据（如价格、利润、库存等）不能为空，否则会给企业造成损失，相应的安全规则和查询条件如下：

```
//安全规则
{
  "权限操作": "doc.profit != null",
}
```

```
//权限操作，profit = 0.65 就是安全规则的子集
db.collection('shop').where({
  profit:_.eq(0.65)
})
```

### 3．记录的子集权限

安全规则记录的字段值不仅限于一个状态（字符串类型），而且可以是可以运算的范围值，如>、<、in 等。例如，商品的单价都是 100 元以上，管理员在后端（控制台、云函数等）把原本 190 元的价格写成了 19 元，或者失误把价格写成了负数。这种情况下对商品集合使用安全规则 doc.price > 100，前端将失去所有价格低于 100 元的商品的操作权限（包括查询）：

```
//安全规则
"操作权限":"doc.price > 100"

//相应的查询
db.collection('shop').where({
  price:_eq(125)
})
```

安全规则的全局变量 now 表示当前时间的时间戳，这让安全规则可以给权限的时间节点和权限的时效性设置一些规则，这里就不具体讲述了。

## 11.3 数据库的设计

在构建一个项目（应用程序）时，通常第一件事情就是设计数据库。和关系数据库将数据存储在由行和列组成的固定的表格里所不同的是，云开发数据库使用结构化的文档来存储数据，不再像关系数据库里每个行列交汇处都必须有且只有一个值，它可以是一个数组、一个对象，或者更加复杂的嵌套。

### 11.3.1 数据库的设计原则

数据库设计是多步骤的过程，首先要根据业务流程来了解和分析业务对数据的需求。然后使用 E-R 图进行概念设计，理清有哪些实体、实体有哪些属性以及实体与实体之间的关系。最后确定应该创建哪些集合、权限是什么、集合内有哪些记录、记录内有哪些字段、如何通过字段实现跨集合的关系联系等。

### 1．设计数据库需要预先思考哪些问题

实现云开发数据库之前，需要了解存储的数据的性质，以及如何存储和访问这些数据。这

需要预先做出决定，然后通过数据组织和页面数据交互来获得最佳性能。具体地说，你需要先预先思考如下问题。

- 页面交互需要使用哪些基本对象，时间、地址、价格、富文本、图片、商品属性等实际的信息在数据库里对应的是什么数据类型？
- 不同对象类型之间的关系是一对一、一对多还是多对多？如商品分类、详情页、评论页、购物车、会员信息、用户信息、配送地址等是怎么联系起来的？
- 云数据库添加新对象的频率有多高？集合里添加记录的频次是怎样的？往内嵌文档里添加字段的值的频率又是怎样的？修改记录以及记录里的字段的值的频率有多高？从数据库中删除记录或记录里的字段的频率有多高？
- 根据条件查询数据库的频率有多高？是查询记录列表还是查询记录里某个字段的值？你将打算通过什么方式查询记录或记录的值，是通过 ID、字段、条件还是通过其他方式？
- 创建的集合中哪个是最重要的？哪个会放在首页？哪个集合用户访问并发量会比较大？并发量大的集合应该怎么设计才能提升性能？
- 哪些操作对数据的一致性要求比较高，需要进行原子操作或事务操作？
- 哪个集合或哪个集合的记录的数量会增长比较快，数据量会比较大？
- 哪个集合或哪个集合的记录会随着业务的发展，对字段有很大的调整？

**2．功能的背后也是数据库的设计**

应用程序复杂业务功能的背后可能都是简单的数据，在设计数据库的时候要清楚地知道各种功能会执行什么样的数据库操作，集合与集合、集合与字段之间有着什么关系。

- 新闻应用一般都会有文章列表以及文章详情页这两个功能，文章列表强调查询的是符合条件的记录，而文章详情页则是单个记录下的字段，这两者之间有什么差异？
- 用户除了有个人信息还有角色（如读者与作者），读者与作者的角色是怎么体现的？管理员、编辑等人的角色呢？不同的角色在处理数据上又有哪些不同？
- 用户的点赞、收藏、评论等应该放到用户的集合里，还是放到文章的集合里，或是单独用一个集合来存储这些数据？选择这个方式的依据是什么？
- 前端通过表单增删改查数据在数据库里是怎么体现的？浏览页面、上拉/下滑、搜索、轮播、菜单等在数据库是怎么体现的？
- 文件上传、图片下载、地图数据获取、服务器时间等 API 是怎么与数据库结合的？

## 11.3.2　范式化与反范式化设计

范式化（normalization）设计是将数据像关系数据库一样分散到不同的集合里。不同的集合之间可以通过唯一的 ID 来相互引用数据，不过要引用这些数据往往需要进行多次查询或使用 lookup() 进行联表查询。

　　**反范式化**（denormalization）设计是将文档所需的数据都嵌入文档的内部。如果要更新数据，可能整个文档都要查出来，修改之后再存储到数据库里。如果没有更新操作符这种可以进行字段级别的更新，大文档要新增字段效率会比较低下。反观范式化设计，由于集合比较分散，也就比较小，更新数据时可以只更新一个相对较小的文档。

　　数据既可以内嵌（反范式化），也可以采用引用（范式化），这两种策略并没有优劣之分，也都有各自的优缺点，关键是要选择适合自己应用场景的方案。完全反范式化的设计（将文档所需的所有数据都嵌入一个文档里面）可以大大减少文档查询的次数。如果数据更新较频繁，那么范式化设计是一个比较好的选择；如果数据查询较频繁但不需要怎么更新，那就没有必要为了把数据分散到不同的集合而牺牲查询的效率，那么反范式化设计更好。对于复杂的应用（如博客系统、商城系统），只用一个集合（完全反范式化设计）会导致集合过大、冗余数据过多、数据写入效率低等问题，这时候就需要进行一定的范式化设计，也就是用更多的集合，而不是更大的集合存放数据。表 11-3 是反范式化内嵌与范式化引用的对比。

表 11-3　反范式化内嵌与范式化引用的对比

| 更适合内嵌 | 更适合引用 | 说明 |
|---|---|---|
| 内嵌文档最终会比较小 | 内嵌文档最终会比较大 | 一个记录的存储上限是 16 MB，业务会持续不断增长的数据不适合内嵌。例如，博客的文章数量会持续增长，因此不适合内嵌到记录里。博客的评论数量虽然也会增长，但是它的增长量有限，所以可以内嵌 |
| 记录不会改变 | 记录经常会改变 | 当新建一个记录之后，如果业务只需要更新记录里的字段或嵌套里的字段，而不是更新整个记录，可以用内嵌 |
| 最终数据一致即可 | 中间阶段的数据必须一致 | 内嵌会影响数据的一致性，但是大多数业务并不需要强一致。例如，把用户评论内嵌在文章集合里，用户更改头像后以前评论的头像不会马上更改，这不会有太大影响 |
| 文档数据小幅增加 | 文档数据大幅增加 | 如果业务需要大幅度更新记录里的值或者大幅新增记录，那么不适合用内嵌。例如，有大量用户下订单，用户的订单数据就不要内嵌，而应以记录的形式存在 |
| 数据通常需要二次查询才能获得 | 数据通常不包含在结果中 | 内嵌文档的可以通过一次查询就能获取到嵌套的数组和对象。例如，文章记录内嵌套评论，查询文章就能把该文章的评论全部获取到，减少了查询次数 |
| 需要快速查询 | 需要快速增删改 | 如果数据增删改等写入操作比较频繁，用嵌套数组和对象处理就会比较麻烦 |

　　内嵌文档模型如图 11-1 所示。

　　云开发数据库是非关系数据库，它的存储单位是文档，文档的字段可以嵌套数组和对象。这种内嵌的方式可把非关系数据库的表与表之间的关系嵌套在一个文档里，可减少需要跨集合操作的关联关系。

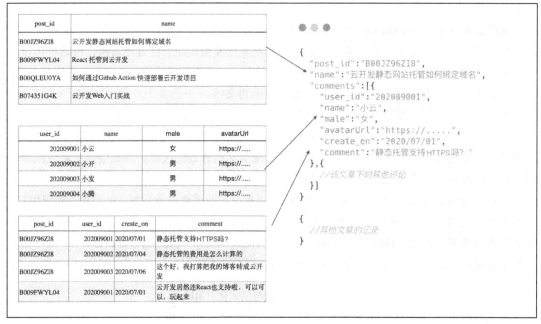

图 11-1　内嵌文档模型

## 11.3.3　内嵌文档

云开发数据库的一个文档里可以内嵌非常多的数据，甚至可以做到一个完整的应用只需一个集合。例如购物车系统如果使用关系数据库，通常需要建两张表来存储数据，一张表是存储所有用户信息的用户列表 User，另一张表是存储所有用户订单的订单列表 Order。但是云开发数据库可以将原本的多张表内嵌成一张表。

```
{
  "name": "小明",
  "age":27,
  "address":"深圳南山腾讯大厦",
  "orders": [{
    "item":"苹果",
    "price":15,
    "number":3
  },{
    "item":"火龙果",
    "price":18,
    "number":4
  }]
}
}
```

采用内嵌式的设计模型，当要查询一个用户的信息和他的所有订单时，只通过一次查询就能将用户的信息、所有的订单都获取到。而关系数据库需要先在 User 表里查用户的信息，再根据用户的 id 去查所有订单。

　　同样一篇文章会由多个用户评论产生多条评论数据，这些评论是只属于这一篇文章的，不存在评论既属于 A 文章，又属于 B 文章的情况。这时也可以采用反范式化设计，将与该文章相关的评论都嵌入文章记录里：

```
{
  "title": "为什么要学习云开发",
  "content": "云开发是腾讯云为移动开发者提供的一站式后端云服务",
  "comments": [{
    "name": "李东 bbsky",
    "created_on": "2020-03-21T10:01:22Z",
    "comment": "云开发是微信生态下的最推荐的后台技术解决方案"
  }, {
    "name": "小明",
    "created_on": "2020-03-21T11:01:22Z",
    "comment": "云开发学起来太简单啦"
  }]
}
```

　　在进入文章的详情页时，除了需要获取文章的信息，还需要一次性把评论都读取出来。这种需求反范式化内嵌文档就能做到，也就是通过一次查询获取所有需要的数据。但是如果文章都是当前的热点，经常会有几千条甚至几万条的评论，将所有的评论都内嵌到文章记录里可能会存在记录溢出（如超过 16 MB）、增删改查效率下降的情况。这时候就不适合用内嵌的方式，而是引用。

## 11.3.4　引用文档

　　有时候数据与数据之间的关系会比较复杂，不再是一对一或者一对多的关系。例如，共享协作时，一个用户可以发送 $m$ 个文档，而一个文档又有 $n$ 个作者（用户），这种 $m$ 对 $n$ 的复杂关系，使用内嵌文档就不那么好处理了。

　　试想一下，如果只创建一个用户表，把 A 用户所参与编辑的文档都内嵌到相应记录的字段里，B 用户的也是。如果 A、B 用户都参与编辑过同一个文档，那么一个文档就被内嵌到了两个用户的记录中了，如果这个文档有 $n$ 个用户，就会被重复内嵌 $n$ 次。如果只需要查用户编辑过哪些文档，这种方式就没有问题，但是如果要查一个文档被多少个用户编辑过，就比较困难了。如果文档更新比较频繁，那么操作起来就更加复杂了。这时内嵌文档显然不合适，应该采用范式化引用的设计。

　　例如，将用户存储到 user 集合里，将所有的文档存储到 files 集合里，user 集合与 files 集合会通过唯一的_id 来连接。user 集合主要存储用户的信息，把需要引用的 files 集合记录的_id 也存储到 user 集合里：

```
{
  "_id": "author10001",
  "name": "小云",
  "male":"female",
  "file": ["file200001","file200002","file200003"]
}
{
  "_id": "author10002",
  "name": "小开",
  "male":"male",
  "file": ["file200001","file200004"]
}
```

而 files 集合则存储所有文档的信息，在 files 集合里只需要有 user 集合引用的_id 即可：

```
{
  "_id": "file200001",
  "title": "云开发实战指南.pdf",
  "categories": "PDF 文档",
  "size":"16 MB"
}
{
  "_id": "file200002",
  "title": "云数据库性能优化.doc",
  "categories": "Word 文档",
  "size":"2 MB"
}
{
  "_id": "file200003",
  "title": "云开发入门指南.doc",
  "categories": "Word 文档",
  "size":"4 MB"
}
{
  "_id": "file200004",
  "title": "云函数实战.doc",
  "categories": "Word 文档",
  "size":"4 MB"
}
```

如果想一次性查询用户参与编辑了哪些文件以及相应的文件信息，可以在云函数端使用聚合的 lookup()联表查询，相当于将两个集合整合到一个集合里面了。

```
const cloud = require('wx-server-sdk')
cloud.init({
  env: cloud.DYNAMIC_CURRENT_ENV,
})
const db = cloud.database()
const _ = db.command
const $ = db.command.aggregate
exports.main = async (event, context) => {
```

```
const res = await db.collection('user').aggregate()
  .lookup({
    from: 'files',
    localField: 'file',
    foreignField: '_id',
    as: 'bookList',
  })
  .end()
return res
}
```

如果要修改某个指定文档的信息，直接根据 files 集合的_id 查询即可。文档更新一次，所有参与该文档修改的信息都会被更新，保证了文件内容的一致性。

> **提示**　值得一提的是，尽管将复杂的关系通过范式化设计把数据分散到了不同的集合，但是和关系数据库、Excel 一个字段作为一列还是不一样。我们仍然可以把关系不那么复杂的数据用数组、对象的方式内嵌。

如果每个用户参与编辑的文档特别多而每个文档参与共同编辑的用户又相对比较少，把 file 都内嵌到 user 集合里就比较耗资源了，这时候可以反过来，把用户的_id 嵌入 files 集合，所以数据库的设计与实际业务有着很大的关系。

```
//由于 file 数组过大，user 集合不再内嵌 file
{
  "_id": "author10001",
  "name": "小云",
  "male":"female",
}
//把用户的_id 嵌入 files 集合，相当于以文档为主，作者为辅
{
  "_id": "file200001",
  "title": "云开发实战指南.pdf",
  "categories": "PDF 文档",
  "size":"16 MB",
  "author":["author10001","author10002","author10003"]
}
```

> **提示**　再说明一下，跨表查询和联表查询是两码事。跨表查询是通过对集合与集合之间有关联的字段（意义相同的字段）进行多次查询来查找结果，而联表查询则是通过关联的字段将多个集合的数据整列整列地合并处理。如果不需要返回跨集合的整列数据，就不建议用联表查询，更不要尝试"联"多张表，能用跨表查询就用跨表查询。

## 11.3.5　数据库设计的注意事项

在进行数据库设计时需要注意和考虑的因素有很多，下面会介绍数据模式、预填充数据以及文档的增长等事项。

### 1. 数据模式

云开发数据库的数据模式比较灵活，关系数据库要求在插入数据之前必须先定义好一个表的模式结构，而云数据库的集合（collection）则并不限制记录（document）的结构。关系数据库对有什么字段、字段是什么类型、长度为多少等有限制，而云数据库既不需要预先定义字段，而且对字段的结构也没有限制，同一个集合的字段可以有很大的差异。

云开发数据库的数据模式的灵活性使对象和数据库文档之间的映射变得很容易，即使数据记录之间有很大的变化，每个文档也可以很好地映射到各条不同的记录。当然在实际使用中，同一个集合中的文档最好都有类似的结构（相同的字段和相同的内嵌文档结构），方便进行批量的增删改查以及聚合等操作。

随着应用程序使用时间的增长和需求变化，数据库的数据模式也需要相应地增长和改变。最简单的方式就是在原有的数据模式基础之上添加字段，这样就能保证数据库支持所有旧版的模式。例如，用户信息表由于业务需求要增加一些字段（如性别、年龄），在云数据库可以轻松添加。但是这会导致一些问题，比如以往收集的用户信息的性别、年龄字段是空的，而只有新添加的用户才有。如果业务的数据变动比较大，文档的数据模式也会存在由版本混乱引起的冲突。因此在数据库设计之初也是要思考数据模式设计的。

### 2. 预填充数据

如果已经知道未来要用到哪些字段，可以在第一次插入数据的时候就将这些字段预填充了，以后用到的时候就可以使用更新操作符进行字段级别的更新，而不用再给集合新增字段，效率就会高很多。

```
{
  "_id":"user20200001",
  "nickname": "小明",
  "age":27,
  "address":"",
  "school":[{
    "middle":""
  },{
    "college":""
  }]
}
```

例如，简历网站的用户信息表的 address、school，在用户登录的时候不是必填的，但是投递简历时这些信息就是必填的。如果没有预先设置这些字段，收集这些信息时就需要使用 doc 对文档进行记录级别的更新。

```
db.collection("user").doc("user20200001")
  .update({
    data:{
```

```
      "address":"深圳",
      "school":[{
        "middle":"华中一附中"
      },{
        "college":"清华大学"
      }]
    }
  })
```

如果预先设置了这些字段，就可以使用更新操作符进行字段级别的更新。当集合很大，修改的内容比较少时，使用更新操作符更新文档，数据库效率会大大提升。

```
db.collection("user").doc("user20200001")
  .update({
    data:{
      "address":_.set("深圳"),
      "school.0.middle":_.set("华中一附中"),
      "school.1.college":_.set("清华")
    }
  })
```

### 3. 文档的增长

采用内嵌文档这种反范式化设计在查询时是有很大的好处的，但是一些文档的更新操作，是在内嵌文档的数组里增加元素或者增加一个新字段，这类操作可能会导致内嵌文档过大。为了方便把评论内置到内嵌文档里，早期这样设计是没有问题的，但是如果评论长年累月地增加会导致内嵌文档过大，越往后新增的评论越会影响性能，而且云数据库中一个记录的大小上限是 16 MB。如果出现这种数据增长的情况，也会影响到反范式化的设计模式，那么可能要重新设计一下数据模型，在不同文档之间使用引用的方式而非内嵌的方式。

> **提示** 由于更新操作符不仅可以对数据进行字段级别的增删改操作，而且可以原子操作，因此它不仅性能优异还支持高并发。更值得一提的是，通过反范式化设计内嵌文档的方式，更新操作符的原子操作可以替代一部分事务的功能。

## 11.4 索引

数据库的索引与图书的索引/目录类似，有了索引就不需要翻整本书。数据库可以直接在索引中查找条目，在索引中找到条目之后，就可以直接跳转到目标文档的位置，这就能使查找速度提高几个数量级。不使用索引的查询称为全表扫描，也就是说，服务器可能查找完整个数据库才能找到查询结果。对于大集合来说，应该尽量避免全表扫描，否则效率非常低。建立索引是保证数据库性能、保证小程序体验的重要手段，可以为所有可能成为查询条件的字段建立索引。

## 11.4.1　索引的类型与管理

可以在云开发控制台"数据库"标签页为每个集合的字段添加索引、设置索引的属性为唯一或非唯一、排序方式为升序或降序等，也可以查看索引所占的空间和命中次数等。索引是一个文件，它是要占据物理空间的，因此不要添加过多索引浪费空间。命中次数可以用于判断索引是否有效。

### 1．_id 索引和_openid 索引

云开发数据库会给每个集合默认创建_id 索引和_openid 索引。_id 索引在进行 db.collection('集合名').doc("_id 值")的请求时就会命中。当在 where()里添加_opened 为查询条件，就会命中_openid 索引。在小程序端进行 db.collection('集合名')查询时，由于自带默认条件_openid 为用户的 Open ID，因此在小程序端查询都会命中_openid 索引。

### 2．单字段索引

单字段索引是最常见的索引，它不会自动创建。对需要作为查询条件筛选的字段，可以创建单字段索引。如果需要对嵌套字段进行索引，那么可以通过"点表示法"用点连接嵌套字段的名称。例如，需要对如下格式的记录中的 color 字段进行索引时，可以用 style.color 表示。在设置单字段索引时，指定排序为升序或降序都可以。

```
{
  "_id": '',
  "style": {
  "color": ''
  }
}
```

### 3．组合索引

组合索引即一个索引包含多个字段，组合索引在添加时要注意字段的顺序，顺序不同索引的效果也会不同。当查询条件使用的字段包含在索引定义的所有字段或前缀字段里时，会命中索引。

组合索引遵循最左前缀原则，例如，在 A、B、C 这 3 个字段定义组合索引(A, B, C)，查询条件 A、{A, B}、{A, C}、{A, B, C}都会命中组合索引，查询条件 B、C、{B, C}则不会命中组合索引。根据最左前缀原则，组合索引(A, B)和调换字段顺序的(B, A)效果是不一样的。当定义组合索引为(A, B)时，索引会先按 A 字段排序再按 B 字段排序。因此，当组合索引定义为(A, B)时，即使没有单独对字段 A 设立索引，但对字段 A 的查询还是可以命中(A, B)索引。

定义索引时字段的排序方式也决定排序查询是否有效。例如，对字段 A 和 B 设置索引(A:

升序, B:降序), 那么当查询需要对 A、B 进行排序时, 可以指定排序结果为 A 升序、B 降序, 以及完全相反的 A 降序、B 升序有效。而 A 升序、B 升序以及 A 降序、B 降序都不会命中索引。

还有一些查询条件, 需要进行范围查询或者排序, 那么范围查询和排序的字段就要尽量往后放, 因为范围查询之后的字段索引是不能命中的。如果数据库有 a 索引, 现在 b 列也需要索引, 那么直接建立(a, b)即可。

### 4. 索引的唯一性

创建索引时可以指定增加唯一性限制, 具有唯一性限制的索引会要求被索引集合不能存在被索引字段值相同的两个记录。需特别注意的是, 假如记录中不存在某个字段, 则对索引字段来说其值默认为 null。如果索引有唯一性限制, 则不允许索引字段存在两个或以上的空值（不存在该字段的记录）。

```
db.collection("school")
  .where({
    english: _.gt(80),
    math:_.lt(60),
    computer:_.gt(90)
  })
  .field({
    _id:false,
    name: true,
    english: true,
    math:true
  })
  .orderBy('english', 'desc')
  .orderBy('math', 'asc')
```

由于有 3 个查询条件, 因此可以给 3 个查询条件按照顺序创建索引。因为这几个值无法做到非唯一, 且存在空值的可能（有些城市没有数据）, 所以创建时选择非唯一性。

## 11.4.2 索引的创建说明

云数据库会自动给每个集合创建_id 和_openid 的升序索引, 不过如果一个集合里的记录数量过千就很有必要自己创建索引。

### 1. 索引的优点和缺点

索引虽然能非常高效地提高查询速度, 却会降低更新表的速度。实际上索引也是一张表, 该表保存了主键与索引字段, 并指向实体表的记录, 所以索引列也是要占用空间的。索引需要进行两次查找, 一次是查找索引条目, 一次是根据索引指针去查找相应的文档, 而全表查询只需要进行一次查找。集合较大、文档较大、选择性查询就比较适合用索引。

创建索引的原理是将磁盘 I/O 操作最小化, 不在磁盘中排序, 而是在内存中排好序, 通过排序的规则指定磁盘读取就行，也不需要在磁盘上随机读取。

索引并非越多越好，一个表中如有大量的索引，不仅占用磁盘空间，而且会影响增删改等语句的执行效率。因为当表中的数据被更改的同时，索引也会进行调整和更新。避免对经常更新的表创建过多的索引，并且索引中的列尽可能要少，而经常用于查询的字段应该创建索引，但要避免添加不必要的字段。

为了减少索引的数量，可以创建组合索引，组合索引就是可以使用多个列一起创建一个索引。创建索引时优先将已经存在的索引扩展成组合索引，或者在已经存在的组合索引上继续添加字段。索引越多，维护成本就越高，还会导致插入速度变慢等负面效应。

### 2．索引创建的条件

以下情况需要创建索引。

- 频繁作为查询条件的字段一般都应该创建索引。
- 查询中统计或分组字段也应该创建索引。

当查询有多个条件时，组合索引比单字段索引的性价比更高。查询中排序的字段若通过索引去访问将大大提高排序速度。注意单字段索引和组合索引的排序规则。

以下情况不需要创建索引。

- 集中的记录太少或记录内的字段太少不需要创建索引。
- 经常增删改的集合或字段不需要创建索引。（索引提高了查询速度，同时也会降低更新表的速度。因为更新表时，不仅要保存数据，还要保存索引文件。如果集合"写多读少"，添加索引就会影响写入效率。）
- where() 的条件里用不到的字段就不要创建索引。
- 数据重复且分布比较均匀的字段不适合创建索引（非唯一性的字段不适合创建索引），例如性别、真假值等。
- 参与列计算的列不适合创建索引。

### 3．索引的空间与命中

在云开发控制台中每个集合都有相应的索引管理，除了可以创建索引，还可以了解每个索引占据的空间以及判断查询时索引是否命中的命中次数。建议每个集合创建的索引数不要超过5 个，毕竟索引也会占据一定的内存空间。

## 11.4.3　索引的原则与注意事项

下面梳理一下索引的原则与注意事项。

（1）**最好使用唯一索引**。当唯一性是某种数据本身的特征时，使用唯一索引。使用唯一索引需能确保定义的列的数据完整性，以提高查询速度。

（2）**用简短的字段为索引**。InnoDB 表的普通索引都会保存主键的值，所以主键要尽可能选择字节较短的数据类型，才能有效地减少索引的磁盘占用，提高索引的缓存效果。索引太长首先会占用大量的磁盘空间，其次会使索引变得臃肿，导致索引查询变慢。通过目录查询图书的章节之所以快，就是因为索引足够轻量，如果索引太长，那么这个优势就不明显了。而且索引里的数据和表里的数据本身就是冗余的，索引越长，占用的磁盘空间就越多。

（3）**用区分度比较高的列创建索引**。具有多个重复值的字段，其索引效果最差。例如，存放身份证的字段因为值都不同，很容易区分，索引效果比较好。而用来记录性别的字段，因为只含有"男""女"，不管搜索哪个值，都会得出大约一半的值，这样的索引对性能的提升不大。如果有几个列都是唯一的，要选择最常作为访问条件的列作为索引的主键。此外，简单枚举值的列不要创建索引。

可以在条件表达式中经常用到的不同值较多的列上创建索引，在不同值较少的列上最好不要建立索引。例如，性别字段值只有男和女，就没必要创建索引。如果在性别字段创建了索引不但不会提高查询效率，反而会严重降低更新速度。如果创建索引时想让索引能达到最高性能，应当充分考虑该列是否适合创建索引。可以根据列的区分度来判断，区分度太低的情况下可以考虑不创建索引，区分度越高索引效率越高。

（4）**索引的字段最好不要有空值**。索引的字段最好不要有空值，有空值的字段创建索引时要选择非唯一性。唯一性的索引是不允许有空值的。

（5）**索引的字段最好不要参与计算**。要保持字段"干净"，若索引字段参与计算，应尽量避免在 where()子句中对字段进行表达式操作。

（6）**查询尽量都在索引上**。保证索引包含的字段独立在查询语句中，不能在表达式中。当查询的列都在索引的字段中时，查询的效率更高，所以应该尽量避免使用 select *，需要哪些字段，就只查哪些字段。在索引基数高的地方（如邮箱、用户名，而不是性别）创建索引。

（7）**避免重复索引和冗余索引**。创建索引时应该尽可能避免重复索引或冗余索引。在同一列或者相同顺序的几个列创建了多个索引称为重复索引，而如果两个或多个索引所覆盖的列重叠，则称为冗余索引。

（8）**使用索引获取有序数据**。索引本身是有序的，利用有序索引获取有序的数据可以明显提高查询速度。因此，如果经常需要获取数据按某列排序的结果，就可以在频繁排序的单列上创建索引。如果一次需要对多列进行排序，可以在需排序的列上创建一个组合索引。

（9）**组合索引遵循最左前缀原则**。创建组合索引，要同时考虑列查询的频率和列的区分度，区分度大的字段放在前面。例如，一张全球人口的用户表，该表有性别、国籍、年龄等字段，那么一般情况下国籍的区分度就要比性别的区分度更高，即满足中国人这个条件的要比满足男人这个条件的人要更少。因此创建组合索引时国籍优先考虑放在性别的前面。

（10）**索引碎片与维护**。在数据表长期的更改过程中，索引文件和数据文件都会产生空洞，形成碎片。修复表的过程十分耗费资源，可以用比较长的周期修复表。

（11）**注意索引的唯一性和非唯一性**。唯一性索引一定要小心使用，它带有唯一性约束。由于前期需求不明等情况，可能造成对于唯一列的误判。

（12）**最好不要用随机生成的_id 作主键**。最好使用自增 ID 字段作索引的主键，不要使用随机的_id 作主键。因为非递增的主键会导致频繁的页分裂，从而降低了插入的效率。所以一般情况下，会在表中使用一个自增 ID 字段来代替_id（使用原子更新操作符 inc 来实现自增），用该字段作表的主键。如果需要按照_id 查询时，查找就需要回表，查找的效率会低一点。如果表中只需要一个_id 的唯一索引，那么就可以使用_id 来做主键。如果不满足这个条件就用自增 ID 创建索引。

## 11.5　数据库性能优化

云开发的数据库虽然具有高性能、支持弹性扩容的特点，但是很多开发者在使用的过程中，更加注重功能的实现，而忽视了数据库的设计、索引的创建以及语句的优化等对性能的影响，因此会遇到很多影响数据库性能的问题。

### 11.5.1　数据库性能优化建议

以下是一些数据库性能优化建议，当然要结合具体的业务情况来处理，不能一概而论。尤其是一些请求量比较大、比较频繁的数据请求（如小程序首页的数据请求），要格外重视数据库的优化。

#### 1. 要合理使用索引

使用索引可以提高文档的查询、更新、删除、排序等操作的效率，所以要结合查询的情况，适当创建索引。要尽量避免全表扫描，首先应考虑在 where()及 orderBy()涉及的列上建立索引。更多有关索引的细节在 11.4 节已介绍。

#### 2. 善于结合查询情况创建组合索引

对于包含多个字段（键）条件的查询，创建包含多个字段的组合索引是个不错的解决方案。组合索引遵循最左前缀原则，因此创建顺序很重要。如果对组合索引不了解，可以结合索引的命中次数来判断组合索引是否生效。要善于使用组合索引，做到用最少的索引覆盖最多的查询。

#### 3. 查询时要尽可能通过条件和 limit()限制数据

在里 where()查询可以限制处理文档的数量，在聚合运算中 match()可以放在 group()前面，减少 group()操作要处理的文档数量。无论是普通查询还是聚合查询都应该使用 limit()限制返回的数据数量。

其实云开发针对普通查询 db.collection('dbName').get()默认都有限制,在小程序端的限制为 20 条(自定义上限也是 20 条),在云函数端的限制为 100 条(自定义上限可以设置为 1000 条)。聚合在小程序端和云函数端默认都为 20 条(自定义时条数没有上限,几万条都可以,前提是取出来的数据不能大于 16 MB)。也就是说,云开发数据库已经自带了一些"性能优化"方案,不应该把这些默认的限制当成是一种束缚,去随意突破这些限制。

### 4. 非敏感数据推荐在小程序端增删改查数据库

云开发数据库的增删改查可以在小程序端进行,也可以在云函数端进行,那到底应该把数据库的增删改查放在小程序端还是云函数端呢?一般情况下建议放在小程序端,这样速度更快,而且只会消耗数据库请求的次数,不会额外增加消耗云函数的资源使用量、外网出流量。虽然云函数端有数据库操作的更高权限,但是小程序端结合安全规则可以让数据库的权限粒度更细,也能满足大部分权限要求。

### 5. 尽可能限制返回的字段等数据量

如果查询后无须返回整个文档或只是用来判断键值是否存在,普通查询可以通过 filed(),聚合查询可以通过 project()来限制返回的字段,减少网络流量和客户端的内存使用。

```
{
  "title": "为什么要学习云开发",
  "content": "云开发是腾讯云为移动开发者提供的一站式后端云服务",
  "comments": [{
    "name": "李东 bbsky",
    "created_on": "2020-03-21T10:01:22Z",
    "comment": "云开发是微信生态下的最推荐的后台技术解决方案"
  }, {
    "name": "小明",
    "created_on": "2020-03-21T11:01:22Z",
    "comment": "云开发学起来太简单啦"
  }]
}
```

云数据库是非关系数据库,一个记录里可以嵌套非常多的数组和对象,如果取出整个记录里的所有嵌套内容就太耗性能流量了。如上面的嵌套数组,有时候业务上并不需要显示 comments 里的某些字段,可以通过 field()的点表示法来限制返回的字段。

```
//不显示 comments 里的 created_on
.field({
    "comments.created_on":0
})

//只显示 comments 里的 comment,comments 里的其他字段都不显示
.field({
    "comments.comment":1
})
```

### 6．查询量大时建议尽量不要用正则查询

正则表达式查询不能使用索引，执行的时间比大多数选择器更长，所以业务量比较大的地方，能不用正则查询就不用正则查询（尽量用其他方式来代替正则查询）。即使使用正则查询也一定要尽可能缩小模糊匹配的范围，例如，使用开始匹配符^或结束匹配符$。

有开发者是这样用正则查询的，他想根据地址来筛选客户来源数据，但是客户来源数据的地址（address）填写的是"广东省深圳市"或"广东深圳"，地址数据并不一致，于是使用正则表达式进行模糊查询。但是如果需要经常根据地址来筛选客户来源，就应该在数据库对数据进行处理，例如，将"广东省深圳"或"广东深圳"进行数组重组，拆分成 province 和 city 字段。这样查城市时就可以用精准查询，避免了模糊查询的低效。

### 7．尽可能使用更新操作符

通过更新操作符对文档进行修改，通常可以获得更高的性能。因为更新操作符不需要查询到记录就可以直接对文档进行字段级别的更新，尤其适用不需要更新整个文档只需要更新部分字段的场景。例如，需要给文章添加评论（也就是往 comments 数组里添加值），可以使用_.push()来给数组进行字段级别的操作，而不是取出整个记录，然后把评论用数组的 concat()或 push()方法添加到记录里，再更新整个记录：

```
.update({
  data:{
    comments:_.push([{
      "name": "小明",
      "created_on": "2020-03-21T11:01:22Z",
      "comment": "云开发学起来太简单啦"
    }])
  }
})
```

云开发数据库一个记录可能会嵌套很多层，记录的数据量可能会很大，因此使用更新操作符进行字段级别的操作比直接使用 update()这种记录级别的操作更新性能更好。

### 8．建议不要对太多数据进行排序

不要一次性取出太多的数据并对数据进行排序，如果需要排序，请尽量限制结果集中的数据量。例如，可以先用 where()、match()等操作限制数据量，也就是通常要把 orderBy()放在普通查询或聚合查询的最后面。

要强调的是，有不少人可能由于对数据库的排序（orderBy()）与翻页（skip()）没有理解到位，会把数据库所有数据使用遍历取出来之后再排序，哪怕是数据量很少，这也是不正确的处理方式。排序使用数据库的普通查询或聚合查询的 orderBy()就可以做到了，云开发默认的 limit()数据限制不会影响排序的结果，最好不要遍历取出所有数据再排序。

当然如果因为业务需要经常对同一数据的多个字段来排序（例如，商品经常会按最新上架、价格高低、产地、折扣力度等进行排序），则建议一次性取出这些数据存储在缓存中，使用 JavaScript 的数组来进行排序，而不是用数据库查询。

### 9. 尽量少在业务量大的位置用以下查询操作符

某些查询操作符可能会导致效率低下，如判断字段是否存在的 exists、要求值不在给定的数组内的 nin、表示需满足任意多个查询筛选条件 or、表示需不满足指定的条件 not 等，应尽量少在业务量大的位置用这些查询操作符。

这里所说的尽量少用不代表不用，而是能够用最直接的方式就用最直接的方式。让数据库查询尽可能简单而不是过于复杂，尽可能少让查询操作符做复杂的事情。

### 10. 集合中文档的数量可以定期归档

集合中文档的数量会影响查询效率，可以对不用的数据或过期的数据定期归档并删除。例如，也可以借助于定时触发器周期性的对数据库里的数据进行备份、删除。

### 11. 不要让数据库请求做多余的事情，尽量少做事

能够使用 JavaScript 代码替代的计算、数组、对象操作等，就尽量用 JavaScript 代码替代；能够通过合理设计数据库让数据库查询少计算的就尽量合理设计数据库。要尽可能地让数据库少做事，最好不要出现一次查询多个操作符、正则查询套来套去的情况。

### 12. 在数据库设计时可以用内嵌文档来替代 lookup()

云开发数据库是非关系数据库，可以对经常要使用 lookup() 联表查询的字段做反范式化的内嵌文档设计，通过这种方式替代联表查询 lookup() 可以提升不少性能。

减少使用联表查询 lookup() 的使用的方式要注意两点：一是通过内嵌文档的方式可以减少关系数据库表与表之间的关联关系，例如，通过联表查询取出博客里最新的 10 篇文章以及文章里相应的评论，这在关系数据库里原本是需要联表查询的，但是当把评论内嵌到文章的集合里时，就不需要联表查询了；二是有的时候只用跨表查询而不用联表查询，可以通过多次查询来取代联表查询。

### 13. 推荐使用短字段名

和关系数据库不同的是，云开发数据库是文档数据库，集合中的每一个文档都需要存储字段名，因此与关系数据库相比，云开发数据库字段名的长度需要更多的存储空间。

```
"comments": [{
  "name": "李东 bbsky",
  "created_on": "2020-03-21T10:01:22Z",
```

```
  "comment": "云开发是微信生态下的非常推荐的后台技术解决方案"
}, {
  "name": "小明",
  "created_on": "2020-03-21T11:01:22Z",
  "comment": "云开发学起来太简单啦"
}]
```

上述代码的字段名 name、created_on、comment 有多少个记录，就有多少个嵌套的对象，就会被写多少次，有时候字段名比字段的值还要"长"，是比较占空间的。

## 11.5.2　数据库设计以及处理的优化建议

数据库的设计非常灵活，设计的核心始终要围绕业务需求，不同应用场景的处理方式也会有所不同。数据库增删改查的效率、前后端数据联调的便利等都是值得关注的指标。

### 1．增加冗余字段

在业务上有些关键的数据可以通过间接的方式查询获取，但是由于查询时会存在计算、跨表等问题，建议增加冗余字段。

例如，要统计文章的评论数，可以将文章的评论独立建一个集合（如 comments），要获取每篇文章的评论数，可以根据文章的 id 来算出该文章有多少条评论。也可以将每篇文章的评论数组作为子文档内嵌到每个文章记录的 comments 字段，通过数组的长度来算出该文章的评论数。类似于评论数的还有点赞量、收藏量等，它们虽然都是可以通过统计评论数或计算数组长度的方式来间接获取，但是在评论数很多的情况下，统计评论数或计算数组长度非常耗资源，而且 count() 还需要独立占据一个请求。

遇到类似情况，建议在数据库设计时，用冗余字段来记录每篇文章的点赞量、评论数、收藏量等，在小程序端直接用 inc 原子自增的方式更新该字段的值。

```
{
  "title": "为什么要学习云开发",
  "content": "云开发是腾讯云为移动开发者提供的一站式后端云服务",
  "commentNum":2, //新增一个评论数的字段
  "comments": [{
    "name": "李东bbsky",
    "created_on": "2020-03-21T10:01:22Z",
    "comment": "云开发是微信生态下的最推荐的后台技术解决方案"
  }, {
    "name": "小明",
    "created_on": "2020-03-21T11:01:22Z",
    "comment": "云开发学起来太简单啦"
  }]
}
```

例如，希望在博客的首页展示文章列表，并且每篇文章要显示评论总数。可以通过 comments

的数组长度获取评论总数，如果存在多级评论也可以通过计算数组长度的方法获取评论总数，但是不如直接查询新增的冗余字段 commentNum 速度快。

### 2．虚假删除

有时候业务上存在用户经常删除数据库里面的记录或记录里的数组的情况，但是删除数据是非常影响性能的一件事，碰到业务高峰期，数据库就会出现性能问题。类似情况建议对新增冗余字段做虚假删除。例如，给记录添加 delete 的字段，默认值为 false。当执行删除的时候，可以将字段的值设置为 true，查询时只显示 delete 为 false 的记录，这样数据在前端就不显示了，就做到了虚假删除。可以在业务低谷（如凌晨）时结合定时触发器定时清理一遍。

### 3．尽量不要把数据库请求放到循环体内

经常会有查询数据库里的数据，并对数据进行处理之后再写回数据库的需求。如果查询到的数据有很多条时，就需要进行循环处理。不过一定要注意，不要把数据库请求放到循环体内，而是先一次性查询多条数据，在循环体内对数据进行处理之后再一次性写回数据库。

当然小程序有些接口不能进行数组操作，只能对数据逐条处理，导致效率很低，如发送订阅消息、上传文件等操作。有时是可以通过数据库的设计来规避这个问题的，例如把经常新增大量记录的数据库设计为只需要新增内嵌文档的数组数据等。

### 4．尽量使用一个数据库请求代替多个数据库请求

在设计数据库以及数据库请求的代码时，尽可能用一个数据库请求代替多个数据库请求。如果一个页面（尤其是用户最常访问的首页）的数据库请求太多，会导致数据库的并发问题。有些数据能够缓存到小程序端就缓存到小程序端，不必过分强调数据的一致性。

### 5．规划好文档适时创建空字段

例如，想要在用户单击登录时获取用户的昵称和头像，一般的逻辑是在数据库创建一个记录，如下所示：

```
_id:"",
userInfo:{
    "name":"李东 bbsky",
    "avatarUrl":"头像地址"
}
```

但是更好的方式是创建完整的记录（按照最终的字段设计），哪怕现在还没有数据，也可以提前创建以后所需的空字段，方便以后直接使用 update() 的方式往里面填充数据。

```
_id:"",
userInfo:{
    "name":"李东 bbsky",
```

```
        "avatarUrl":"头像地址",
        "email":"",
        "address":""
        ...
    },
    stars:[],//存储点赞的文章
    collect:[] //存储收藏的文章
```

### 11.5.3　慢查询与告警

目前无法直接查看数据库请求花费的时间，但是有一些其他数据可以佐证。在云函数端进行数据库请求时，如果云函数的执行时间超过 100 ms 甚至更多，那么基本可以判定为慢查询，数据库需要优化。慢查询不仅会影响数据库的性能，还会影响云函数的性能。

云函数和云数据库的并发都是非常依赖耗时的，如果数据库查询速度变慢，查询一次耗时由几十毫秒增加到几百毫秒，甚至以秒计算，是十分耗费资源和影响并发的。云函数资源使用量的计算公式是"云函数资源使用量=函数配置内存×运行计费时长"，如果云函数占用了很长的运行计费时长，那么云函数资源使用量也会相应增加。在云函数里进行数据库请求时，如果没有建立索引或者数据库查询过于复杂，导致云函数执行超过一定时间（如 300 ms），就会严重影响云函数以及云数据库的并发，这时就需要注意性能上的优化了。

衡量数据库并发量的计算公式是"数据库的 QPS（Query Per Second，每秒请求数）=数据库同时连接数×1000 ms/数据库请求的执行时间"。如果数据库请求的执行时间大幅上升，QPS 也就会随之下降，非常影响数据库的并发，会出现"Connection num overrun"错误。也就是说，尽管 20 ms 和 200 ms 对用户的访问体验影响不大，但是云数据库的并发量却会下降 90%。

可以在"云开发控制台设置"→"告警设置"中给指定的云函数（尤其是业务调用最频繁的云函数）设置运行时间以及云函数运行错误的告警，以便随时了解云函数的运行状况。

# 第12章

# 云调用

云调用是云开发平台为了让开发者能够更加方便地使用各类云服务而推出的一系列功能，有的云调用可以让开发者不再需要处理繁杂的鉴权，有的云调用可以一键开通云服务所需要的权限，有的云调用则提供了一整套完整的代码。这些功能使开发者可以更加方便地发送消息（客服消息、订阅消息、动态消息等）、使用各类云服务[内容安全、图像处理、OCR（Optical Character Recognition，光学字符识别）、生物认证等]以及调用小程序的开放接口。

## 12.1　云调用快速入门

在小程序技术文档里可以了解云调用服务及其详细的使用方法。云调用可让小程序开发微信支付、发送订阅消息、发送客服消息等功能更加简单。

### 12.1.1　云调用基础

在小程序开发技术文档的服务端接口列表中罗列了所有的服务端接口，如果接口支持云调用，则在接口名称旁会带有云调用的标签。在支持云调用的接口文档中，会分别列出 HTTPS 调用的文档及云调用的文档。

> **提示**　也就是说，服务端接口的开发方式（方法）有两种：一种是 HTTPS 调用，一种是云调用。HTTPS 调用适用于所有的开发语言，是一种比较传统的开发方式；云调用则是云开发提供的更加方便的开发方式。值得一提的是，也可以使用云函数来调用 HTTPS 接口，例如使用 axios，方法在 10.5 节有介绍。

云调用是云开发提供的基于云函数使用小程序开放接口的功能，支持在云函数调用服务端开放接口。在云函数中使用云调用调用服务端接口时无须获取 access_token，只要是在从小程序端触发的云函数中发起的云调用都会经过微信自动鉴权，在登记权限后可以直接调用如发送订阅消息、客服消息等开放接口。

> **提示**　需要注意的是，在调试云调用的云函数时，直接使用云端测试会出现报错。这是因为云端测试是无法获取用户登录态信息的，所以建议在小程序端进行调试。

云调用大大简化了使用小程序开放接口的步骤。以订阅消息为例，在没有云调用之前，想要发送订阅消息，需要以下 3 个步骤。

（1）在云函数中发送 HTTPS 请求，如 10.5 节中使用的 axios。

（2）调用小程序的 auth.getAccessToken()接口，传递 grant_type（值为 client_credential）、小程序 AppID 和小程序唯一凭证密钥 secret 来获取小程序全局唯一后台接口调用凭据 access_token（access_token 的有效期为 2 小时，最好自己存储并定时刷新）。

（3）调用小程序的 subscribeMessage.send()接口的 HTTPS 请求，发送订阅消息。

如果使用云调用则无须获取 access_token，只需要进行如下步骤即可，这些步骤也可应用于其他云调用接口。

（1）在 config.json 文件中配置相关云调用接口的权限。

（2）在云函数中无须发送 HTTPS 请求，直接使用 cloud.openapi.subscribeMessage.send()即可。

也就是说，云开发的云调用都可以通过 HTTPS 调用的方式来实现，但是使用云调用会方便很多。

## 12.1.2　云函数的配置文件

使用云调用需要配置云调用权限，每个云函数都需要声明其使用的接口，否则无法调用。声明的方法是在云函数目录下的 config.json 配置文件的 permissions.openapi 字段中增加要调用的接口名（对应的接口名可以在云调用相关接口的文档里查找），permissions.openapi 是字符串数组字段，值必须为所需调用的服务端接口名称。

> **提示**　在每次使用微信开发者工具上传云函数时均会根据配置更新权限，该配置有 10 分钟左右的缓存。如果更新后提示没有权限，稍等 10 分钟后再试。

如果是在微信开发者工具通过"新建 Node.js 云函数"创建的云函数，那么云函数的目录里会有 config.json 的配置文件，目录结构如下。如果是通过其他方式创建的云函数，也建议要有如下 3 个文件（没有的话，可以自己创建）：

```
test //云函数目录
├── config.json //权限和定时触发器等的配置文件
├── index.js     //云函数
├── package.json  //云函数的依赖管理
```

config.json 文件还可以用来配置定时触发器。例如，云函数需要使用订阅消息和内容安全两个权限，以及每 5 s 定时发送一次订阅消息，config.json 的写法如下：

```
{
  "permissions": {
    "openapi": [
      "subscribeMessage.send",
      "security.imgSecCheck"
    ]
  },
```

```
  "triggers": [
    {
      "name": "tomylove",
      "type": "timer",
      "config": "*/5 * * * * *"
    }
  ]
}
```

config.json 文件配置的格式和 json 文件配置的格式一样。例如，数组最后一项不能有逗号、配置文件里不能有注释等，千万不要写错。

## 12.2　定时触发器

触发器可以触发云函数的执行，其中，定时触发器可以处理周期性的事情（如时报、日报、周报等通知提醒），也可以处理倒计时任务（如节假日、纪念日以及指定具体时间等倒计时任务）。除此之外，定时触发器还可以用来处理一些定时任务，例如，定期清理一些不必要的数据，定期更新集合内的数据。

### 12.2.1　定时触发器使用方法

首先需要配置与部署定时触发器。

#### 1. 定时触发器的配置与部署

配置了定时触发器的云函数，会在相应时间点被自动触发，云函数的返回结果不会返回给调用方。在对某个云函数使用定时触发器前，首先要保证该云函数在小程序端可以调用成功。更准确的说法是，在不传入参数的情况下，云函数在云开发控制台的云端测试中能调用成功（小程序端调用有登录态）。

云函数目录里的 config.json 文件可以用来配置权限和定时触发器。如果云函数目录下面没有 config.json 配置文件，可以自己创建一个，创建的目录结构如下：

```
test //云函数目录
├── config.json    //权限和定时触发器等的配置文件
├── index.js       //云函数
├── package.json   //云函数的依赖管理
```

然后在配置文件 config.json 里进行配置。

- triggers 字段表示触发器数组，但是目前云函数只支持一个触发器，即数组只能添加一个，不可添加多个。
- name 用于设置触发器的名字，最长支持 60 个字符，支持 a~z、A~Z、0~9、-和_等，必须以英文字母开头。

- type 表示触发器类型,比如 timer 是定时触发器。
- config 表示触发器的定时配置,它的值为 Cron 表达式,Cron 有 7 个必填参数,不能多也不能少(下述代码表示每天早上 9~12 时每隔 5 s 触发一次)。

```
{
  "triggers": [
    {
      "name": "tomylove",
      "type": "timer",
      "config": "*/5 * 9-12 * * * *"
    }
  ]
}
```

在修改触发器配置文件 config.json 后,首先右击 config.json 选择"云函数增量上传:更新文件",然后右击 config.json 选择"上传触发器"。"云函数增量上传:更新文件"用于更新云函数端的触发器文件;而"上传触发器"则可使触发器开始生效执行。如果在云函数端的触发器没有更新的情况下就通过"上传触发器"来执行定时触发,文件可能没有更新,执行的还是旧的触发器内容。当想要暂停或删除触发器时,可以右击选择"删除触发器"。

### 2. Cron 表达式语法

Cron 表达式有 7 个必填参数,按空格分隔,既不能多写也不能少写,每一个参数都有自己的含义并且对应着不同的时间点。表达式的取值都为整数且为时间制的范围(注意,月在星期的前面)。Cron 表达式的语法说明如表 12-1 所示。

表 12-1　Cron 表达式的语法说明

| 第 1 个参数 | 第 2 个参数 | 第 3 个参数 | 第 4 个参数 | 第 5 个参数 | 第 6 个参数 | 第 7 个参数 |
| --- | --- | --- | --- | --- | --- | --- |
| 秒(0~59) | 分钟(0~59) | 小时(0~23) | 日(1~31) | 月(1~12 或 3 个字母的英文缩写) | 星期(0~6 或 3 个字母的英文缩写) | 年(1970~2099) |

大家需要了解一下 Cron 表达式里的通配符以及直接写数字的含义。

- ,表示并集,在时间的表述里是"和"的意思。例如在"小时"字段中,1,2,3 表示 1 时、2 时和 3 时。
- -指定范围的所有值,在时间的表述里是"到"的意思。例如在"日"字段中,1-15 包含指定月份的 1 日到 15 日。
- *表示所有值,在时间的表述里是"每"的意思。例如在"小时"字段中,*表示每小时。
- /指定步长,在时间的表述里是"隔"的意思。例如在"秒"字段中,*/5 表示每隔 5 s。
- 直接写数字,在时间的表述里是"第"(时间点)的意思。例如在"月"字段中,5 表示每月的第 5 日。

下面是 Cron 表达式的案例。

```
//表示每隔 5s 触发一次
*/5 * * * * *
```

```
//表示在每月的 1 日的凌晨 2 时触发
0 0 2 1 * * *
```

```
//表示在星期一到星期五每天上午 10:15 触发
0 15 10 * * MON-FRI *
```

```
//表示在每天上午 10 时，下午 2 时、4 时触发
0 0 10,14,16 * * * *
```

```
//表示在每天上午 9 时到下午 5 时内每半小时触发
0 */30 9-17 * * * *
```

```
//表示在每个星期三中午 12 时触发
0 0 12 * * WED *
```

**提示**　定时触发器的 Cron 表达式**无法实现**每隔 90 s 或 90 min 发送一次的效果，因为 90 s 超过了秒的时间制上限 60，而 Cron 在跨位组合（例如 90 s 需要结合秒和分）上无法覆盖所有的时间。除此之外，云开发的触发器暂时不支持多个定时触发器的叠加。在 Cron 表达式中的"日"和"星期"字段同时指定值时，两者为"或"关系，即两者的条件均生效。值得一提的是，尽管云函数的时区为 UTC+0 时区，但是定时触发器的时间还是北京时间。

## 12.2.2　用定时触发器调用云函数

定时触发器的使用非常简单，使用开发者工具新建一个云函数（如 trigger()），然后在 index.js 里添加以下代码：

```
const cloud = require('wx-server-sdk')
cloud.init({
  env: cloud.DYNAMIC_CURRENT_ENV,
})
exports.main = async (event, context) => {
  console.log(event)
  return event
}
```

再在 trigger()云函数目录下的 config.json（如果没有这个文件，就创建一个），然后添加以下触发器。为了调试方便，可以设置每隔 5 s 触发一次：

```
{
  "permissions": {
    "openapi": [
    ]
```

```
    },
    "triggers": [
      {
        "name": "tomylove",
        "type": "timer",
        "config": "*/5 * * * * *"
      }
    ]
}
```

　　然后分别右击 index.js 和 config.json，选择"云函数增量上传：更新文件"，然后右击 config.json 选择"上传触发器"。云函数就会每隔 5 s 自动触发，相关的日志可以在开发者工具的云开发控制台以及腾讯云云开发网页控制台的云函数的日志里查看。

　　注意，小程序端调用 trigger()云函数返回的 event 对象和使用定时触发器返回的 event 对象的不同。用定时触发器触发云函数是获取不到 Open ID 的，同时返回的 Time 时间是时区为 UTC+0 的时间，比北京时间晚 8 小时：

```
//在小程序端调用 trigger()云函数之后返回的 event 对象
{
  "userInfo":{
  "appId":"wxda99******7046",
  "openId":"oUL-m5F******buEDsn8"
  }
}

//使用定时触发器触发云函数之后返回的 event 对象
{
  "Message":"",
  "Time":"2020-06-11T11:43:35Z",
  "TriggerName":"tomylove",
  "Type":"timer",
  "userInfo":{
    "appId":"wxda99********46"
  }
}
```

## 12.2.3　定时触发器的应用

　　定时触发器的应用非常广泛，下面列举一些常用案例，并加以说明。

### 1. 结合消息推送

　　推送的消息不仅指订阅消息，还指统一服务消息、公众号的消息（可以用云函数开发微信公众号）、小程序内自己开发的通知（用户只有在打开小程序时才能看到）、电子邮件等。

　　例如，用户订阅了日报、周报、月报等周期性的通知提醒或者用户需要一些汇总信息，就可以写一个定时触发器。例如，需要给指定用户发送工作周报，每个星期五 17 时 30 分要定时从数据库获取数据发送消息，Cron 表达式写法如下：

```
*  30  17  *  *  FRI  *
```

还可以用来处理一些倒计时（指定时间点）的任务，如节假日、纪念日以及一些活动时间节点（目前只能一个云函数配一个定时触发器，但是可以提前管理）。例如，希望在六一儿童节的早上 9 时调用云函数给指定用户群体发送消息：

```
0  0  9  1  6  *  *
```

指定具体时间点不够灵活，但是如果把时间与云开发数据库结合起来，灵活性就会大很多。例如，在运营方面通常每天早上 11 时是用户访问最多的时间点，只需要写一个云函数，把活动放在早上 11 时推送，让定时触发器在每天早上 11 时触发，有活动（数据库里有数据）就会发送消息，如果没有就不发送。

如果是实时数据，还可以把定时触发器的频率调高（如每 5 s 触发一次），这样数据库只要有最新的数据，就会发送消息给指定用户。尽管不是完全的实时，但是 5 s 的频率和实时的差别并不大了。也可以根据情况来调整触发器的频率，毕竟 5 s 和 1 min 的频率给用户的体验差异并没有太大，但是成本却是 12 倍的关系。

在指定的时间段触发云函数，既可以让触发更精准不扰民，又可以节约成本，例如，下面的定时触发器表示在工作日 9 时到 12 时和 14 时到 18 时，云函数每 5s 触发一次。

```
*/5  *  9-12,14-18 * MON,TUE,WED,THU,FRI *
```

> **提示**　从以上案例可以了解到，云函数的定时触发可以来自于 Cron 表达式的配置，可以指定时间点、时间段、频率来达到想要的效果，同时这个时间"也可以来自于数据库的配置"（伪装），即可以设置定时触发器的时间段或频率，如果数据库里有数据就发送，没有数据就不发送，这样就可以实现定时触发器在时间上的灵活性了。

### 2. 实时获取数据

有的时候数据并不是来自数据库的，而是来自第三方服务的，如前面介绍过的、知乎日报的 API 以及一些 webhook，它们提供的是 json 文件。API 的数据也会随时更新，但是它们更新了却并不会主动通知开发者。这时可以使用定时触发器向这些 API 发起请求，如果数据有更新，就将更新的数据存储到数据库或者进行其他处理，企业微信等机器人的通知服务就是如此。

当然数据还可以通过爬虫方式定期获取。例如，可以定期获取指定关键词的新闻或者指定网站的动态。当爬虫获取了不同数据的时候，就将最新动态以机器人消息或者其他方式进行及时处理。

也就是说，无法实时监听第三方服务提供的 API 或者网站数据的变动，但是可以用定时触发器来发起请求或者通过爬虫获取数据，通过数据的变化来达到"实时"获取数据的目的。

### 3. 自动化处理

第 11 章中提到有时候需要对数据库里的数据进行定期备份与删除等维护工作,如清理超过一定时间的日志、具有很强时效性的活动数据,以及为了性能考虑而做的虚假删除等。毕竟数据库有一定的存储成本,而且过多无用数据也会影响数据库的性能,可以写一个云函数用定时触发器来执行此类任务。

还可以在用户并发比较少的时间段(如凌晨)来处理一些占用较多云函数、数据库资源的任务,如图片的审核与裁剪、缩略图的处理、用户评论包含的敏感词汇的处理、数据的汇总、云存储里废弃文件的删除、用户信息的补充等。

也就是说,通过定时触发器,可以实现一些任务的自动化处理。

### 4. 密集型任务分流

云函数在处理一些密集型的任务时是有限制的:一是执行时间的限制,建议在设置时执行时间一般不要超过 20 s,最长不要超过 60 s;二是并发的限制,云函数最大的并发数为 1000;三是数据条数的限制,云函数在查询数据库时一次最多可以获取 1000 条数据。面对这 3 个限制,应该如何处理密集型任务(例如发送 100 万封电子邮件、导出几百万条数据到 Excel 中、发送十万级的订阅消息或消息等)呢?就可以使用定时触发器来处理了。

借助定时触发器,可以将耗时较长、对并发要求较高以及数据库请求较多的任务进行分批处理。例如,要给 100 万人发送电子邮件,由云函数发起数据库请求,一次只请求获取 1000 条未发送过电子邮件的用户(用 where() 查询某个字段,如 status:false)的数据,然后将电子邮件发给 1000 个用户,发完电子邮件后对这 1000 条数据进行标记(例如使用更新操作符将 status 的值改为 true),下次查询未发送过电子邮件的用户时,就不会重复发送了。这样,通过设置定时触发器,每 2 s 执行 1 次发送任务,几十分钟就可以完成任务了。

## 12.3 订阅消息

订阅消息是小程序功能中的重要组成部分。当用户自主订阅之后,可以向用户以服务通知的方式发送消息。用户单击订阅消息卡片就可以跳转到小程序的页面,这样就可以实现服务的闭环和更优的用户体验,提高活跃度和用户黏性。

### 12.3.1 获取订阅消息授权

要给指定用户发送某种类型的订阅消息,最重要的是获取该用户对该类型订阅消息的授权,以及授权的累计次数(针对一次性订阅消息)。

### 1．小程序端获取订阅消息授权次数

要获取订阅消息授权，首先要调用接口 wx.requestSubscribeMessage()，它会唤起小程序订阅消息界面，返回用户订阅消息的操作结果。注意它只能在小程序端使用 tap 单击或支付完成后触发。如果是使用页面加载或其他非用户单击类的事件来调用它，就会出现"requestSubscribeMessage:fail can only be invoked by user TAP gesture"错误。

要调用 wx.requestSubscribeMessage()，首先要有订阅消息的模板 ID，一次性模板 ID 和永久模板 ID 不可同时使用，基础库的 2.8.4 版本出现之后一次性最多可以调用 3 个模板 ID。

使用开发者工具新建一个页面，如 subscribe，然后在 subscribe.wxml 里添加以下代码，通过单击 tap 来触发事件处理函数：

```
<button bindtap="subscribeMessage">订阅消息</button>
```

然后在 subscribe.js 里添加以下代码，在事件处理函数 subscribeMessage() 里调用 wx.requestSubscribeMessage()接口：

```
subscribeMessage() {
  wx.requestSubscribeMessage({
    tmplIds: [
      "qY7MhvZOnL0QsRzK_C7FFsXTT7Kz0-knXMwkFlewY44",//模板 ID
      "RCg8DiM_y1erbOXR9DzW_jKs-qSSJ9KF0h8lbKKmoFU",
      "EGKyfjAO2-mrlJQ1u6H9mZS8QquxutBux1QbnfDDtj0"
    ],
    success(res) {
      console.log("订阅消息 API 调用成功：",res)
    },
    fail(res) {
      console.log("订阅消息 API 调用失败：",res)
    }
  })
},
```

建议大家在手机上进行真机调试，单击"订阅消息"按钮，就能弹出授权窗口。

当用户单击"允许"就会累计一次授权，如果单击 N 次允许就能累计 N 次授权，授权是长期的，没有时间限制。可以在一天内发完 N 次授权，也可以在未来分批次发完。也就是说，虽然是一次性订阅消息，但是只要用户授权了 N 次，在短时间内就可以发 N 次，而不是只能发一次，累计授权了多少次就可以发送多少次。发送一次就会消耗一次授权次数，累计的授权次数被消耗完之后，如果还继续发，就会出现"errcode":"43101","errmsg":"user refuse to accept the msg hint..."错误。

当用户勾选了订阅面板中的"总是保持以上选择，不再询问"且单击"允许"或"拒绝"之后，订阅消息的授权窗口就永远不会再弹出，订阅状态会被添加到用户的小程序设置页，通过 wx.getSetting()接口可获取用户对相关模板消息的订阅状态。wx.getSetting()的 withSubscriptions

可以获取用户订阅消息的订阅状态，当然只能返回用户勾选过订阅面板中的"总是保持以上选择，不再询问"的订阅消息。

如果用户勾选了总是允许，那么用户单击"授权"按钮都不会弹出授权窗口，但用户单击了"订阅消息"按钮仍然会累计授权次数，起到一个静默收集授权次数的效果。也就是说，如果通过 wx.getSetting() 的 withSubscriptions 获取到用户对某条模板消息勾选了"总是保持以上选择，不再询问"，那么可以设置一个静默收集用户授权次数的按钮，不会弹出授权窗口，但是会累计授权次数。

注意该接口调用成功之后返回的对象，[TEMPLATE_ID] 是动态的键（模板 ID），值包括 accept、reject、ban。accept 表示用户允许订阅该 ID 对应的模板消息，reject 表示用户拒绝订阅该 ID 对应的模板消息，ban 表示已被后台封禁，如下所示（以下值仅为案例）：

```
{errMsg: "requestSubscribeMessage:ok", RCg8DiM_y1erbOXR9DzW_jKs-qSSJ9KF0h81bKKmoFU:
 "accept", qY7MhvZOnL0QsRzK_C7FFsXTT7Kz0-knXMwkF1ewY44: "reject", EGKyfjAO2-
 mrlJQ1u6H9mZS8QquxutBux1QbnfDDtj0: "accept"}
```

订阅消息的累计次数决定了是否可以给用户发送订阅消息，也决定了可以发送几次，因此记录用户给某个模板 ID 授权了多少次就显得很重要了。例如，可以结合接口返回的 res 对象和 inc 原子自增在数据库里记录订阅次数，当发送一次也会消耗一次，再用 inc 自减：

```
subscribeMessage() {
  const tmplIds= [
    "qY7MhvZOnL0QsRzK_C7FFsXTT7Kz0-knXMwkF1ewY44",
    "RCg8DiM_y1erbOXR9DzW_jKs-qSSJ9KF0h81bKKmoFU",
    "EGKyfjAO2-mrlJQ1u6H9mZS8QquxutBux1QbnfDDtj0"
  ];
  wx.requestSubscribeMessage({
    tmplIds:tmplIds,
    success(res) {
      console.log("订阅消息 API 调用成功：",res)
      tmplIds.map(function(item,index){
        if(res[item] === "accept"){
          console.log("该模板 ID 用户同意了",item)
          //可以使用原子自增操作符 inc，使数据库里某个记录授权次数的字段值加 1
        }
      })
    },
    fail(res) {
      console.log("订阅消息 API 调用失败：",res)
    }
  })
},
```

wx.requestSubscribeMessage() 的参数 tmplIds 是数组，可以容纳 3 个模板 ID。在用户单击"授权"后弹出的窗口中，3 个模板 ID 都是默认勾选的，只要用户单击"允许"，就会同时给 3 个模板 ID 累计次数。如果用户取消勾选了其中一个模板 ID，并单击"总是允许"，那另外两个勾选的模板 ID 将不会再有授权弹窗。

### 2. 订阅消息授权与次数累计

订阅消息的核心在于用户的授权与授权次数,也就是在写订阅消息代码时或在发送订阅消息之前,最好先用数据库记录用户是否已经授权以及授权的次数。关于订阅消息的授权次数的累计需要再进行如下说明。

- 只能在小程序端通过调用 wx.requestSubscribeMessage() 来进行授权以及累计授权次数,wx.requestSubscribeMessage() 也不能写在云函数端。
- 只能记录和累计当前用户的授权与授权次数,要注意区分清楚。例如,希望学生单击之后通知老师,老师单击之后通知学生。这个前提始终是要通知谁,谁必须有授权或授权次数才能通知,通知谁就会消耗谁的授权次数。例如,要做到学生完成作业单击按钮就可以通知老师,此时学生不必有授权次数,老师必须有,而订阅消息的通知则需要在云函数端进行。
- 授权次数只能增不能减。如果用户订阅了订阅消息之后(使用的是 wx.requestSubscribe-Message() 接口),又取消了该订阅消息的通知(不需要使用 wx.requestSubscribeMessage() 接口),可以在数据库里更新记录,不再发消息给用户,那么用户的授权次数并没有减少。所以,取消订阅可以使用布尔型字段,而授权次数可以使用数值字段方便原子操作。

订阅消息的种类有很多,例如,有的订阅消息用户接收一次之后就不会再接收,这时侧重于记录订阅消息是否被用户同意,但是有的订阅消息(如日报、周报、活动消息等一些与用户交互比较频繁的信息)记录用户授权的次数有利于更好地为用户服务。在前面已经多次强调了云数据库的原子操作,这里再以订阅消息次数的增加(授权只能增加)为例,来看原子操作是如何处理的。

使用云开发控制台新建一个 messages 集合,messages 集合的记录结构如下所示,在设计时把同一个用户多个不同类型的订阅消息内嵌到一个数组 templs 里面。

```
    _id:""  //如果为用户的 Open ID,可以使用 db.collection('messages').doc(openid)来处理。
不过,案例的_id 不是用户的 Open ID
    _openid:""  //云开发自动生成的 Open ID
    templs:[{  //把用户授权过的模板列表都记录在这里
      templateId:"qY7MhvZOnL0QsRzK_C7FFsXTT7Kz0-knXMwkF1ewY44",//订阅
      page:"",
      data:{},                //订阅消息内容对象,建议内嵌到里面,免得查两次
      status:1,               //用户对该条模板消息是否接收'accept'、'reject'、'ban',
      subStyle:"daily",       //订阅类型,例如每天(daily)或每周(weekly)
      done:false,             //判断本次是否发送了
      subNum:22,              //该条订阅消息用户授权累计的次数;
    },{
    }]
```

下面是用户在小程序端单击"订阅消息"之后的完整代码，记录不同的订阅消息被用户单击之后累计的次数。代码没有记录用户是否拒绝（reject），如果业务上有需要也是可以记录的，不过拒绝不存在累计次数的问题。

```
subscribeMessage() {
  const that = this
  //模板 ID 建议放置在数据库中，便于以后修改
  const tmplIds= [
    "qY7MhvZOnL0QsRzK_C7FFsXTT7Kz0-knXMwkF1ewY44",
    "RCg8DiM_y1erbOXR9DzW_jKs-qSSJ9KF0h8lbKKmoFU",
    "EGKyfjAO2-mrlJQ1u6H9mZS8QquxutBux1QbnfDDtj0"
  ];
  wx.requestSubscribeMessage({
    tmplIds:tmplIds,
    success: res => {
      console.log("订阅消息 API 调用成功：",res)
      that.addMessages().then( id =>{
        tmplIds.map(function(item,index){
          if(res[item] === "accept"){
            console.log("该模板 ID 用户同意了",item)
            that.subscribeNum(item,id)
          }
        })
      })

    },
    fail(res) {
      console.log("订阅消息 API 调用失败：",res)
    }
  })
},

async addMessages(){
  //查询用户订阅过的订阅消息，只有一条记录，所以没有限制
  const messages = await db.collection('messages').where({
    _openid:'{openid}'
  }).get()

  //如果用户没有订阅过订阅消息，就创建一个记录
  if(messages.data.length == 0){
    var newMsg = await db.collection('messages').add({
      data:{
        templs:[]
      }
    })
  }
  var id = messages.data[0] ? messages.data[0]._id : newMsg._id
  return id
},
```

```
async subscribeNum(item,id){
  //注意传入的 item 是遍历，id 为 addMessages 的 id
  const subs = await db.collection('messages').where({
    _openid:'{openid}',
    "templs":_.elemMatch({
      templateId:item
    })
  }).get()

  console.log('用户订阅列表',subs)
  //如果用户之前没有订阅过订阅消息，就创建一个订阅消息的记录
  if(subs.data.length == 0){
    db.collection('messages').doc(id).update({
      data: {
        templs:_.push({
          each:[{templateId:item,//订阅
            page:"",
            data:{},
            status:1,
            subStyle:"daily",
            done:false,
            subNum:1}],
          position:2
        })
      }
    })
  }else{
    db.collection('messages').where({
      _id:id,
      "templs.templateId":item
    })
    .update({
      data:{
        "templs.$.subNum":_.inc(1)
      }
    })
  }
}
```

上述代码里的"templs.$.subNum":_.inc(1)表示当用户同意订阅某条订阅消息时，会给该订阅消息的授权次数"原子加1"。

## 12.3.2 发送订阅消息方式

在小程序端累计了某个模板 ID 的授权次数之后，就可以通过云函数来调用 subscribeMessage.send()接口发送订阅消息了。这个云函数可以在小程序端调用，也可以使用云函数来调用云函数，还能使用定时触发器来调用云函数。

小程序端发送订阅消息时，有些业务需要用户在小程序内完成某个操作之后，向用户发送订阅消息。打卡、签到、支付、发表成功等订阅消息都依赖于用户的操作，用户完成操作之后就要在回调函数里调用发送订阅消息的云函数。如果用户是小程序的管理员，订阅消息的管理界面也在小程序里，当管理员在小程序端单击"定点"或"群发订阅消息"时，也可以调用云函数来发送订阅消息。

使用定时触发器，就可以定时（周期性）发送订阅消息，不再需要用户/管理员单击就可以结合业务场景发送。

云函数调用 subscribeMessage.send()接口的方式有两种：一种是 HTTPS 调用，另一种是云调用，建议使用云调用。调用 subscribeMessage.send()接口时有很多细节需要注意，尤其是 data 格式，必须符合格式要求。

### 1．订阅消息的 data 必须与模板消息一一对应

例如，申请到一个订阅课程开课提醒的模板，它的格式如下：

```
姓名{{phrase1.DATA}}
课程标题{{thing2.DATA}}
课程内容{{thing3.DATA}}
时间{{date5.DATA}}
课程进度{{character_string6.DATA}}
```

与之相应的 data 中 phrase1、thing2、thing3、date5、character_string6 必须与模板消息一一对应，参数不能多也不能少，参数中的数字也不能变化。例如 date5 不能改成 date6，否则会出现"openapi.subscribeMessage.send:fail argument invalid! hint: "错误。也就是模板里有什么参数，就只能对应写什么参数：

```
data: {
  "phrase1": {
    "value": '李东'
  },
  "thing2": {
    "value": '零基础云开发技术训练营第 7 课'
  },
  "thing3": {
    "value": '列表渲染与条件渲染'
  },
  "date5": {
    "value": '2019 年 10 月 20 日 20:00'
  },
  "character_string6": {
    "value":3
  }
}
```

**2. 订阅消息参数值的内容格式必须要符合要求**

在技术文档里，有关于订阅消息参数值的内容格式要求，在写订阅消息内容的时候需要严格地一一对应，否则会出现格式错误。订阅消息的参数说明如表 12-2 所示。

表 12-2 订阅消息的参数说明

| 参数类别 | 参数说明 | 参数值限制 | 说明 |
| --- | --- | --- | --- |
| thing.DATA | 事物 | 20 个以内 | 可以是汉字、数字、字母或符号的组合 |
| number.DATA | 数字 | 32 位以内 | 只能是数字，可以带小数 |
| letter.DATA | 字母 | 32 位以内 | 只能是字母 |
| symbol.DATA | 符号 | 5 位以内 | 只能是符号 |
| character_string.DATA | 字符串 | 32 位以内 | 可以是数字、字母或符号组合 |
| time.DATA | 时间 | 24 小时制时间格式（支持+年月日） | 例如 15:01 或 2019 年 10 月 1 日 15:01 |
| date.DATA | 日期 | 年月日格式（支持+24 小时制时间） | 例如 2019 年 10 月 1 日或 2019 年 10 月 1 日 15:01 |
| amount.DATA | 金额 | 1 个币种符号+10 位以内纯数字 | 可以带小数，结尾可带"元" |
| phone_number.DATA | 电话 | 17 位以内 | 电话号码（包含数字、符号），例如+86-××××-×××××××× |
| car_number.DATA | 车牌 | 8 位以内 | 车牌号码，例如粤 A×××××挂，第一位与最后一位可为汉字，其余为字母或数字 |
| name.DATA | 姓名 | 10 个以内（纯汉字）或 20 个以内（纯字母或符号） | 中文名 10 个汉字内；纯英文名 20 个字母内；中文和字母混合按中文名算，10 个字内 |
| phrase.DATA | 汉字 | 5 个以内 | 纯汉字，例如"配送中" |

下面列举两个在使用过程中容易犯的错误。

- 可能已有的模板消息的格式和想要的不一致。例如，希望发送的消息是用户的昵称，而不是姓名{{phrase1.DATA}}，因为姓名只能是中文，且必须 5 个字以内，无法擅自改动，只能去申请或复用其他的模板 ID。
- 每个格式对字符串的长度和类型都有严格的要求。例如，thing 必须是 20 个以内的字符，不能超过 20 个字符，有些只能是数字或字母，不能是其他格式。

## 12.3.3 使用云调用发送订阅消息

在小程序端哪个用户单击授权就只会给哪个用户增加授权次数，而借助于云函数发送订阅消息，用户可以给任何人发送订阅消息，发送给哪个人就需要哪个人有授权次数，就会减少哪个人的授权次数，这一点要注意。

### 1. 发送单条订阅消息

新建一个云函数（如 subscribeMessage()），然后在 config.json 里添加 subscribeMessage.send权限，使用云函数增量上传更新文件：

```
{
  "permissions": {
    "openapi": [
      "subscribeMessage.send"
    ]
  }
}
```

然后在 index.js 里添加以下代码，注意如果代码里的 OPENID 是用户自己的，适用于用户在小程序端完成某个业务操作之后，给用户自己发订阅消息。当然代码里的 OPENID 也可以是其他累计了授权次数的用户的，那么在小程序端调用该云函数就能给其他人发订阅消息了，这主要适用于管理员：

```
const cloud = require('wx-server-sdk')
cloud.init({
  env: cloud.DYNAMIC_CURRENT_ENV,
})
exports.main = async (event, context) => {
  const { OPENID } = cloud.getWXContext()
  try {
    const result = await cloud.openapi.subscribeMessage.send({
      touser: "oUL-m5FuRmuVmxvbYOGuXbuEDsn8",
      page: 'index',
      templateId: "qY7MhvZOnL0QsRzK_C7FFsXTT7Kz0-knXMwkF1ewY44",
      data: {
        "phrase1": {
          "value": '小明'
        },
        "thing2": {
          "value": '零基础云开发技术训练营第 7 课'
        },
        "thing3": {
          "value": '列表渲染与条件渲染'
        },
        "date5": {
          "value": '2019 年 10 月 20 日 20:00'
        },
        "character_string6": {
          "value":3
        }
```

```
    }
    })
    return result
  } catch (err) {
  console.log(err)
  return err
  }
}
```

### 2. 批量发送订阅消息

由于 subscribeMessage.send() 的参数 templateId 和 touser 都是字符串，因此执行一次 subscribeMessage.send() 只能给一个用户发送一条订阅消息。如果要给更多用户（如 1000 人，云函数一次最多可以获取到 1000 条数据）发订阅消息，则需要查询数据库内所有有授权次数的用户，然后循环执行来发消息，并在发完之后使用 inc 自减来减去授权次数。

由于把用户授权的所有订阅消息内嵌到 templs 数组里，而要发送的订阅消息的内容则来自 templs 数组里符合条件的对象，这就涉及比较复杂的数组的处理，因此数据分析处理"神器"——聚合就派上用场了（当然，也可以使用普通查询，普通查询得到的是记录列表，再使用一些数组方法如 filter()、map() 等取出记录列表里的 templs 嵌套的对象列表）。

```
const cloud = require('wx-server-sdk')
cloud.init({
  env: cloud.DYNAMIC_CURRENT_ENV
})
const db = cloud.database()
const _ = db.command
const $ = db.command.aggregate
exports.main = async (event, context) => {
  const templateId ="qY7MhvZOnL0QsRzK_C7FFsXTT7Kz0-knXMwkFlewY44"
  try {
    const messages = (await db.collection('messages').aggregate()
      .match({      //使用match()匹配查询
        "templs.templateId":templateId,   //注意这里templs.templateId的写法
        "done":false,
        "status":1
      })
      .project({
        _id:0,
        templs: $.filter({    //从嵌套的templs数组里取出模板ID满足条件的对象
          input: '$templs',
          as: 'item',
          cond: $.eq(['$$item.templateId',templateId])
        })
      })
      .project({
        message:$.arrayElemAt(['$templs', 0]), //带符号条件的是只有 1 个对象的数组，取
出这个对象
```

```
        })
        .end()).list    //使用聚合查询到的是一个list对象

      const tasks = []
      for (let item in messages) {
        const promise = cloud.openapi.subscribeMessage.send({
          touser: item.message._openid,
          page: 'index',
          templateId: item.message.templateId,
          data: item.message.data
        })
        tasks.push(promise)
      }
      return (await Promise.all(tasks)).reduce((acc, cur) => {
        return {
          data: acc.data.concat(cur.data),
          errMsg: acc.errMsg,
        }
      })

  } catch (err) {
    console.log(err);
    return err;
  }
}
```

> **提示**　需要特别注意的是，不要把查询数据库的语句放到循环里面，可以一次性取出 1000 条需要发订阅消息的用户的数据，然后结合 map()和 Promise.all()方法给这 1000 个用户发送订阅消息，再一次性给这 1000 条数据进行原子自增，不能一条一条地处理，否则会造成数据库资源的极大消耗以及超出最大连接数，而且云函数在最高的生命周期（60 s）里也发送不了几百条订阅消息。

## 12.3.4　使用定时触发器发送订阅消息

当要发送订阅消息的用户有几十万个甚至几百万个时，应该怎么处理呢？如果全部让云函数来执行，即使将云函数的生命周期修改为 60 s，也会超时，这时可以结合定时触发器来发送订阅消息。

使用定时触发器来发送订阅消息，也就是在小程序的云开发服务端，用定时触发器调用订阅消息的云调用接口 openapi.subscribeMessage.send()。当每天要给数十万个用户定时发送订阅消息时，定时触发器不仅需要每天早上 9 时触发，还需要在 9 时之后能够每隔一段时间（如 40 s），就执行一次云函数。

这时候 Cron 表达式如下，意思是每天早上 9 时到 11 时每隔 40 s 执行一次云函数：

```
0/40 * 9-11 * * *
```

当然这里的周期设置可以结合云函数实际执行的时间来定，要充分考虑云函数的超时时间。

云调用还支持 subscribeMessage.addTemplate()（组合模板并添加至账号下的个人模板库的接口）、subscribeMessage.deleteTemplate()（删除账号下的个人模板）、subscribeMessage.getCategory()（获取小程序账号的类目）、subscribeMessage.getTemplateList()（获取当前账号下的个人模板列表）等接口，就不一一介绍了。

## 12.4　cloudID

开通了云开发的小程序后，可以使用 cloud.CloudID()接口返回一个 cloudID 特殊对象，将该对象传至云函数就可以获取其对应的开放数据（如微信运动的步数等）。而如果是使用非云开发的方式获取开放数据，除了需要处理登录的问题，还需要进行加/解密，十分烦琐。

### 12.4.1　获取微信步数

获取微信步数的小程序接口为 wx.getWeRunData()，可以获取用户过去 30 天微信步数。使用开发者工具新建一个页面（如 openData），然后在 openData.wxml 里加入 button：

```
<button bindtap="getWeRunData">获取微信步数</button>
```

然 后 在 openData.js 里添加以下代码，用事件处理函数 getWeRunData() 来调用 wx.getWeRunData()接口，并输出结果：

```
getWeRunData(){
  wx.getWeRunData({
    success: (result) => {
      console.log(result)
    },
  })
}
```

编译之后，单击"获取微信步数"按钮，可以在控制台看到返回的 res 对象里有 encryptedData（包括敏感数据在内的完整用户信息的加密数据）、iv（加密算法的初始向量）、cloudID（敏感数据对应的云 ID）：

```
{errMsg: "getWeRunData:ok",
encryptedData: "ABeBwlCHs....6PvAax",
iv: "g8QPFXTLLD3N6Zn3YiuwEQ==",
cloudID: "30_jVhZr_Up-8_TV...kgP8yJ8ykNOI"}
```

只有开通了云开发的小程序才会返回 cloudID。将 cloudID 传入云函数，通过云调用就可以直接获取开放数据。使用开发者工具新建云函数（如 opendata()），在 index.js 里添加以下代码，部署并上传，在云函数端接收到的 event 将会包含对应开放数据的对象：

```
const cloud = require('wx-server-sdk')
```

```
cloud.init({
    env: cloud.DYNAMIC_CURRENT_ENV,
})
exports.main = async (event, context) => {
    return event
}
```

再在事件处理函数 getWeRunData() 里上传经过 cloud.CloudID() 接口处理获得的 cloudID 对象，然后调用 opendata() 云函数，并在 success 里输出返回的对象，就可以看到包含微信步数的对象了：

```
getWeRunData(){
  wx.getWeRunData({
    success: (result) => {
      console.log(result.cloudID)
      wx.cloud.callFunction({
        name: 'opendata',
        data: {
          weRunData: wx.cloud.CloudID(result.cloudID),
        },
        success:(res)=>{
          console.log(res.result.weRunData.cloudID)
          console.log(res.result.weRunData.data.stepInfoList)
        }
      })
    }
  })
}
```

## 12.4.2　获取用户手机号

要获取用户的手机号，需要将 button 组件 open-type 的值设置为 getPhoneNumber，当用户单击并同意小程序获取数据后，可以通过 bindgetphonenumber 事件回调函数获取微信服务器返回的加密数据。如果小程序开通了云开发，就能在回调对象里获取 cloudID。使用开发者工具在 openData.wxml 里添加以下代码：

```
<button open-type="getPhoneNumber" bindgetphonenumber="getPhoneNumber"></button>
```

然后在 openData.js 里添加以下代码，输出事件处理函数 getPhoneNumber() 返回的结果：

```
getPhoneNumber (result) {
  console.log("result 内容",result.detail)
},
```

同样会获得一个类似于微信步数的返回结果：

```
{errMsg: "getPhoneNumber:ok",
encryptedData: "Aw+W76TSvYAPS...g==",
iv: "9wSepi6qx...=",
cloudID: "30_sSext5q...qmLQ"}
```

仍然需要将获取的 cloudID 经过 cloud.CloudID()接口处理返回的对象上传并调用云函数:

```
getPhoneNumber (result) {
  wx.cloud.callFunction({
    name: 'opendata',
    data: {
      getPhoneNumber: wx.cloud.CloudID(result.detail.cloudID),
    },
    success:(res)=>{
      console.log("云函数返回的对象",res.result.getPhoneNumber)
    }
  })
},
```

在 getPhoneNumber 的 data 对象里的 phoneNumber 表示用户绑定的手机号,purePhoneNumber 表示没有区号的手机号,countryCode 表示区号。

## 12.4.3　获取微信群 ID 和群名称

要获取微信群 ID 和群名称,需要经过一系列相对比较复杂的处理,步骤如下(具体的代码和开发方式后面会具体介绍)。

(1)需要把小程序分享的 withShareTicket 设置为 true,小程序必须分享到微信群里。

(2)单击微信群里的小程序卡片,才能获取 shareTicket。

(3)将 shareTicket 传入 wx.getShareInfo 里就会得到微信群敏感数据对应的 cloudID。

(4)需要将 cloudID 通过 wx.cloud.CloudID(cloudID)传入云函数,云函数就可以返回微信群 ID,也就是 openGId。

(5)通过<open-data type="groupName" open-gid="{{openGId}}"> </open-data>显示群名。

### 1.　创建一个转发分享

通过给 button 组件设置属性 open-type="share",可以在用户单击按钮后触发页面的生命周期函数 Page.onShareAppMessage()。首先使用开发者工具新建一个页面(如 share),然后在 share.wxml 中创建一个 button 组件,例如:

```
<button open-type="share">转发</button>
```

要获取群聊的名称以及群的 openGId,需要带 shareTicket 的转发才可以,在 share.js 页面生命周期函数 onShareAppMessage()里添加以下代码,设置 withShareTicket 为 true:

```
onShareAppMessage: function (res) {
  wx.updateShareMenu({
    withShareTicket: true,
    success(res) {
      console.log(res)
    },
```

```
        fail(err) {
          console.log(err)
        }
      })
      if (res.from === 'button') {
        console.log(res.target) //可以在这里将用户单击 button 的次数存储到数据库,相当于埋点
      }
      return {
        title: '云开发技术训练营',
        path: 'pages/share/share?openid=oUL-m5FuRmuVmxvbYOGuXbuEDsn8',
        imageUrl:"cloud://xly-xrlur.786c-xly-xrlur-1300446086/share.png"// 支 持 云 存 储
的 File ID
      }
    },
```

关于显示右上角菜单的转发按钮可以使用 wx.showShareMenu()接口,而 onShareAppMessage 除了可以监听用户单击页面内的按钮,也可以监听右上角菜单"转发"按钮的行为,无论是哪一种,都可以自定义菜单的 title、path、imageUrl 等,这里就不展示具体代码了。

### 2. 获取 shareTicket

值得注意的是,只有将小程序转发到微信群聊中,再通过微信群聊里的小程序卡片进入小程序才可以获取 shareTicket 返回值,私聊没有 shareTicket。shareTicket 仅在当前小程序生命周期内有效。但是在开发时,怎么把小程序转发到微信群里面去呢?开发者工具提供了带 shareTicket 的调试方法。

在开发者工具的模拟器里单击"转发"按钮,就会出现一个测试模拟群列表,可以将小程序转发到一个群聊里面去,如测试模拟群 4。调试时,要添加自定义编译模式,在进入场景里选择"1044:带 shareTicket 的小程序消息卡片",选择进入的群为转发的群,如图 12-1 所示。

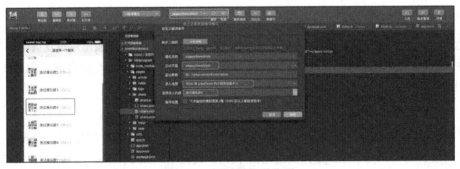

图 12-1　测试模拟微信群

获取 shareTicket,可以使用 wx.getLaunchOptionsSync()来获取小程序启动时的参数,这个参数与 App.onLaunch()的回调参数一致,shareTicket 就在这个参数对象里。可以通过 share.js 的 onLoad()生命周期函数来获取 shareTicket:

```
onLoad:function (options) {
  const res = wx.getLaunchOptionsSync()
  console.log('小程序启动时的参数',res)
  const {shareTicket} = res
  console.log('shareTicket 的值',shareTicket)
},
```

> **提示** 如果不使用上面的调试方法，直接使用普通编译的方法，是获取不到 shareTicket 的，shareTicket 的值为 undefined。如果小程序是直接加载的，而不是通过单击群聊里分享的小程序卡片进入的，shareTicket 的值也为 undefined。

### 3. 获取 cloudID 并获取群 ID

当获取到 shareTicket 之后，就可以调用 wx.getShareInfo()接口来获取关于转发的信息，尤其是 cloudID。然后可以把获取的 cloudID 传入云函数，如 share()云函数。

使用开发者工具新建一个 share()云函数，在 index.js 里添加以下代码（其实 share()云函数的作用就是返回 event 对象，它可以和其他云函数合并到一起使用，实现更复杂的功能，如获取 Open ID 等）：

```
const cloud = require('wx-server-sdk')
cloud.init({
  env: cloud.DYNAMIC_CURRENT_ENV,
})
const TcbRouter = require('tcb-router');
exports.main = async (event, context) => {
  return event
}
```

然后在小程序端 share.js 的生命周期函数里继续添加以下代码，先判断 shareTicket 是否为空（也就是判断是否是通过微信群聊小程序卡片进入的），然后调用 wx.getShareInfo()来获取 cloudID，再将 cloudID 传入 wx.cloud.CloudID()接口，并将 wx.cloud.CloudID(cloudID)传至云函数 share()就可以返回这个 cloudID 对应的开放数据了（这里的开放数据主要是 openGId）：

```
onLoad:function (options) {
  const that = this
  const res = await wx.getLaunchOptionsSync()
  const {shareTicket} = res
  if(shareTicket!=null){ //当 shareTicket 不为空时,调用 wx.getShareInfo 来获取 cloudID
    wx.getShareInfo({
      shareTicket:shareTicket,
      success:function (res) {
        const cloudID = res.cloudID
        wx.cloud.callFunction({
          name: 'share',
          data: {
            groupData: wx.cloud.CloudID(cloudID)
          },
```

```
            success: function (res) {
              that.setData({
                openGId:res.result.groupData.data.openGId
              })
            }
          })
        }
      })
    }
  },
```

#### 4．显示群的名称

openGId 为当前群的唯一标识，每个微信群都有唯一且不变的 ID，用于区分不同的微信群。可以把微信群内单击了小程序分享卡片的群成员的用户信息与 openGId 相关联，这样就可以进行群排行榜等基于微信群的功能的开发。

通过 cloudID 只能获取微信群的 openGId，不能获取微信群的名称。但是可以通过开放能力来显示微信群的名称，只需要把获取的 openGId 字符串传入 open-gid。

```
<open-data type="groupName" open-gid="{{openGId}}"></open-data>
```

> **提示**  可能在调试的时候会出现即使把 openGId 写入上面的组件，依然没有显示群名的问题，或者使用真机调试也无法显示。这是因为测试群或者新建的群可能获取不了群名。

## 12.5  客服消息

在第 2 章，已经在小程序端将 button 组件中 open-type 的值设置为 contact，单击 button 就可以进入客服消息。不过这个客服消息使用的是官方的后台，没法进行"深度"定制，可以使用云开发作为后台来自定义客服消息从而实现快捷回复、添加常用回答等功能。

> **提示**  如果是使用传统的开发方式，需要填写服务器地址（URL）、令牌（Token）和消息加密密钥（EncodingAESKey）等信息，然后结合 token、timestamp 和 nonce 这 3 个参数进行字典序排序、拼接、并进行 sha1 加密，然后将加密后的字符串与 signature 对比来验证消息是否来自微信服务器，之后再进行消息接收和事件的处理，可谓十分烦琐，而使用云开发相对简单很多。

### 12.5.1  客服消息的配置与说明

使用开发者工具新建一个云函数（如 customer()），在 config.json 里设置以下权限后部署上传到服务端：

```
{
  "permissions": {
```

```
      "openapi": [
        "customerServiceMessage.send",
        "customerServiceMessage.getTempMedia",
        "customerServiceMessage.setTyping",
        "customerServiceMessage.uploadTempMedia"
      ]
    }
  }
```

然后打开云开发控制台，单击右上角的"设置"，选择"全局设置"，开启"云函数接收消息推送"，添加消息推送配置。为了学习方便，可以将所有的消息类型都指定推送到 customer() 云函数里。进入客服消息时会触发以下 4 种消息类型：

- text——文本消息；
- image——图片消息；
- miniprogram——小程序卡片；
- event——事件类型 user_enter_tempsession。

发送客服消息的 customerServiceMessage.send() 的 msgtype 属性的合法值有 text、image、link（图文链接消息）、miniprogrampage 共 4 种。也就是说，还可以发图文链接消息。

## 12.5.2 自动回复文本消息和链接

在云开发控制台开启了"云函数接收消息推送"之后，就可以用云函数来接管客服消息系统。在学习使用云函数开发客服消息系统时，建议多输出日志来了解发送不同类型的消息时云函数的 event 对象和 context（上下文信息）。

### 1. 自动回复文本消息

使用开发者工具新建一个页面（如 customer），然后在 customer.wxml 里添加以下 button：

```
<button open-type="contact" >进入客服</button>
```

当用户通过 button 进入客服消息之后，在聊天界面回复信息，就能触发设置好的 customer() 云函数。下面看一个例子，当用户发一条消息（包括表情）到客服消息会话界面，云函数就会调用 customerServiceMessage.send() 接口给用户回复两条文本消息（一次性可以回复多条），内容分别为"等候您多时啦"和"欢迎关注云开发技术训练营"，一个云函数里也是可以多次调用接口的：

```
const cloud = require('wx-server-sdk')
cloud.init({
  env: cloud.DYNAMIC_CURRENT_ENV,
})
exports.main = async (event, context) => {
  const wxContext = cloud.getWXContext()
```

```
    try {
      const result = await cloud.openapi.customerServiceMessage.send({
        touser: wxContext.OPENID,
        msgtype: 'text',
        text: {
          content: '等候您多时啦'
        }
      })

      const result2 = await cloud.openapi.customerServiceMessage.send({
        touser: wxContext.OPENID,
        msgtype: 'text',
        text: {
          content: '欢迎关注云开发技术训练营'
        }
      })

      return event
    } catch (err) {
      console.log(err)
      return err
    }
}
```

发送文本消息时，还可以在文本消息里插入跳转到指定小程序的链接，例如把上面的文本消息改为以下代码：

```
content: ' 欢 迎 浏 览 <a href="http://www.qq.com" data-miniprogram-appid=" 开 发 者 的
appid" data-miniprogram-path="pages/index/index">单击跳小程序</a>'
```

关于以上代码的参数说明如下：

- data-miniprogram-appid 为小程序 AppID，表示该链接跳小程序；
- data-miniprogram-path 为小程序路径，路径与 app.json 中保持一致，可带参数。

对于不支持 data-miniprogram-appid 项的客户端版本，如果有 href 项，则仍然保持跳 href 中的网页链接。data-miniprogram-appid 对应的小程序必须与公众号有绑定关系。

### 2. 自动回复链接

当用户向微信聊天对话界面发送一条消息时，可以自动回复给用户一个链接，这个链接可以是外部链接。可以把 customer() 云函数的代码修改为以下代码：

```
const cloud = require('wx-server-sdk')
cloud.init({
  env: cloud.DYNAMIC_CURRENT_ENV,
})
exports.main = async (event, context) => {
  const wxContext = cloud.getWXContext()
  try {
    const result = await cloud.openapi.customerServiceMessage.send({
```

```
            touser: wxContext.OPENID,
            msgtype: 'link',
            link: {
              title: '快来加入云开发技术训练营',
              description: '零基础也能在 10 天内学会开发一个小程序',
              url: 'https://cloud.tencent.com/',
              thumbUrl: 'https://tcb-1251009918.cos.ap-guangzhou.myqcloud.com/love.png'
            }
        })
    return event

    } catch (err) {
      console.log(err)
      return err
    }
}
```

### 3. 根据关键词来回复用户

将上面的云函数部署之后，当用户向客服消息的聊天会话里发送内容时，不管用户发送的是什么内容，云函数都会回复给用户相同的内容。这未免有点死板，客服消息能否根据用户发送的关键词回复用户不同的内容呢？要做到这一点首先需要获取用户发送的内容。

在云开发控制台云函数日志里可以看到，customer()云函数返回的 event 对象里的 Content 属性会记录用户发送到聊天会话里的内容：

```
{"Content":"请问怎么加入云开发训练营",
"CreateTime":1582877109,
"FromUserName":"oUL-mu...XbuEDsn8",
"MsgId":22661351901594052,
"MsgType":"text",
"ToUserName":"gh_b2bbe22535e4",
"userInfo":{"appId":"wxda99ae4531b57046","openId":"oUL-m5FuRmuVmxvbYOGuXbuEDsn8"}
}
```

由于 Content 的值是字符串，那关键词既可以是非常精准的"训练营"或"云开发训练营"，还可以是非常模糊的"请问怎么加入云开发训练营"。只需要对字符串进行正则匹配处理即可，例如用户发的内容只要包含"训练营"，就会收到自动回复的链接：

```
const cloud = require('wx-server-sdk')
cloud.init({
  env: cloud.DYNAMIC_CURRENT_ENV,
})
exports.main = async (event, context) => {
  const wxContext = cloud.getWXContext()
  const keyword = event.Content
  try {
    if(keyword.search(/训练营/i)!=-1){
      const result = await cloud.openapi.customerServiceMessage.send({
```

```
        touser: wxContext.OPENID,
        msgtype: 'link',
        link: {
          title: '快来加入云开发技术训练营',
          description: '零基础也能在 10 天内学会开发一个小程序',
          url: 'https://cloud.tencent.com/',
          thumbUrl: 'https://tcb-1251009918.cos.ap-guangzhou.myqcloud.com/love.png'
        }
      })
    }
    return event
  } catch (err) {
    console.log(err)
    return err
  }
}
```

> **提示**　在本章的案例里使用的 touser: wxContext.OPENID，可以实现用户在小程序端单击组件触发事件处理函数从而调用云函数。云函数在获取的微信用户调用时的上下文里就有用户的 Open ID。

## 12.5.3　自动触发事件

要自动触发事件，可以将 customer.wxml 的 button 改为如下代码。代码里的 session-from 表示用户单击按钮进入客服消息会话界面时，开发者将收到带上本参数（session-form 的值）的事件推送。它可用于区分用户进入客服会话的来源：

```
<button open-type="contact" bindcontact="onCustomerServiceButtonClick" session-
from="文章详情的客服按钮">进入客服</button>
```

由于开启了 event 类型的客服消息，事件类型的值为 user_enter_tempsession。当用户单击按钮进入客服消息会话界面时，就会触发云函数（不用用户发消息就能触发），同时返回 event 对象：

```
const cloud = require('wx-server-sdk')
cloud.init({
  env: cloud.DYNAMIC_CURRENT_ENV,
})
exports.main = async (event, context) => {
  const wxContext = cloud.getWXContext()
  try {
    const result = await cloud.openapi.customerServiceMessage.send({
      touser: wxContext.OPENID,
      msgtype: 'text',
      text: {
        content: '等候您多时啦'
      }
    })
    return event
  } catch (err) {
```

```
        console.log(err)
        return err
    }
}
```

可以在云开发控制台查看返回的 event 对象：

```
{"CreateTime":1582876587,
"Event":"user_enter_tempsession",
"FromUserName":"oUL-m5F...8",
"MsgType":"event",
"SessionFrom":"文章详情的客服按钮",
"ToUserName":"gh_b2bbe22535e4",
"userInfo":{"appId":"wxda9...57046",
"openId":"oUL-m5FuRmuVmx...sn8"}}
```

在云函数端可以通过 event.SessionFrom() 来获取用户单击的按钮（用于进入客服对话），也可以根据用户进入客服会话的来源不同，给用户推送不同类型的信息。例如可以将 session-from 的值设置为"训练营"，当用户进入客服消息会话就能推送相关的信息给用户。

还有一点，bindcontact 表示给客服按钮绑定了一个事件处理函数，本案例中为 onCustomerServiceButtonClick()。通过事件处理函数可以在小程序端实现很多功能，例如记录用户单击了多少次带有标记（如将 session-from 的值设置为"训练营"）的客服消息的按钮等。

## 12.5.4　自动回复图片

要在客服消息里给用户自动回复图片，图片只能来源于微信服务器，需要先使用 customerServiceMessage.uploadTempMedia() 把图片上传到微信服务器，获取 mediaId（类似于微信服务器的 File ID）后，然后才能在客服消息里使用图片。

在 customer() 云函数的 index.js 里添加以下代码，部署并上传，将获取的 mediaId 使用 cloud.openapi.customerServiceMessage.send() 发给用户：

```
const cloud = require('wx-server-sdk')
cloud.init({
  env: cloud.DYNAMIC_CURRENT_ENV,
})
exports.main = async (event, context) => {
  const wxContext = cloud.getWXContext()
  try {
    //通常会将云存储的图片作为客服消息媒体文件的素材
    const fileID = 'cloud://xly-xrlur.786c-xly-xrlur-1300446086/1572315793628-
366.png'

    //uploadTempMedia 的图片格式为 Buffer，而从云存储下载的图片格式也是 Buffer
    const res = await cloud.downloadFile({
      fileID: fileID,
    })
```

```
const Buffer = res.fileContent
const result = await cloud.openapi.customerServiceMessage.uploadTempMedia({
  type: 'image',
  media: {
    contentType: 'image/png',
    value: Buffer
  }
})

console.log(result.mediaId)
const mediaId = result.mediaId
const wxContext = cloud.getWXContext()
const result2 = await cloud.openapi.customerServiceMessage.send({
  touser: wxContext.OPENID,
  msgtype: 'image',
  image: {
    mediaId: mediaId
  }
})

return event
} catch (err) {
  console.log(err)
  return err
}
}
```

客服消息还能给用户自动回复小程序消息卡片，以及客服当前的输入状态（使用 customerServiceMessage.setTyping()接口）。

# 12.6　微信支付

微信支付云调用（云支付），可以免鉴权、快速调用微信支付的开放功能。开发者无须关心证书、签名，也无须依赖第三方模块，免去了泄漏证书、支付等敏感信息的风险。云支付还支持云函数作为微信支付进行支付和退款的回调地址，不再需要定时轮询，更加高效。在开发者工具的云开发控制台绑定微信支付商户号，绑定完成后即可在云开发中原生接入微信支付。

## 12.6.1　云支付快速入门

要使用云支付，首先一定要确认云支付的权限是否都已经开通：一要注意云开发控制台的配置，二要去微信支付商户平台确认授权状态。

### 1. 开通微信支付云调用

要开通微信支付云调用，首先需要小程序已经开通了微信支付功能，因为微信支付是不支持个人小程序的，需要企业账户，其次需要小程序绑定商户号。满足这两个条件之后，可以在云开发控制台→"设置"→"其他设置"中开通，如图 12-2 所示。

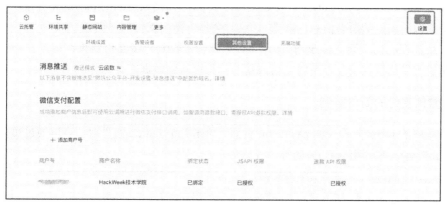

图 12-2　开通云支付

单击"添加商户号"后进行账号绑定，绑定完成后，绑定了微信支付的商户号管理员的微信会收到一条授权确认的模板消息。单击模板消息会弹出服务商助手小程序，确认授权之后就可以在云开发控制台看到绑定状态为"已绑定"，而"服务商 JSAPI 支付"也会显示"已授权"。

"服务商 JSAPI 支付"和"服务商 API 退款"的授权，需要前往微信支付商户平台→"产品中心"→"我授权的产品"中进行确认授权，完成授权后才可以调用微信支付相关接口，如图 12-3 所示。

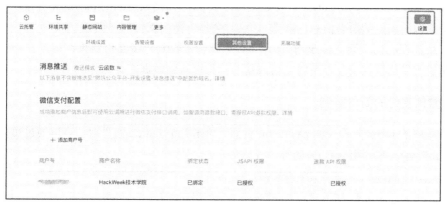

图 12-3　云支付状态确认

### 2. 微信支付流程说明

用微信支付云调用来实现完整的支付功能，大概会经过以下 4 个步骤（在代码中有些步骤会整合到一起）。

（1）用户在小程序端单击"支付"时使用 wx.cloud.callFunction()调用云函数（如云函数

pay())，并将商品名称、商品价格等信息传递给 pay()云函数。

（2）在 pay()云函数中调用统一下单接口 CloudPay.unifiedOrder()，参数包括接收的商品信息、云函数环境 ID，填写结果通知回调函数（如函数 paynotice()）接收异步支付结果。pay()云函数返回的成功结果对象中会包含 payment 字段。

（3）在小程序端 wx.cloud.callFunction()的 success()回调函数（也就是拿到云函数返回的对象）里调用 wx.requestPayment()接口发起支付，从 pay()云函数返回的 payment 对象（字段）就包含这个接口所需要的所有信息（参数），这时会弹出微信支付的界面。

（4）用户在小程序端支付成功，paynotice()就会接收到异步支付结果，可以在 paynotice()云函数里进行发送订阅消息以及将支付成功的信息更新到数据库等操作。

### 3. 微信支付的简单案例

在小程序的 wxml 页面（如 pay.wxml 页面）单击某个 button 组件时，可以通过事件处理函数（如 callPay()）来调用 pay()云函数，代码如下：

```
<button bindtap ="callPay">发起支付</button>
```

然后在 pay.js 里加入事件处理函数 callPay()，调用的支付云函数名称为 pay（名称任意），注意成功的回调函数的写法如下，下述代码把支付流程的步骤（1）和步骤（3）整合到了一起：

> **提示**　const payment = res.result.payment 和 wx.requestPayment({...payment})最好不要改（仅对"小白用户"而言）。虽然有不少小白用户是零基础，但是对微信支付比较感兴趣，所以本节内容，会介绍得比较详细。

```
callPay(){
  wx.cloud.callFunction({
    name: 'pay',  //云函数的名称，在后面会教大家怎么写云函数
    success: res => {
      console.log(res)
      const payment = res.result.payment
      wx.requestPayment({
        ...payment,
        success (res) {
          //为了方便，只输出结果。如果要写支付成功之后的处理函数，写在后面
          console.log('支付成功', res)
        },
        fail (err) {
          //支付失败之后的处理函数写在后面
          console.error('支付失败', err)
        }
      })
    },
    fail: console.error,
  })
},
```

　　右击云函数根目录文件夹 cloudfunctions，选择"新建 Node.js 云函数"，新建一个云函数 pay()，然后在 index.js 里添加以下代码，可根据情况进行一些修改（注意参数名称不要改，大小写也要原样写）。修改完之后，单击 pay()云函数目录下的 index.js，然后右击选择"云函数增量上传：更新文件"或者右击云函数根目录文件夹 cloudfunctions，选择"上传并部署：云端安装依赖（不上传 Node_modules）"：

```
const cloud = require('wx-server-sdk')
cloud.init({
  env: cloud.DYNAMIC_CURRENT_ENV
})

exports.main = async (event, context) => {
  const res = await cloud.cloudPay.unifiedOrder({
    "body": "HackWeek 案例-教学费用",
    "outTradeNo" : "1227752240703232234368128", //每次不能重复，否则会报错
    "spbillCreateIp" : "127.0.0.1", //无须改
    "subMchId" : "1520057521",  //商户 ID 或子商户 ID
    "totalFee" :100,  //单位为分
    "envId": "xly-xrlur",  //云开发环境 ID
    "functionName": "paysuc",  //支付成功的回调云函数，可以随便命名（例如 paysuc），后面会
教大家怎么写
    "nonceStr":"F8B31E62AD42045DFB4F2",  //任意的 32 位字符，建议自己生成
    "tradeType":"JSAPI"  //默认是 JSAPI
  })
  return res
}
```

针对上述代码，有以下几点说明。

● body 的值为"商家名（店名）-销售商品的类名"，代码里有参考内容。

● outTradeNo 的值是商户订单号，长度不超过 32 个字符，只能由数字、大小写字母、_、-等组成。如果是在调试学习，注意每次都改一下，避免重复。

● subMchId 的值是商户 ID 或子商户 ID，填写"云开发控制台"→"设置"→"全局设置"→"微信支付配置"里的商户号也可以。

● totalFee 的值是支付的金额，单位是分，填写 100，就是一块钱。注意支付的金额是数值格式，不要写成字符串格式（不要加单引号或者双引号）。

● envId 的值是结果通知回调云函数所在的环境 ID。

● functionName 的值是结果通知云函数的名称（可以自定义）。可以在"云开发控制台"→"设置"→"环境设置"里查看。注意是环境 ID，不是环境名称，最好直接复制。

其他地方如果不懂的话，建议不要修改，直接复制即可。

　　然后在开发者工具的模拟器里单击"发起支付"按钮，会弹出支付的二维码，扫码就可以支付，也可以使用预览或真机调试。

> **提示**　outTradeNo 是开发者自己生成的，可以使用时间戳 Date.now().toString()，或者加随机数 Date.now().toString()+Math.floor(Math.random()*1000).toString()等来处理。nonceStr 是 32 位以内的字符串，可以使用用户的 Open ID 和时间戳拼接而成（也可以使用其他方法）。例如，"oUL-m5FuRmuVmxvbYOGu-XbuEDsn8". replace('-',").toUpperCase()+Date.now().toString()这段代码表示先替换掉用户的 Open ID 中的-，然后将字母都大写，最后加上时间戳的字符串。

## 12.6.2　查询订单与申请退款

可以在云函数里调用 cloudPay.queryOrder()来查询订单的支付状态，调用 cloudPay.refund()来对已经支付成功的订单发起退款。本节中给出的代码只是查询订单与申请退款的简单演示，真正要在实际开发中使用这些接口，都是需要结合云开发数据库的，尤其是开发申请退款功能一定要慎重对待。

使用开发者工具新建一个名为 queryorder 的云函数，然后在 index.js 里添加以下代码，将云函数部署到云端之后，调用该云函数就能查询订单信息了：

```
const cloud = require('wx-server-sdk')
cloud.init({
  env: cloud.DYNAMIC_CURRENT_ENV,
})
exports.main = async(event, context) => {
  const res = await cloud.cloudPay.queryOrder({
    "sub_mch_id":"1520057521",
    "out_trade_no":"122775224070323234368128", //商户订单号需要是云支付成功交易的订单号
    // "transaction_id":"4200000530202005179572346100",  //微信订单号可以不必写
    "nonce_str":"C380BEC2BFD727A4B6845133519F3AD6" //任意的 32 位字符
  })
  return res
}
```

使用开发者工具新建一个名为 refundorder 的云函数，然后在 index.js 里添加以下代码。当退款的金额少于交易的金额时，可以实现部分退款。注意调用该云函数，退款会直接原路返回给用户，因此一定要有管理员审核或只能管理员来调用该云函数：

```
const cloud = require('wx-server-sdk')
cloud.init({
  env: cloud.DYNAMIC_CURRENT_ENV,
})
exports.main = async(event, context) => {
  const res = await cloud.cloudPay.refund({
    "sub_mch_id":"1520057521",
    "nonce_str":"5K8264ILTKCH16CQ2502SI8ZNMTM67VS",
    "out_trade_no":"122775224070323234368128",//商户订单号，需是云支付成功交易的订单号
    "out_refund_no":"122775224070323234368128001",//退款单号，可以自定义，建议与订单号
相关联
    "total_fee":100,
```

```
          "refund_fee":20,
     })
     return res
}
```

## 12.6.3　支付成功的回调函数

在 12.6.1 节中发起支付的云函数里将参数 functionName 的值写为 paysuc，paysuc()云函数在订单支付成功之后才会被调用。可以在支付成功的回调函数里处理一些任务，例如把订单支付的重要信息存储到数据库、给用户发送支付成功的订阅消息以及获取用户的 UnionID 等。要处理这些任务，首先需要了解订单支付成功之后，paysuc()云函数会接收到哪些数据。输出 paysuc()云函数的 event 对象，可以了解到 event 对象里包含类似于如下结构的信息，它们都是在 paysuc()云函数里处理任务的关键：

```
"appid": "wxd2********65e",
"bankType": "OTHERS",
"cashFee":200,
"feeType": "CNY",
"isSubscribe": "N",
"mchId": "1800008281",
"nonceStr": "F8B31E62AD42045DFB4F2",
"openid": "oPoo44...t8gCOUKSncFI",
"outTradeNo": "1589720989221",
"resultCode": "SUCCESS",
"returnCode": "SUCCESS",
"subAppid": "wxda99a********57046",
"subIsSubscribe": "N",
"subMchId": "1520057521",
"subOpenid": "oUL********GuXbuEDsn8",
"timeEnd": "20200517211001",
"totalFee":2,
"tradeType": "JSAPI",
"transactionId": "42000********178943055343",
"userInfo": {
    "appId": "wxd********046",
    "openId": "oUL-m5F********GuXbuEDsn8"
}
```

要发送订阅消息，需要先申请订单支付成功的订阅消息模板，例如下面这个模板。需要注意订阅消息里每一个属性对应的具体格式，以及格式的具体要求，如支付金额以及支付时间的格式：

```
商品名称{{thing6.DATA}}
支付金额{{amount7.DATA}}
订单号{{character_string9.DATA}}
支付时间{{date10.DATA}}
温馨提示{{thing5.DATA}}
```

要发送订阅消息，需要调用接口 wx.requestSubscribeMessage()来获取用户授权，还要有相应的授权次数。只有用户发生单击行为或者发起支付回调后，才能唤起订阅消息界面，因此可以在上面的发起支付的回调函数里直接调用这个接口：

```
callPay(){
  wx.cloud.callFunction({
    name: 'pay',   //云函数的名称
    success: res => {
      console.log(res)
      const payment = res.result.payment
      wx.requestPayment({
        ...payment,
        success (res) {
          console.log('支付成功', res) //为了方便，只输出结果。如果要写支付成功之后的处理
函数，写在后面
          this.subscribeMessage() //调用 subscribeMessage()函数，如果不是箭头函数，注
意 this 指代的对象
        },
      })
    },
  })
},
subscribeMessage() {
  wx.requestSubscribeMessage({
    tmplIds: [
      "p5ypZiN4TcZrzke4Q_MBB1qri33rb80z-tb16Sg-Kpg",//订阅消息模板 ID，一次可以写 3 个，
可以是同款通知、到货通知、新品上新通知等。通常用户不会拒绝授权，多写几个就能获取更多授权
    ],
    success(res) {
      console.log("订阅消息 API 调用成功：",res)
    },
    fail(res) {
      console.log("订阅消息 API 调用失败：",res)
    }
  })
},
```

然后在 paysuc()云函数的 index.js 里添加以下代码，订阅消息所需的全部参数都是来自 event 对象，只需要稍微修改格式即可。

```
const cloud = require('wx-server-sdk')
cloud.init({
  env: cloud.DYNAMIC_CURRENT_ENV
})

exports.main = async (event, context) => {
  const {cashFee,subOpenid,outTradeNo,timeEnd} = event
  try {
    const result = await cloud.openapi.subscribeMessage.send({
      touser: subOpenid,
```

```
          page: 'index',
          templateId: "p5ypZiN4TcZrzke4Q_MBB1qri33rb80z-tb16Sg-Kpg",
          data: {
            "thing6": {
              "value": '零基础小程序云开发训练营'
            },
            "amount7": {
              "value": cashFee/100 +'元'
            },
            "character_string9": {
              "value": outTradeNo
            },
            "date10": {
              "value": timeEnd.slice(0,4)+'年'+timeEnd.slice(4,6)+'月'+timeEnd.slice
(6,8)+'日'+' '+timeEnd.slice(8,10)+':'+timeEnd.slice(10,12)
            },
            "thing5": {
              "value": "多谢您的支持，爱您!"
            }
          }
        })
        return result
      } catch (err) {
        console.log(err)
        return err
      }
    }
```